중소 건설사업자 중심

중대재해처벌법 대응을 위한

안전보건경영시스템 구축 사례

조성곤 · 박준호

지우북스

머리말

2022년 1월 27일부터 시행되고 있는 중대재해처벌법은 경영책임자 등이 해당 기업의 안전보건관리체계 구축과 확보 의무를 이행함으로써 안전·보건 관계 법령에 따른 조치가 철저히 이루어지도록 하여 근로자 등 종사자의 중대산업재해를 예방하도록 하는 것이 궁극적인 목적이다.

이를 위해 현장 단위에서 안전 관련 각종 법령과 규칙에서 정한 안전보건 조치를 준수하는 것이 무엇보다도 중요하며, 더 나아가 안전보건을 기업문화(Safety culture)로 정착시켜 종사자의 행동 변화를 가져오는 것이 필수라고 생각한다.

중대재해처벌법이 시행된 지 2년이 지난 시점에서, 이미 대기업에서는 풍부한 자본력을 바탕으로 대형 법무법인 등의 조력을 받아 시스템의 정착화 단계에 들어 있으나 재정적, 인적 여건이 열악한 수많은 중소기업은 여전히 무엇을 어떻게 준비해야 할지 혼란스러운 상황에 처해 있는 것이 사실이다.

이에 저자는 건설안전에 대한 수많은 실무경험과 역량을 활용하여 중대재해처벌법에서 요구하는 안전보건 확보 의무사항을 건설안전 실무와 연계시켜, 중소 건설회사에서 바로 실행할 수 있도록 최적화된 안전보건경영시스템 기준을 제시하고자 한다.

본 사례는 중대재해처벌법에서 정한 주요 의무사항에 대한 이행내용을 건설현장 특성에 적합하고 이해하기 쉽게 구성되었으며, 적극적인 활용을 통하여 중대 산업재해를 예방함은 물론 중대재해처벌법에 대응하는 데 있어 조금이라도 도움이 되기를 간절히 희망해 본다.

아울러 이 사례는 법적인 효력이 없으므로 참고용으로만 사용되길 바란다.

2024.03.

순천제일대학교 산업안전보건과 교수 조성곤
겸임교수 박준호

목차

I

중대재해처벌법 개별 의무조항에 따른 관련 절차서 종류

개별 의무조항	관련 절차서	비고
시행령 제4조제1호, 안전보건에 관한 목표와 경영방침을 설정할 것	2. 안전보건 경영방침 및 목표 관리 절차서	
시행령 제4조제2호, 「산업안전보건법」 제17조부터 제19조까지 및 제22조에 따라 두어야 하는 인력이 총 3명 이상이고 다음 각 목의 어느 하나에 해당하는 사업 또는 사업장인 경우에는 안전·보건에 관한 업무를 총괄·관리하는 전담 조직을 둘 것. 이 경우 나목에 해당하지 않던 건설사업자가 나목에 해당하게 된 경우에는 공시한 연도의 다음 연도 1월 1일까지 해당 조직을 두어야 한다. 가. 상시근로자 수가 500명 이상인 사업 또는 사업장 나. 「건설산업기본법」 제8조 및 같은 법 시행령 별표 1에 따른 토목건축공사업에 대해 같은 법 제23조에 따라 평가하여 공시된 시공능력의 순위가 상위 200위 이내인 건설사업자	3. 본사 안전보건 담당자 업무수행 절차서	시공능력 상위 200위 초과 건설 사업자
시행령 제4조제3호, 사업 또는 사업장의 특성에 따른 유해·위험요인을 확인하여 개선하는 업무절차를 마련하고, 해당 업무절차에 따라 유해·위험요인의 확인 및 개선이 이루어지는지를 반기 1회 이상 점검한 후 필요한 조치를 할 것. 다만, 「산업안전보건법」 제36조에 따른 위험성평가를 하는 절차를 마련하고, 그 절차에 따라 위험성 평가를 직접 실시하거나 실시하도록 하여 실시 결과를 보고받은 경우에는 해당 업무절차에 따라 유해·위험요인의 확인 및 개선에 대한 점검을 한 것으로 본다.	4. 유해·위험요인 확인 및 개선 절차서 5. 위험성 평가 절차서	
시행령 제4조제4호, 다음 각 목의 사항을 이행하는 데 필요한 예산을 편성하고 그 편성된 용도에 맞게 집행하도록 할 것 가. 재해예방을 위해 필요한 안전·보건에 관한 인력, 시설 및 장비의 구비 나. 제3호에서 정한 유해·위험요인의 개선 다. 그 밖에 안전보건관리체계 구축 등을 위해 필요한 사항으로서 고용노동부 장관이 정하여 고시하는 사항	6. 예산편성 및 집행 절차서	
시행령 제4조제5호, 「산업안전보건법」 제15조, 제16조 및 제62조에 따른 안전보건관리책임자, 관리감독자 및 안전보건총괄책임자(이하 이 조에서 "안전보건관리책임자 등"이라 한다)가 같은 조에서 규정한 각각의 업무를 각 사업장에서 충실히 수행할 수 있도록 다음 각 목의 조치를 할 것 가. 안전보건관리책임자 등에게 해당 업무수행에 필요한 권한과 예산을 줄 것 나. 안전보건관리책임자 등이 해당 업무를 충실하게 수행하는지를 평가하는 기준을 마련하고, 그 기준에 따라 반기 1회 이상 평가·관리할 것	7. 안전보건관리책임자 등 업무수행 평가 절차서	

개별 의무조항	관련 절차서	비고
시행령 제4조제6호, 「산업안전보건법」 제17조부터 제19조까지 및 제22조에 따라 정해진 수 이상의 안전관리자, 보건관리자, 안전보건관리담당자 및 산업보건의를 배치할 것. 다만, 다른 법령에서 해당 인력의 배치에 대해 달리 정하고 있는 경우에는 그에 따르고, 배치해야 할 인력이 다른 업무를 겸직하는 경우에는 고용노동부 장관이 정하여 고시하는 기준에 따라 안전·보건에 관한 업무 수행시간을 보장해야 한다.	8. 안전보건관리자 배치 절차서	
시행령 제4조제7호, 사업 또는 사업장의 안전·보건에 관한 사항에 대해 종사자의 의견을 듣는 절차를 마련하고, 그 절차에 따라 의견을 들어 재해 예방에 필요하다고 인정하는 경우에는 그에 대한 개선방안을 마련하여 이행하는지를 반기 1회 이상 점검한 후 필요한 조치를 할 것. 다만, 「산업안전보건법」 제24조에 따른 산업안전보건위원회 및 같은 법 제64조·제75조에 따른 안전 및 보건에 관한 협의체에서 사업 또는 사업장의 안전·보건에 관하여 논의하거나 심의·의결한 경우에는 해당 종사자의 의견을 들은 것으로 본다.	9. 종사자 의견청취 절차서	
시행령 제4조제8호, 사업 또는 사업장에 중대산업재해가 발생하거나 발생할 급박한 위험이 있을 경우를 대비하여 다음 각 목의 조치에 관한 매뉴얼을 마련하고, 해당 매뉴얼에 따라 조치하는지를 반기 1회 이상 점검할 것 가. 작업 중지, 근로자 대피, 위험요인 제거 등 대응조치 나. 중대산업재해를 입은 사람에 대한 구호조치 다. 추가 피해방지를 위한 조치	10. 비상사태 대비 대응 절차서	
시행령 제4조제9호, 제 3자에게 업무의 도급, 용역, 위탁 등을 하는 경우에는 종사자의 안전·보건을 확보하기 위해 다음 각 목의 기준과 절차를 마련하고, 그 기준과 절차에 따라 도급, 용역, 위탁 등이 이루어지는지를 반기 1회 이상 점검할 것 가. 도급, 용역, 위탁 등을 받는 자의 산업재해 예방을 위한 조치 능력과 기술에 관한 평가기준·절차 나. 도급, 용역, 위탁 등을 받는 자의 안전·보건을 위한 관리비용에 관한 기준 다. 건설업 및 조선업의 경우 도급, 용역, 위탁 등을 받는 자의 안전·보건을 위한 공사기간 또는 건조기간에 관한 기준	11. 적격 하수급인 관리 절차서	
법 제4조제1항제2호, 재해 발생 시 재발방지 대책의 수립 및 그 이행에 관한 조치	12. 재해 재발방지 절차서	

개별 의무조항	관련 절차서	비고
법 제4조제1항제3호, 중앙행정기관·지방자치단체가 관계 법령에 따라 개선, 시정 등을 명한 사항의 이행에 관한 조치 시행령 제5조제2항제1호, 안전·보건 관계 법령에 따른 의무를 이행했는지를 반기 1회 이상 점검(해당 안전·보건 관계 법령에 따라 중앙행정기관의 장이 지정한 기관 등에 위탁하여 점검하는 경우를 포함한다. 이하 이 호에서 같다)하고, 직접 점검하지 않은 경우에는 점검이 끝난 후 지체 없이 점검 결과를 보고받을 것 시행령 제5조제2항제2호, 제1호에 따른 점검 또는 보고 결과 안전·보건 관계 법령에 따른 의무가 이행되지 않은 사실이 확인되는 경우에는 인력을 배치하거나 예산을 추가로 편성·집행하도록 하는 등 해당 의무 이행에 필요한 조치를 할 것 시행령 제5조제2항제3호, 안전·보건 관계 법령에 따라 의무적으로 실시해야 하는 유해·위험한 작업에 관한 안전·보건에 관한 교육이 실시되었는지를 반기 1회 이상 점검하고, 직접 점검하지 않은 경우에는 점검이 끝난 후 지체 없이 점검 결과를 보고받을 것 시행령 제5조제2항제4호, 제3호에 따른 점검 또는 보고 결과 실시되지 않은 교육에 대해서는 지체 없이 그 이행의 지시, 예산의 확보 등 교육 실시에 필요한 조치를 할 것	13. 안전보건관계 법령 등 이행 관리 절차서 14. 현장 안전보건 업무 수행 절차서	
환류 활동	15. 시스템 평가 및 개선 절차서	
기타(안전보건경영시스템의 제·개정 및 승인, 구성 등)	0. 안전보건경영시스템 제개정 및 구성 1. 안전보건경영 매뉴얼	

Ⅱ

안전보건경영시스템 구축 작성사례

안전보건경영 시스템

(SAFETY & HEALTH MANAGEMENT SYSTEM)

■ 관리본(CONTROLLED)

□ 비관리본(UNCONTROLLED)

◈ 업종 분야 : 건설업

작성	검토	승인
본사 안전보건담당자	부서장	경영책임자
20 . . .	20 . . .	20 . . .

㈜ ○○건설

안전보건경영 시스템 제·개정 이력

<table>
<tr><td colspan="2">문서명</td><td>안전보건경영시스템</td><td>문 서 번 호</td><td>0</td></tr>
<tr><td colspan="2">작성자</td><td>본사 안전보건담당자</td><td>협 조 부 서</td><td>각 부서장</td></tr>
<tr><td>개정
차수</td><td>제·개정일</td><td colspan="3">제·개정 시스템(매뉴얼, 절차서)의 종류 및 내용</td></tr>
<tr><td>0</td><td>20 . . .</td><td colspan="3">중대재해처벌법 시행에 따른 법 이행을 위한 신규 제정</td></tr>
<tr><td>1</td><td></td><td colspan="3"></td></tr>
<tr><td></td><td></td><td colspan="3"></td></tr>
<tr><td></td><td></td><td colspan="3"></td></tr>
<tr><td></td><td></td><td colspan="3"></td></tr>
<tr><td></td><td></td><td colspan="3"></td></tr>
<tr><td></td><td></td><td colspan="3"></td></tr>
<tr><td></td><td></td><td colspan="3"></td></tr>
<tr><td></td><td></td><td colspan="3"></td></tr>
</table>

회람

<table>
<tr><td rowspan="4">회람</td><td>부서명</td><td></td><td></td><td></td><td></td></tr>
<tr><td>성 명</td><td></td><td></td><td></td><td></td></tr>
<tr><td>서명(확인)</td><td></td><td></td><td></td><td></td></tr>
<tr><td>일 자</td><td>20 . . .</td><td>20 . . .</td><td>20 . . .</td><td>20 . . .</td></tr>
</table>

안전보건경영시스템 구성 및 전개도

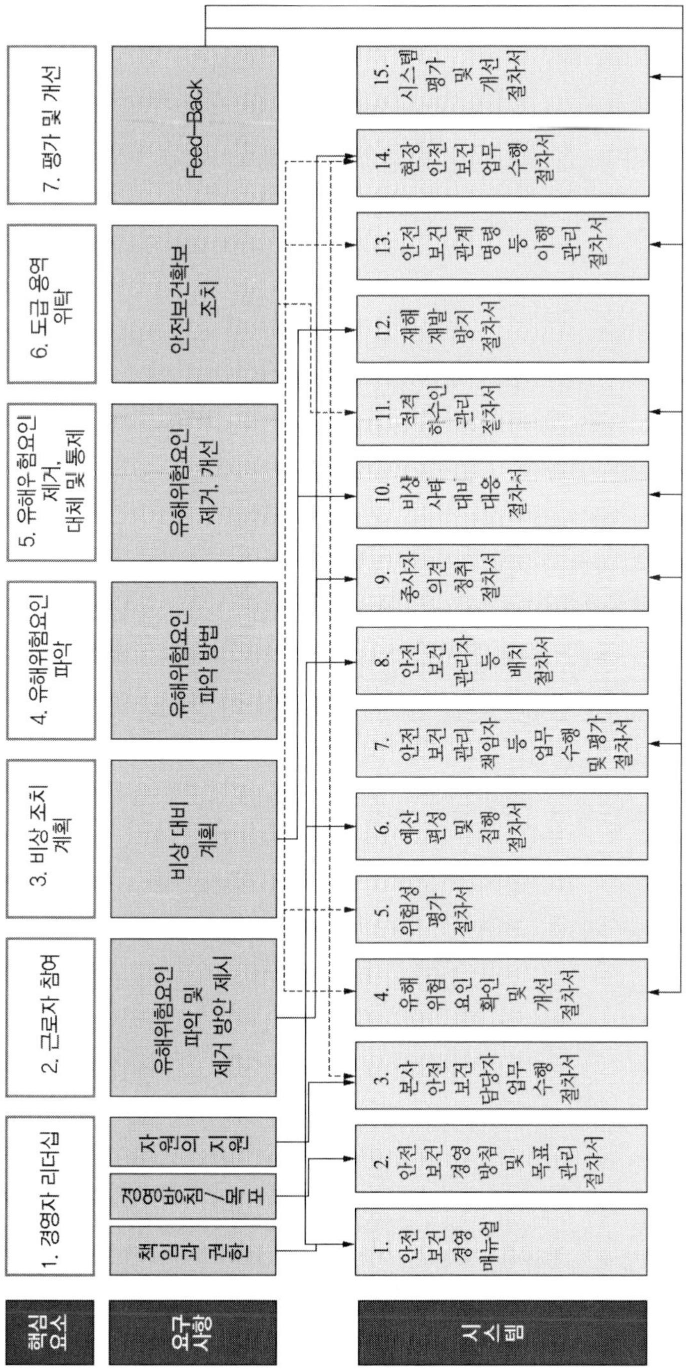

안전보건경영 시스템 구성목록

1. 안전보건경영 매뉴얼
2. 안전보건경영 방침 및 목표관리 절차서
3. 본사 안전보건담당자 업무수행 절차서
4. 유해·위험요인 확인 및 개선 절차서
5. 위험성 평가 절차서
6. 예산편성 및 집행 절차서
7. 안전보건관리책임자 등 업무수행 및 평가 절차서
8. 안전보건관리자 등 배치 절차서
9. 종사자 의견청취 절차서
10. 비상사태 대비 대응 절차서
11. 적격 하수급인 관리 절차서
12. 재해 재발방지 절차서
13. 안전보건 관계 법령 등 이행관리 절차서
14. 현장 안전보건업무 수행 절차서
15. 시스템 평가 및 개선 절차서
16. [부록] 중대재해 처벌 등에 관한 법률

안전보건경영 매뉴얼

(SAFETY & HEALTH MANAGEMENT MANUAL)

■ 관리본(CONTROLLED)

□ 비관리본(UNCONTROLLED)

◈ 업종 분야 : 건설업

㈜ ○○건설

목차

1. 목적

산업안전보건법 제14조 대표이사의 안전보건관련 법령과 중대재해처벌법 등에서 정한 안전·보건 확보를 위하여 요구되는 다양한 조치, 의무를 이행함으로써 산업재해를 예방하여 종사자 등의 생명과 신체를 보호함을 목적으로 한다.

2. 적용범위

회사의 안전보건 확보와 관련되는 본사 및 건설현장, 외주 하수급인, 종사자 등을 대상으로 적용한다.

3. 용어의 정의

3.1. 대표이사(경영책임자)

사업을 대표하고 사업을 총괄하는 권한과 책임이 있는 사람 또는 이에 준하여 안전보건에 관한 업무를 담당하는 사람을 말한다.

3.2. 종사자

가. 근로기준법상의 근로자

나. 도급, 용역, 위탁 등 계약의 형식에 관계없이 그 사업의 수행을 위하여 대가를 목적으로 노무를 제공한 자

다. 사업이 여러 차례의 도급에 따라 행하여지는 경우는 각 단계의 수급인 및 수급인과 근로기준법상의 근로자 또는 대가를 목적으로 노무를 제공하는 자와의 관계가 있는 자를 말한다.

3.3 안전보건경영 시스템

안전보건매뉴얼과 절차서 등 안전보건활동의 절차와 방법 등을 규정한 문서(절차서 등)를 말한다.

3.4 안전보건경영 매뉴얼

안전보건시스템의 문서 중 최상위 단계의 문서로서 중대재해처벌법에서 정한 조직, 책임과 권한, 제·개정 등을 기술한 문서를 말한다.

3.5 절차서

안전보건경영 매뉴얼에 기술된 안전보건관련 법령 및 중대재해처벌법 등에서 정한 대표이사의 안전·보건 확보의무를 수행하기 위한 문서로서, 단위 업무의 수행 절차와 방법, 기준 등을 명시한 문서를 말한다.

3.6 중대산업재해

"중대산업재해"란 중대재해 처벌 등에 관한 법률 제2조의 2에 따른 산업재해 중 다음 어느 하나에 해당하는 결과를 야기한 재해를 말한다.

가. 사망자가 1명 이상 발생

나. 동일한 사고로 6개월 이상 치료가 필요한 부상자가 2명 이상 발생

다. 동일한 유해요인으로 급성중독 등 중대재해처벌법 시행령 제2조에서 정하는 직업성 질병자가 1년 이내에 3명 이상 발생

3.7 중대재해

"중대재해"란 산업안전보건법 시행규칙 제3조에 따른 산업재해 중 다음 각 호의 어느 하나에 해당하는 재해를 말한다.

가. 사망자가 1명 이상 발생한 재해

나. 3개월 이상의 요양이 필요한 부상자가 동시에 2명 이상 발생한 재해

다. 부상자 또는 직업성 질병자가 동시에 10명이상 발생한 재해

3.8 문서

안전보건활동의 절차, 방법 등을 정한 매뉴얼, 절차서, 각종 계획 등의 매체를 말한다.

5. 책임과 권한 및 역할

5.1 대표이사

가. 안전보건경영 시스템 제·개정, 승인

나. 시스템 운영관련 관계자 권한 부여(업무분장, 지휘감독, 예산집행 등) 및 확인보고

다. 경영방침 및 목표의 설정, 계획의 승인

라. 조직구성, 인력, 안전보건관리비 예산, 시설, 장비 등 자원의 지원

마. 시스템의 평가 및 지속적인 개선

5.2 본사 안전보건담당자

가. 안전보건경영 시스템 제·개정 실무, 검토, 품의, 등록, 배포, 실행, 이행상태 점검 및 총괄 관리

나. 안전보건경영방침 및 목표 수립, 대표이사 보고, 공표, 실행, 전파 등 이행 실무

다. 안전보건경영 시스템의 이행상태(현장 등) 점검(반기 1회) 및 대표이사 보고

마. 안전보건관리책임자 등 직무수행 충실성 평가(반기 1회) 및 대표이사 보고

바. 유해·위험요인 확인 및 위험성평가 이행상태 점검(반기 1회) 및 대표이사 보고

사. 종사자 의견청취 이행상태 점검(반기 1회) 및 대표이사 보고

아. 비상사태 대비 대응 절차 이행상태 점검(반기 1회) 및 대표이사 보고

자. 적격 하수급인 관리절차 이행상태 점검(반기 1회) 및 대표이사 보고

차. 안전보건 관계 법령 등 이행상태 점검(반기 1회) 및 대표이사 보고

카. 유해·위험작업에 관한 안전보건교육 이행상태 점검(반기 1회) 및 대표이사 보고

타. 대표이사 부여 권한의 실행, 확인 및 대표이사 보고

파. 본사 예산편성, 현장예산 적정성 검토, 대표이사 보고, 집행 감독, 기록보관

하. 지속적인 평가 및 개선활동

1) 대표이사 부재 시 대리 및 대외 업무수행

2) 기타 안전보건과 관련된 업무 등

5.3 본사 시공담당 부서장

가. 안전보건경영 시스템의 이행 및 현장 이행상태 확인, 지원

나. 본사 안전보건담당자의 지도 조언에 대한 성실한 협조

다. 대표이사 부여 권한의 행사 및 보고

5.4 현장소장(안전보건책임자, 안전보건총괄책임자)

가. 안전보건경영 시스템의 성실한 이행, 자원의 요청

나. 안전보건경영 시스템의 비효율적 운영내용에 대한 개선 건의

다. 본사 안전보건담당자의 지도 조언, 요구, 점검에 대한 성실한 협조

라. 대표이사 부여 권한의 행사 및 보고

마. 안전보건관리책임자의 직무수행(산업안전보건법 제15조제1항)

1) 사업장의 산재예방계획 수립에 관한 사항

2) 안전보건관리규정(산업안전보건법 제25조, 제26조)의 작성 및 변경에 관한 사항

3) 근로자에 대한 안전보건교육(산업안전보건법 제29조)에 관한 사항

4) 작업환경의 점검 및 개선에 관한 사항

5) 근로자의 건강진단 등 건강관리에 관한 사항

6) 산업재해의 원인 조사 및 재발 방지대책 수립에 관한 사항

7) 안전장치 및 보호구 구입 시 적격품 여부 확인에 관한 사항

8) 위험성 평가의 실시에 관한 사항

9) 안전보건규칙에서 정하는 근로자의 위험 또는 건강장해의 방지에 관한 사항 등

바. 안전보건총괄책임자 직무수행(산업안전보건법 제62조)

1) 법 제36조에 따른 위험성평가의 실시에 관한 사항

2) 법 제51조 및 제54조에 따른 작업의 중지

3) 법 제64조에 따른 도급 시 산업재해 예방조치

4) 산업안전보건관리비의 관계수급인 간의 사용에 관한 협의조정 및 그 집행감독

5) 안전인증 대상기계 등과 자율안전확인 대상기계 등의 사용 여부 확인

사. 총괄책임자의 직무수행(건설기술진흥법시행령 제102조2항)

1) 안전관리계획서의 작성 및 제출

2) 안전관리 관계자의 업무 분담 및 직무 감독

3) 안전사고가 발생할 우려가 있거나 발생한 경우의 비상동원 및 응급조치

4) 안전관리비의 집행 및 확인

5) 협의체의 운영

6) 안전관리에 필요한 시설 및 장비 등의 지원

7) 자체안전점검의 실시 및 점검 결과에 따른 조치에 대한 지휘·감독

8) 안전교육의 지휘·감독

5.5 관리감독자(공사팀장, 반장 등)

가. 안전보건경영 시스템의 성실한 이행

나. 안전보건경영 시스템의 비효율적 운영내용에 대한 개선 건의

다. 현장소장 보좌 및 안전보건관리자, 본사 관계자의 지도·조언에 대한 협조

라. 산업안전보건기준에 관한 규칙 등 안전관련 법령 준수 이행

마. 위험성평가(유해·위험요인 파악 및 개선조치, 계획수립 등) 실무 진행 및 보고

바. 소속 근로자 등 관계자 직접 지휘 감독, 교육, 의견청취 사항 보고 및 조치

사. 관리감독자 직무수행(산업안전보건법 제16조)

1) 지휘·감독하는 작업과 관련 기계·기구 및 설비의 안전·보건 점검 및 이상 유무의 확인

2) 관리감독자에게 소속된 근로자의 작업복·보호구 및 방호장치의 점검과 그 착용·사용에 관한 교육·지도

3) 해당 작업에서 발생한 산업재해에 관한 보고 및 이에 대한 응급조치

4) 해당 작업의 작업장 정리·정돈 및 통로 확보에 대한 확인·감독

5) 안전보건관리자, 재해예방기관의 지도 조언에 대한 협조

6) 위험성평가에 관한 유해·위험요인 파악에 대한 참여 및 개선조치 시행 참여

7) 산업안전보건기준에 관한 규칙 별표2, 별표3의 업무

아. 건설기술진흥법시행령 제102조3항에 따른 직무수행

1) 공사 분야별 안전관리 및 안전관리계획서의 검토·이행

2) 각종 자재 등의 적격품 사용 여부 확인

3) 자체안전점검 실시의 확인 및 점검 결과에 따른 조치

4) 건설공사현장에서 발생한 안전사고의 보고

5) 안전교육의 실시

6) 작업 진행 상황의 관찰 및 지도

5.6 안전관리자(안전담당자)

가. 안전보건경영 시스템의 성실한 이행

나. 안전보건경영 시스템의 비효율적 운영내용에 대한 개선 건의

다. 현장소장 보좌 및 관리감독자, 근로자에 대한 지도 조언

라. 위험성 평가 관련 자료 확보 및 정보제공, 참여 및 Feed - Back 협조

마. 본사 안전보건담당자의 업무에 대한 성실한 협조

바. 순회점검 및 개선 이행 여부 확인

사. 안전교육 실시, 안전보건협의회, 위원회, 노사협의체 등 회의 진행

아. 산업안전보건관리비 예산 실행 작성 및 보고, 집행

자. 안전관련 업무 중 타 부서에 속하지 않는 사항

차. 안전관리자 직무수행(산업안전보건법 제17조)

1) 산업안전보건위원회, 안전보건에 관한 노사협의체에서 심의 의결한 업무, 안전보건관리규정 및 취업규칙에서 정한 업무

2) 위험성평가에 관한 보좌 및 지도·조언

3) 안전인증대상기계 등과 자율안전확인 대상기계등 구입 시 적격품의 선정에 관한 보좌 및 지도 조언

4) 해당 사업장 안전교육계획의 수립 및 안전교육 실시에 관한 보좌 및 지도·조언

5) 사업장 순회점검, 지도 및 조치 건의

6) 산업재해 발생의 원인 조사 분석 및 재발방지를 위한 기술적 보좌 및 지도·조언

7) 산업재해에 관한 통계의 유지·관리·분석을 위한 보좌 및 지도·조언

8) 법에 정한 안전에 관한 사항의 이행에 관한 보좌 및 지도·조언

9) 업무 수행 내용의 기록·유지

10) 그 밖에 안전에 관한 사항으로서 고용노동부 장관이 정하는 사항

카. 건설기술진흥법 시행령 제102조 4항에 따른 직무수행

1) 분야별 안전관리책임자의 직무 보조

2) 자체안전점검의 실시

3) 안전교육의 실시

5.7 보건관리자(보건담당자)

가. 안전보건경영 시스템의 성실한 이행

나. 안전보건경영 시스템의 비효율적 운영내용에 대한 개선 건의

다. 현장소장 보좌 및 관리감독자, 근로자에 대한 지도 조언

라. 위험성 평가 관련 자료 확보 및 정보제공, 참여 및 Feed - Back 협조

마. 본사 안전보건담당자의 업무에 대한 성실한 협조

바. 보건에 관한 순회점검 및 개선 이행 여부 확인

사. 보건교육 실시, 안전보건협의회, 위원회, 노사협의체 등 회의진행

아. 산업안전보건관리비 예산 실행작성 및 보고, 집행

자. 보건관련 업무 중 타 부서에 속하지 않는 사항

차. 보건관리자 직무수행(산업안전보건법 제18조)

1) 산업안전보건위원회, 노사협의체에서 심의·의결한 업무와 안전보건관리규정 및 취업규칙에서 정한 업무

2) 안전인증대상기계등과 자율안전확인 대상기계등 중 보건과 관련된 보호구 구입 시 적격품 선정에 관한 보좌 및 지도·조언

3) 위험성평가에 관한 보좌 및 지도·조언

4) 물질안전보건자료의 게시 또는 비치에 관한 보좌 및 지도·조언

5) 해당 사업장 보건교육계획의 수립 및 보건교육 실시에 관한 보좌 및 지도·조언

6) 해당 사업장의 근로자를 보호하기 위한 다음 각 목의 조치에 해당하는 의료행위(보건관리자가 별표 6 제2호 또는 제3호에 해당하는 경우로 한정)

① 자주 발생하는 가벼운 부상에 대한 치료

② 응급처치가 필요한 사람에 대한 처치

③ 부상·질병의 악화를 방지하기 위한 처치

④ 건강진단 결과 발견된 질병자의 요양 지도 및 관리

⑤ 가목부터 라목까지의 의료행위에 따르는 의약품의 투여

7) 환기장치 및 국소 배기장치 등에 관한 설비의 점검과 작업 방법의 공학적 개선에 관한 보좌 및 지도·조언

8) 사업장 순회점검, 지도 및 조치 건의

9) 산업재해 발생의 원인조사·분석 및 재발 방지를 위한 기술적 보좌 및 지도·조언

10) 산업재해에 관한 통계의 유지·관리·분석을 위한 보좌 및 지도·조언

11) 보건에 관한 사항의 이행에 관한 보좌 및 지도·조언

12) 업무 수행 내용의 기록·유지

13) 그 밖에 보건과 관련된 작업관리 및 작업환경관리에 관한 사항으로서 고용노동부 장관이 정하는 사항

5.8 근로자 등 종사자

가. 안전보건경영 시스템, 방침 및 목표, 계획에의 적극적 참여

나. 유해·위험요인에 대한 성실한 의견 건의

다. 개선조치에 대한 성실한 이행

라. 근로자 의무 준수

1) 근로감독관, 안전보건공단, 현장소장, 안전보건관리자, 관리감독자 등 관계인이 실시하는 산재예방에 관한 조치 준수

2) 당해현장 유해·위험요인 색출 및 개선 요청

3) 위험성 평가 참여(유해·위험요인 파악 및 감소대책, 이행 여부 확인 등)

4) 개인보호구 착용 등 산업안전보건법령에서 정하는 산재예방에 관한 기준 준수

5) 재해 발생 시나 급박한 위험 발견 시 119신고 및 응급조치, 작업 중지 요청

6) 기타 안전보건 확보 및 재해예방에 관한 사항

5.9 외주 하수급인

가. 원도급업체의 안전보건경영 시스템의 성실한 이행

나. 원도급업체, 국가기관, 공공기관, 건설재해예방기관 등에 대한 성실한 협조

다. 산업안전보건법령 등 안전보건관련 법령 준수

라. 위험성평가 실시 및 개선확인

마. 유해·위험요인의 개선 건의

바. 해당 근로자에 대한 성실한 안전보건교육 실시

사. 원도급의 경영방침 및 목표, 계획의 이행 및 참여

아. 원도급인의 작업허가 절차준수, 비상사태훈련, 안전보건협의체(노사협의체) 등 회의 적극 참여

6. 권한의 부여 및 지원

대표이사는 안전보건에 영향을 미치는 구성원 전원에게 중대재해처벌법 및 안전보건경영시스템, 산업안전보건법, 건설기술진흥법 등 안전보건 관계 법령에서 정한 각각의 업무를 성실히 수행할 수 있도록 권한을 부여하고, 부여한 권한을 행사할 수 있도록 지원해야 한다.

6.1 본사 안전보건담당자

가. 안전보건 시스템 총괄관리 및 제·개정, 이행에 관한 권한

나. 안전보건에 관한 기획, 계획수립, 모니터링에 관한 권한

다. 현장의 안전보건경영 시스템 이행상태 확인 및 조치, 보고에 관한 권한

6.2 본사 시공담당 부서장

가. 안전보건 시스템 이행에 관한 권한

나. 현장의 안전보건경영 시스템 이행상태 확인 및 조치에 관한 권한

6.3 현장소장(안전보건관리책임자, 안전보건총괄책임자)

가. 안전보건경영 시스템, 안전보건 관계 법령 등 이행에 관한 권한

나. 안전보건관리책임자, 총괄책임자 직무수행에 관한 권한

다. 안전보건관리 예산의 수립 및 집행에 관한 권한

라. 외주 협력업체 및 종사자의 지휘 감독에 관한 권한

마. 현장 안전보건관계자의 업무분장 및 지휘 감독에 관한 권한

바. 작업 중지에 관한 권한 : 대표이사는 현장소장이 산재발생 및 산재발생의 급박한 위험이 있다고 판단되어 작업을 중지시키려고 하는 경우 작업중지 권한을 부여하고 이의 판단을 존중해야 함

사. 자원의 요청 및 집행에 관한 권한

아. 기타 건설현장의 안전보건 확보에 관한 권한

6.4 관리감독자

가. 안전보건경영 시스템, 안전보건 관계 법령 등 이행에 관한 권한

나. 현장소장 보좌 및 안전보건관리자의 협조에 관한 권한
다. 외주 협력업체 및 종사자의 지휘 감독에 관한 권한
라. 기타 안전보건 관련 업무수행 및 예산에 관한 권한

6.5 안전보건관리자

가. 안전보건경영 시스템, 안전보건 관계 법령 등 이행에 관한 권한
나. 현장소장 보좌 및 관리감독자 근로자 지도 조언에 관한 권한
다. 안전보건관리 예산의 수립 및 집행 보고에 관한 권한
마. 외주 협력업체 및 종사자의 지도, 조언, 조치, 보고에 관한 권한
바. 기타 안전보건 관련 업무수행에 관한 권한

6.6 근로자 등 종사자

가. 안전보건경영 시스템, 안전보건 관계 법령 등 준수에 관한 권한
나. 유해·위험요인 파악 및 의견 개진에 관한 권한
다. 산재발생 급박한 위험 발생 시 작업 중지 및 대피에 관한 권한
라. 기타 안전보건 준수에 관한 권한

7. 안전보건경영 시스템 제·개정

7.1 시스템의 작성, 검토, 승인 절차

가. 전담부서(안전보건담당자) 작성 → 유관부서 및 종사자 등에 의한 검토 → 대표이사 승인
나. 최종 승인 후 유관부서 공람

7.2 제·개정 시 고려사항

가. 안전보건 관련 법령 제·개정 등 법령 준수 및 회사의 규모, 특성, 환경변화에 적합하게 작성
나. 종사자 등의 충분한 의견 청취 및 요구사항 반영
다. 이행이 가능하고 지속적 개선, 실효성 있는 절차 마련

라. 종사자 등의 안전보건이 유지 증진되도록 작성

마. 시스템 종류별 유기적 연계되도록 작성

7.3 등록 및 배포관리

가. 본사 안전보건 전담부서장은 승인된 시스템을 등록 관리하고 현장 등 전 유관부서에서 활용이 가능하도록 배포하고 관리

나. 관리본과 비관리본으로 구분하여 관리하고, 관리본은 상시 최신본으로 유지

다. 전부나 일부를 복사하여 사용할 경우 반드시 식별표시 후 사용

라. 시스템의 내용을 충분히 숙지할 수 있도록 교육훈련 실시

7.4 시스템의 개정

가. 비효율적으로 운영되거나 종사자 등이 의견 개진, 안전보건 관련 법령의 개정 등 개정 사유 발생 시 관계자 등의 충분한 의견을 수렴하여 개정

나. 개정은 제정과 동일한 절차와 방법에 따라 시행

다. 등록 및 배포관리는 7.3 등록 및 배포관리 절차에 의거 수행

라. 개정 후 개정내용을 식별할 수 있도록 개정 일자, 개정항목 등 이력 관리 작성

마. 현장 등 유관부서에서 개정본 수령 시 즉시 교체 및 구본 폐기조치

7.5 서식 사용

시스템(절차서 등)에 등록된 서식을 가능한 사용하되 건설현장의 특성과 발주자의 요청 등의 사유로 인해 적절하게 수정하여 사용 가능

7.6 시스템의 유효성 평가

시스템의 조기 정착 및 실효성 확보, 지속적인 유지 개선을 위한 절차(환류 활동) 마련

7.7 시스템의 구성

가. [1] 안전보건경영 매뉴얼

나. [2] 안전보건경영 방침 및 목표관리 절차서

다. [3] 본사 안전보건담당자 업무수행 절차서
라. [4] 유해·위험요인 확인 및 개선 절차서
마. [5] 위험성 평가 절차서
바. [6] 예산편성 및 집행 절차서
사. [7] 안전보건관리책임자 등 업무수행 및 평가 절차서
아. [8] 안전보건관리자 등 배치 절차서
자. [9] 종사자 의견청취 절차서
차. [10] 비상사태 대비 대응 절차서
카. [11] 적격 하수급인 관리 절차서
타. [12] 재해 재발방지 절차서
파. [13] 안전보건 관계 법령 등 이행관리 절차서
하. [14] 현장 안전보건업무 수행 절차서
거. [15] 시스템 평가 및 개선 절차서
너. [16] (부록) 중대재해 처벌 등에 관한 법률

8. 관리 및 보존

8.1 색인 및 파일링

안전보건경영시스템에 의해 최종 생산된 기록물은 쉽게 찾아볼 수 있도록 색인 및 파일링하여 관리되어야 한다.

8.2 보관 및 유지

열화 또는 손상을 최소화하고 분실을 방지하는데 적합한 환경을 갖춘 시설 내에 쉽게 검색할 수 있는 방법으로 보관되고 유지되어야 한다.

8.3 보존 연한

모든 시스템과 기록은 관리 담당자에 의해 5년 동안 보관되어야 한다.

안전보건경영 방침 및 목표관리 절차서

■ 관리본(CONTROLLED)

□ 비관리본(UNCONTROLLED)

◈ 업종 분야 : 건설업

㈜ ○○건설

목차

1. 목적

본 절차서는 본사 및 건설현장에서 근무하는 종사자들의 안전보건 상 유해·위험을 방지하기 위한 의지와 실천 노력의 일환으로 안전보건에 관한 경영방침과 목표를 설정하여 공표함으로써, 안전보건에 관한 지속적인 계획·실행·평가·개선을 통한 산업재해를 예방하는 데 그 목적을 둔다.

2. 적용범위

본 절차서는 안전보건에 영향을 미치는 본사, 전 건설현장 및 외주 하수급인 등에 적용한다.

3. 용어의 정의

3.1 안전보건경영 방침

회사 최고경영자의 경영 의지가 반영되어 전직원 및 근로자의 안전보건경영을 위한 지속적인 개선 및 실행 의지가 담긴 안전보건 경영이념을 말한다.

3.2 안전보건경영 목표

안전보건경영 방침과 연계하여 안전보건 성과 측면에서 조직이 달성하기 위해 설정하는 구체적 지표를 말한다.

3.3 안전보건경영 추진계획

대표이사, 본사 안전보건담당자, 현장소장 등이 안전보건경영 방침과 목표를 달성하기 위해 추진하는 일련의 안전보건경영 활동에 대한 세부 일정 및 실천계획 말한다.

4. 책임과 권한

4.1 대표이사

가. 안전보건경영 방침 설정 및 공표

나. 안전보건경영 목표 설정 및 공표

다. 연간 안전보건경영 세부추진계획의 수립 및 시행

라. 현장소장, 본사 안전보건담당자, 유관부서장에 대한 권한 부여

마. 안전문화 확산 분위기 조성 및 지원

바. 방침 및 목표 달성을 위한 자원의 제공

사. 경영방침, 목표에 대한 평가 및 개선

4.2 본사 안전보건담당자

가. 대표이사 안전보건경영 방침 및 목표의 수립·공표 실무

나. 연간 안전보건경영 추진 계획수립·확인점검·모니터링

다. 대표이사 경영방침 및 목표의 이행

라. 현장소장의 경영방침 및 목표 설정 등에 관한 지도·조언

마. 대표이사 부여 권한 행사 및 보좌

바. 연간 경영방침 및 목표 달성의 점검·평가·개선·환류(Feed-Back) 및 보고

4.3 현장소장(안전보건관리책임자)

가. 대표이사 경영방침 및 목표의 이행

나. 현장소장의 안전보건경영 방침 및 목표의 수립·공표

다. 추진계획 수립 및 시행

라. 본사 안전보건담당자 등 관계자에 대한 성실한 협조

4.4 현장 안전보건관리자(안전보건담당자)

가. 안전보건경영 방침 및 목표의 공표·게시·전파·공유·관리 등 실무

나. 안전보건경영 방침 및 목표의 달성을 위한 계획수립·확인점검·모니터링

다. 현장소장의 경영방침 및 목표 설정을 위한 보좌

라. 관리감독자, 하수급인, 근로자 등 종사자에 대한 지도 및 조언

마. 본사 안전보건담당자 등 관계자에 대한 성실한 협조

5. 경영방침 및 목표 설정 시 고려사항

가. 건설현장 특성, 유해·위험요인, 규모, 안전문화, 의식수준, 조직 등을 고려하여 설정

나. 달성과 측정 및 성과 평가가 가능하도록 설정

다. 목표는 1년(현장은 공사기간) 단위로 설정하여 모니터링 가능하도록 수립

라. 종사자 및 이해관계자 등이 공감하고 인식하도록 설정

마. 근로자 등 종사자의 의견수렴과 협의를 거쳐서 설정

바. 반복적 재해를 근원적으로 예방하기 위한 방안 반영

사. 안전보건에 관한 목표와 경영방침과의 일관성 유지

아. 재해예방에 대한 분명한 의지가 제시되고 모든 조직구성원에게 공개

자. 안전보건을 기업경영의 한 요소로 인식하고 관리

차. 유해·위험요인의 지속적 개선 의지와 안전관련 법적 요구사항 준수의지 반영

6. 경영방침, 목표 수립 및 전파

6.1 경영방침 및 목표관리 업무수행 프로세스

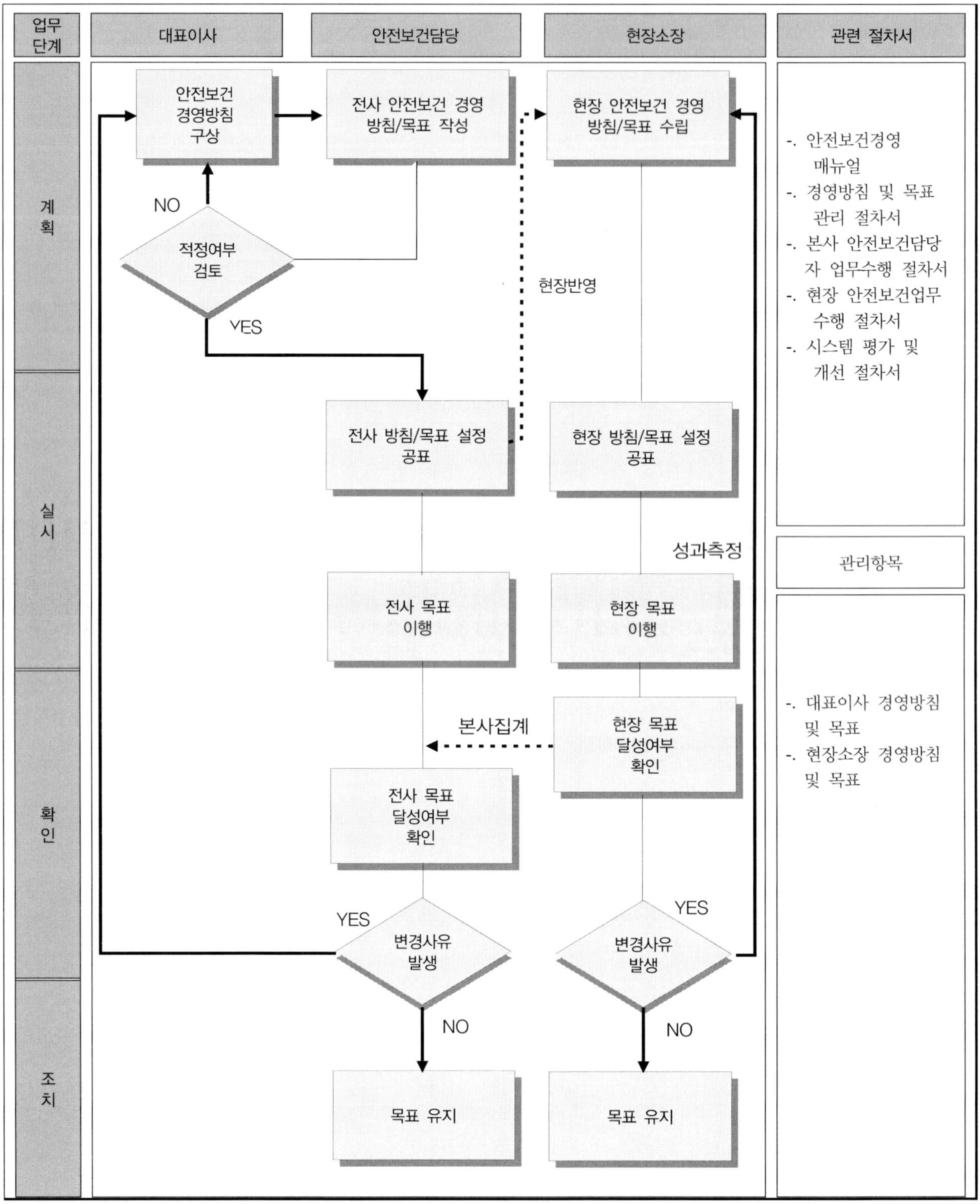
업무 단계
대표이사
안전보건담당
현장소장
관련 절차서
계획
실시
확인
조치
안전보건 경영방침 구상
전사 안전보건 경영 방침/목표 작성
현장 안전보건 경영 방침/목표 수립
NO
적정여부 검토
YES
현장반영
전사 방침/목표 설정 공표
현장 방침/목표 설정 공표
성과측정
전사 목표 이행
현장 목표 이행
본사집계
현장 목표 달성여부 확인
전사 목표 달성여부 확인
YES
변경사유 발생
YES
변경사유 발생
NO
NO
목표 유지
목표 유지
-. 안전보건경영 매뉴얼
-. 경영방침 및 목표 관리 절차서
-. 본사 안전보건담당자 업무수행 절차서
-. 현장 안전보건업무 수행 절차서
-. 시스템 평가 및 개선 절차서
관리항목
-. 대표이사 경영방침 및 목표
-. 현장소장 경영방침 및 목표

6.2 경영방침 및 목표 수립

6.2.1 대표이사

가. 대표이사는 안전보건경영 이념에 따라 전사 임직원 등 구성원이 공감하고 인식할 수 있도록 관계자(공사 수행부서장, 안전보건관리자, 현장소장, 근로자 등 종사자, 외주 하수급인 대표 등) 등으로부터 충분한 의견청취와 협의를 거쳐 경영방침[별지 제1호 서식]과 경영목표[별지 제2호 서식]를 설정하여 공표·시행해야 한다.

나. 대표이사는 경영방침과 목표를 수립 후 이의 달성을 위한 세부추진계획서[별지 제5호 서식]를 매년 수립하여 시행함을 원칙으로 한다.

다. 대표이사의 안전보건경영방침과 목표는 시스템 평가 및 개선절차서에 따른 결과를 반영하여 매년 수립함을 원칙으로 한다.

라. 대내외적 환경변화 등으로 인하여 안전보건경영 방침과 목표의 변경이 필요한 경우 대표이사는 안전보건 관계자 등과 협의하여 이를 수정·공표할 수 있다.

마. 최종 확정된 경영방침과 목표는 안전보건에 영향을 미치는 관련부서 및 현장소장, 외주 하수급인, 근로자 등 종사자들에게 신속하게 전파하여 공유해야 한다.

바. 본사 안전보건담당자는 이에 대한 실무를 진행해야 한다.

6.2.2 현장소장

가. 현장소장은 대표이사의 경영방침의 의지와 목표에 연계하여 현장소장의 경영방침[별지 제3호 서식]과 경영목표[별지 제4호 서식]를 신규공사 착공 전날까지 설정해야 하고, 외주 하수급인 및 종사자 등 관계자들에게 신속하게 전파하여 공유해야 한다.

나. 현장소장의 경영방침 및 목표 설정 시에는 전 구성원이 공감하고 스스로 실행할 수 있는 분위기 마련을 위하여 안전보건관리자, 관리감독자, 외주 하수급인, 근로자 등 종사자들과 충분한 의견청취 등 협의를 거쳐 설정해야 한다.

다. 현장소장의 경영방침과 목표 수립은 대표이사의 경영방침 및 목표의 변경이나 중대재해 발생 등 환경변화에 따라 공사 진행 도중 상시적으로 변경할 수 있다.

6.3 전파 및 공유방법

6.3.1 본사

가. 본사 안전보건담당자는 최종 승인된 대표이사의 경영방침과 목표를 전사 임직원, 근로자, 외주 하수급인 등 모든 종사자가 인식하고 실천할 수 있도록 액자 형태로 제작하여 본사 사무실 및 임원실 벽면, 업무 수첩, 홈페이지, SNS, 정기 회의시간, 기타의 방법 등으로 게시하고 알려야 한다.

나. 본사 안전보건담당자는 대표이사의 경영방침과 목표를 전 구성원이 충분히 공유함은 물론, 안전문화 확산과 안전의식 향상의 일환으로 전 구성원들에 대하여 정기적으로 주지시켜야 한다.

다. 외주 하수급 계약 부서장은 대표이사의 경영방침과 목표를 A4 용지의 형태로 제작하여 하도급 계약 시 첨부서류에 포함시켜야 하고, 취지와 목적, 대표이사의 안전보건 의지 등에 대해서도 외주 하수급인 등에게 충분히 알려주어야 한다.

6.3.2 현장

가. 현장소장은 대표이사의 경영방침과 목표를 포함하여 현장소장의 방침 및 목표를 현장의 근로자 등 종사자들이 쉽게 보이는 가장 적절한 곳에 게시하여야 한다.

나. 가장 적절한 구체적 게시 장소로는 현장소장실, 사무실, 협력업체 사무실, 안전보건교육장, 휴게실, 게시판, 현수막, SNS, 기타의 방법으로 알려야 하고, 안전보건 교육시간이나 협의체 회의, 위험성평가 회의, 안전보건위원회 회의 등의 방법으로 최대한 공유하고 실천할 수 있도록 노력하여야 한다.

7. 경영방침 및 목표달성을 위한 세부 추진계획

7.1 대표이사

가. 임직원의 안전보건 관련 자격증 취득, 학위취득 등의 시간 및 비용지원, 취득자에 대한 인센티브 부여

나. 대표이사 외부교육 참석

1) 교육 횟수 : 매년 1회 이상

2) 교육 기관 : 산업안전보건공단 또는 고용노동부, 기타 안전보건 전문교육기관

3) 교육 일시 : 교육 관련기관 일정에 따름

다. 안전보건관리자 정규직 채용 노력

1) 채용 시기 : 결원 발생 시 수시채용

2) 정규직 비율 최소 60% 이상 유지

라. 건설현장 안전보건 순회점검 실시

1) 본사 안전보건담당자는 매년(1월 초) 대표이사의 안전보건순회점검 계획을 수립하고, 대표이사의 승인을 얻어 시행한다.

2) 연간 안전보건점검계획 수립 ⇒ 승인 ⇒ 현장방문 점검수행(반기 1회 이상) ⇒ 개선조치(현장) ⇒ 검토확인 ⇒ 사후 모니터링 및 기록관리

3) 본사 안전보건담당자는 대표이사의 안전보건순회점검 계획 수립 시 공사수행부서장과 사전 협의하여 수립한다.

4) 대표이사 안전보건 순회점검 수행방법

① 대표이사는 안전보건점검계획에 의거 위험 현장에 대하여 반기 1회 이상(연 2회 이상) 시공 건설현장을 불시에 방문하여 실효성 있는 점검을 수행한다.

② 해당 현장 순회점검 시 안전보건에 관한 기술적, 관리적, 법적 사항에 관한 조언을 위하여 본사 안전보건담당자, 해당부서장 또는 안전보건 전문가 등과 동행하여 실시할 수 있다.

③ 경영상의 일정 등으로 직접 순회점검을 할 수 없을 경우는 본사 안전보건담당자 또는 안전보건 전문가 등에게 위임하여 점검을 실시할 수 있고, 점검결과를 즉시 보고받고 이에 따른 필요한 조치를 하여야 한다.

5) 안전보건 순회 점검 시 확인내용

① 중대재해처벌법, 산업안전보건법, 건설기술진흥법 등 안전보건 관련 법령 준수여부

② 안전보건경영 시스템 이행 상태

③ 유해·위험요인 확인 및 개선상태

④ 안전보건관련 근로자의 의견청취 현황 및 해결 노력

⑤ 기타 안전보건관련 사항 등

7.2 본사 안전보건담당자

가. “본사 안전보건담당자 업무수행 절차서”의 주요 업무 및 추진계획에 의거 수행한다.

나. "안전보건경영시스템"의 각종 절차서에 의거 수행한다.

7.3 현장소장

가. "현장 안전보건업무 수행 절차서"의 안전보건업무 종류 및 내용에 의거 수행한다.

나. "안전보건경영시스템"의 각종 절차서에 의거 수행한다.

다. 산업안전보건법 등 안전관계 법령 등에 의해 수행한다.

8. 안전문화 확산을 위한 회의

8.1 회의 목적

가. 대표이사의 안전보건에 대한 강력하고 적극적 대응 메시지 전달

나. 안전보건제도의 공유 및 적절한 실행 대응

다. 개선대책 미 이행사항에 대한 근본적 예방대책 강구

라. 조직의 안전문화 확산

마. 평가 및 개선방안에 대한 적극적인 이행

바. 안전보건경영시스템의 정상적인 작동 여부 확인

8.2 실시 시기

8.2.1 정기회의

대표이사 주재로 매년 2회(반기 1회) 이상 개최한다.

8.2.2 수시회의

매월 또는 매주 임원회의, 주간업무회의 등을 통하여 대표이사가 필요하다고 판단 시 수시로 실시할 수 있다.

8.3 참석대상

대표이사, 본사 안전보건담당자, 공사수행부서장, 현장소장, 근로자 대표, 기타 종사자 등

8.4 회의내용

가. 안전보건경영방침 및 목표 달성 모니터링
나. 안전보건 시스템의 효율적인 작동상태 확인
다. 중대재해처벌법, 산업안전보건법, 건설기술진흥법 등 안전보건관련법 준수 여부 확인
라. 유해·위험요인의 제거·대체 및 통제의 효율적 방안 검토
마. 인력 및 예산 등 자원지원 방안 및 필요성
바. 평가 및 개선활동 결과내용 검토
사. 안전보건관계 법령 개정내용 및 대응방안
아. 의견청취 등

8.5 회의 결과의 사후관리

가. 결정된 사항 즉시 실행
나. 관련내용 건설현장 등 전 조직 전파 및 공유
나. 경영방침, 목표, 계획에 반영
다. 안전보건경영 시스템 개정
라. 평가 및 개선활동 반영

9. 기록보관

본 절차서와 관련된 문서 및 기록은 5년간 보존한다.

10. 관련 시스템

가. [1] 안전보건경영 매뉴얼
나. [3] 본사 안전보건담당자 업무수행 절차서
다. [4] 유해·위험 확인 및 개선 절차서
라. [5] 위험성 평가 절차서
마. [6] 예산편성 및 집행 절차서

바. [9] 종사자 의견청취 절차서

사. [11] 적격 하수급인 관리 절차서

아. [13] 안전보건 관계 법령 등 이행관리 절차서

자. [14] 현장 안전보건업무 수행 절차서

차. [15] 시스템 평가 및 개선 절차서

별지 제1호 서식 경영책임자 경영방침(예시)

안전보건경영방침

우리 회사는 근로자 등 모든 종사자의 안전보건을 확보하고 신뢰받는 기업가치를 구현하기 위해 인진보긴경영방침을 다음과 같이 설정하여 공표힌다.

1. 재해예방을 기업경영의 최우선 목표로 삼고 이의 실현을 위해 전 구성원은 최선의 노력을 다한다.
2. 안전보건관련 각종 법규 및 제 규정을 철저히 준수하고 안전보건에 관한 전문역량을 지속적으로 배양한다.
3. 전 현장의 내실있고 실효성 있는 위험성평가를 바탕으로 유해·위험요인을 지속적으로 개선하여 근로자의 안전과 생명을 지킨다.
4. 전 현장의 쾌적하고 안락한 작업환경 여건을 위해 안전보건관리비용을 최대한 투자한다.

202 년 월 일

○○회시 대표이시 홍길동 (서명)

별지 제2호 서식 경영책임자 경영목표(예시)

안전보건경영목표

건설현장 종사자의 생명과 재산을 보호하고, 최고 경영책임자의 안전보건경영 방침을 실현하기 위하여 다음과 같이 안전보건경영목표를 설정하여 공표한다.

1. 매년 재해발생 ZERO 유지
2. 공종별 위험성평가 100% 이행
3. 법정 안전보건교육 100% 이행
4. 안전보호구 지급 및 착용률 100% 이행

202 년 월 일

○○회사 대표이사 홍길동 (서명)

별지 제3호 서식 현장소장 경영방침(예시)

현장소장 안전보건경영방침

현장소장 본인은 대표이사의 안전보건경영의 의지와 경영방침을 최대한 반영하여, 현장 내 종사자들에게 쾌적하고 안전한 작업 일터를 제공하기 위한 이념으로써 아래와 같이 경영방침을 설정하여 공표하고자 한다.

1. 현장 근로자의 안전문화의식 향상을 위한 의식개혁 운동을 최우선 과제로 삼는다. 이를 달성하기 위하여 근로자의 사규인 "의견청취 절차서"의 철저한 준수와 활성화에 기여한다.
2. 산업안전보건법령 등 안전보건 관련 법규를 철저히 준수하여 안전한 작업일터를 만든다.
   특히, 현장에서 간과하고 있는 산업안전보건에 관한 규칙의 철저한 검토와 이행을 다짐한다.
3. 형식적 위험성 평가와 TBM에서 탈피하여 실제적이고 실효성 있는 운영체제를 확립한다.
4. 하수급인에게 충분한 공사기간을 제공하고, 공사비 절감과 공기단축을 이유로 유해·위험한 작업의 지시나 생략행위 등을 절대 하지 않는다.

위의 경영방침은 우리회사 소속 근로자뿐만 아니라 하수급인 근로자, 건설기계기사, 특수형태 근로자, 용역근로자 등 모든 종사자들과 함께 공감하고 인식하여 이의 실현을 위해 최선의 노력을 경주한다.

202 년 월 일

○○공사 현장소장 홍 길 농 (서명)

별지 제4호 서식 현장소장 경영목표(예시)

현장소장 안전보건경영 목표

우리 회사 최고 경영책임자의 안전보건경영방침의 이념을 실현하고, 건설현장에서 발생되는 모든 유해·위험요인을 파악·제거하기 위하여 아래와 같이 안전보건경영 목표를 설정하고 공표하고자 한다.

1. 공종별 위험성 평가자료를 활용하여 당일 작업 시작 전 TBM 및 일일교육을 반드시 실시한다.
   -. 실행결과에 대해서는 교육일지를 이용하여 매일 관리한다.

2. 유해·위험요인 및 개선책 등에 대한 종사자의 의견을 가능한 100% 이행한다.
   -. 의견개진을 가장 많이 한 근로자에 대해서는 정기적으로 포상하여 동기를 부여한다.

3. 근로자의 아차사고 신고를 매월 4건 이상 확보하여 위험성평가에 반영한다.

4. 법정 안전보건교육을 100% 이행한다.

상기와 같은 목표는 각종 협의체 회의, 위험성 평가, 공정회의, 점검, 교육 등 다양한 방법을 통해 수시로 인식하도록 하고 반드시 달성하고자 노력한다.

202 년 월 일

○○공사 현장소장 홍 길 동 (서명)

별지 제5호 서식 방침 및 목표 달성을 위한 대표이사 세부추진계획 및 실적

대표이사 세부 추진계획 및 실적	결재	작성	검토	승인

세부 추진계획 및 실적		추진일정 1분기	2분기	3분기	4분기	성과지표	딤딩 부서	딜싱률 (%)	실적/부진사유
임직원 안전보건관련 자격증, 학위취득 지원	계획	수시	수시	수시	수시	임직원 요청 시 100% 이행	안전		
	실적								
대표이사 외부교육 참석	계획			○		1회/연, 교육기관 교육	안전		
	실적								
안전보건관리자 정규직 채용	계획	수시	수시	수시	수시	정규직 비율 60% 이상 채용	인사		
	실적								
대표이사 현장 순회점검 (시공현장 별)	계획		○		○	1회/반기 (연 2회 이상)	안전		
	실적								
안전문화 확산 위한 회의 개최	계획	○		○		1회/반기 (임직원 회의 등)	안전		
	실적								
안전보건 예산집행	계획	○	○	○	○	본사 : 1년 현장 : 착공 시	안전		
	실적								
위험성평가 실시 여부 점검	계획		○		○	1회/반기	현장		
	실적								
현장소장, 관리감독자 평가관리	계획		○		○	1회/반기	안전		
	실적								
종사자 의견청취 및 개선 여부 점검	계획		○		○	1회/반기	현장		
	실적								
비상사태 대비 조치 여부 점검	계획		○		○	1회/반기	현장		
	실적								
하수급인 평가, 예산, 공기 등 준수 여부 점검	계획		○		○	1회/반기	현장		
	실적								
안전보건관계법령 이행 여부 점검	계획		○		○	1회/반기	현장		
	실적								
안전보건교육 실시 여부 점검	계획		○		○	1회/반기	현장		
	실적								
시스템 평가 및 개선	계획				○	1회/연	안전		
	실적								

본사 안전보건담당자 업무수행 절차서

■ 관리본(CONTROLLED)

□ 비관리본(UNCONTROLLED)

◈ 업종 분야 : 건설업

㈜ ○○건설

목차

1. 목적

안전 및 보건 확보 의무 이행을 위한 집행 담당자로서, 대표이사를 보좌하고 안전보건에 관한 업무를 총괄 관리하는 업무를 효율적으로 수행하기 위한 절차와 방법을 정함을 목적으로 한다.

2. 적용범위

본 절차는 본사 안전보건담당자의 안전보건 업무수행 전반에 대하여 적용한다.

3. 용어의 정의

3.1 본사 안전보건담당자

중대재해처벌 등에 관한 법률에서 규정한 대표이사의 안전 및 보건 확보 의무 이행을 위한 집행 담당자로서, 안전·보건에 관한 업무를 총괄 관리하는 등 경영책임자를 보좌하고 회사의 안전·보건에 관한 컨트롤타워로서의 역할을 수행하는 대표이사의 직속 담당자를 말한다.

4. 책임과 권한

4.1 대표이사

가. 본사 안전보건담당자 업무수행에 필요한 자원의 제공
나. 안전보건경영 시스템 운영관련 권한위임 및 업무수행 지휘 감독
다. 현장점검 권한위임, 보고 및 필요한 조치
라. 평가 및 지속적인 개선

4.2 본사 안전보건담당자

가. 대표이사 보좌 및 부여받은 권한의 행사
나. 대표이사의 안전보건 확보의무의 실무 진행 및 총괄 관리 감독

다. 안전보건경영 시스템의 제·개정 및 이행관리
라. 건설현장 안전보건경영시스템 이행상태 점검 및 대표이사 보고
마. 재해예방에 관한 정책의 수립 및 시행
바. 안전보건관리자 등 전문인력의 배치
사. 본사 안전보건 예산의 편성, 건설현장의 안전보건 예산 검토, 집행 확인
아. 대표이사 부재 시 대리, 대외 업무수행
자. 안전보건영영 시스템 적절성의 의견청취, 평가 및 개선
차. 기타 안전보건에 관한 업무수행

4.3 본사 시공담당 부서장

가. 본사 안전보건담당자의 안전보건정책의 이행
나. 안전보건경영 시스템의 이행 및 개선 건의
다. 현장소장 지휘 감독

4.4 현장소장

가. 본사 안전보건정책의 성실한 이행
나. 안전보건경영 시스템의 이행 및 개선 건의
다. 본사 안전보건담당자의 지도, 조언 및 점검에 대한 성실한 협조 및 보고

4.5 안전보건관리자(안전보건담당자)

가. 본사 안전보건정책의 성실한 이행
나. 안전보건경영 시스템의 이행 및 개선 건의
다. 본사 안전보건담당자의 지도, 조언 및 점검에 대한 성실한 협조

4.6 관리감독자

가. 본사 안전보건정책의 성실한 이행
나. 안전보건경영 시스템의 이행 및 개선 건의
다. 본사 안전보건담당자의 지도, 조언 및 점검에 대한 성실한 협조

4.7 근로자 등 종사자

가. 본사 안전보건담당자의 지도, 조언, 지시에 대한 협조 및 이행

나. 유해·위험요인 확인 및 개선의 건의

5. 본사 안전보건담당자의 지정

5.1 법정 지정대상

가. 건설산업기본법 제8조 및 같은 법 시행령 별표1에 따른 토목건축공사업에 대해 같은 법 제23조에 따라 평가하여 공시된 시공능력의 순위 200위 범위 밖의 건설사업자

나. 상시근로자 수가 500명 이하인 건설사업자

5.2 지정

대표이사는 본사 임직원 중 안전보건업무 수행을 위해 가장 적절하다고 판단되는 자를 지정하여 안전·보건에 관한 업무를 총괄 관리하게 해야 한다.

5.3 지정자격

가. 산업안전보건법시행령 별표 4에서 정한 안전관리자의 자격을 갖춘 자

나. 직위, 전문성, 학·경력, 자격, 성격, 직무능력 등 개인적 특성과 회사의 규모와 인력자원 등을 고려하여 대표이사가 적절하다고 판단하여 지정한 자

5.5 조직도

5.5.1 회사 조직도

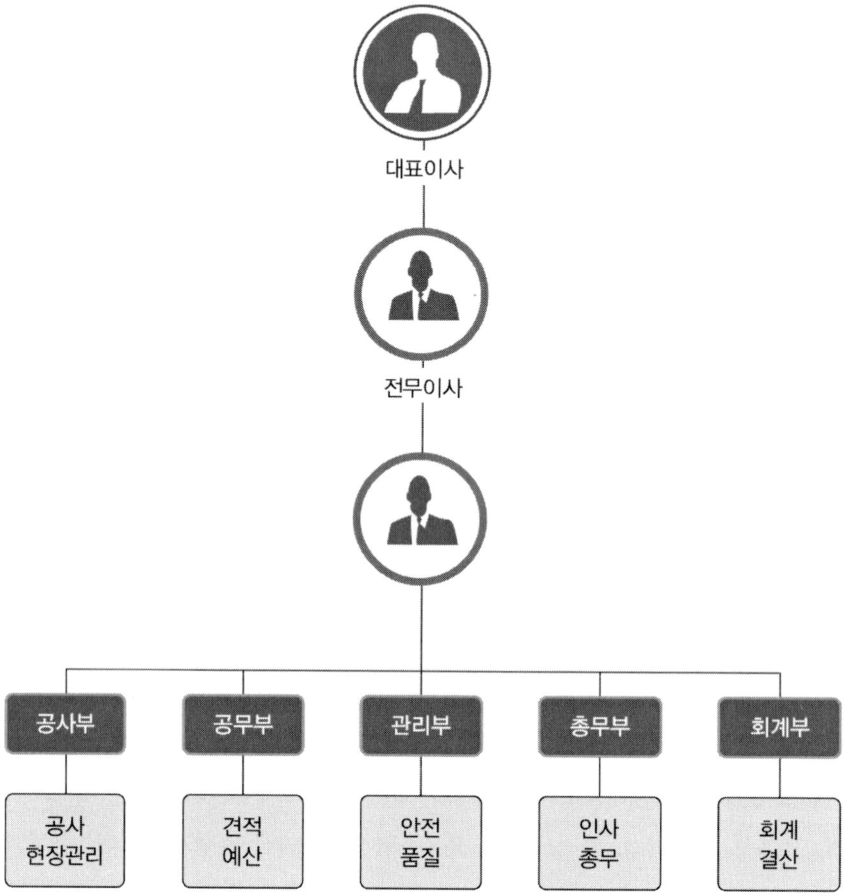

5.5.2 부서 조직도

관리부(겸직수행)

본사 안전보건담당자

1. 안전보건에 관한 대표이사 보좌
2. 안전보건에 관한 업무를 총괄 관리
3. 동 절차서 6.1의 안전보건에 관한 업무 등

6. 주요 업무

6.1 업무 내용 및 실시 주기

업무 내용	주기	비고
1. 안전보건에 관한 업무의 총괄 관리 감독	수시	
2. 대표이사 보좌, 위임받은 권한의 행사 및 보고	수시	
3. 안전보건경영시스템의 제·개정 검토, 품의, 승인, 등록, 배포, 이행상태 점검 및 총괄 관리	수시	
4. 안전보건경영방침, 목표 수립, 공표, 이행에 관한 실무	연	
5. 재해예방에 관한 정책의 수립 및 시행	수시	
6. 안전보건관계자 직무교육	연	
7. 반기 1회 이상 현장점검 및 대표이사 보고 ① 위험성 평가 절차서 이행 및 개선 여부 ② 안전보건관리책임자, 관리감독자 업무수행 평가 ③ 종사자 의견청취 절차서 이행 및 개선방안 조치 이행 여부 ④ 비상사태 대비 대응 절차서 준수 및 조치 이행 여부 ⑤ 적격 하수급인 관리 절차서 준수 여부 ⑥ 안전보건 관계 법령 등 이행관리 절차 준수 이행 여부 ⑦ 법에서 정한 안전보건교육 실시 여부 ⑧ 유해·위험요인 확인 및 개선조치 이행 여부 ⑨ 재해발생 및 재해방지 대책, 은폐 여부 점검 ⑩ 행정기관 등의 개선 시정명령 이행 상태 점검 ⑪ 안전보건 예산(산안법/건기법 등 관계법)의 적정성 사용실태 ⑫ 안전보건경영 시스템 이행 여부 ⑬ 기타 안전보건 확보를 위해 필요한 사항 등	반기 1회 이상	1. 중처법에 의한 대표이사 의무 점검사항(①~⑧) 반드시 포함 2. 전문성과 실효성 확보위해 외부 재행예방기관 등 전문가와 동행 가능
8. 현장 및 본사 안전보건 예산의 검토, 적절성 확인, 조정, 대표이사 보고, 승인, 집행감독, 기록보관	수시	산업안전보건관리비 등
9. 대표이사 안전보건 경영방침, 목표달성 점검 결과에 대한 연간 환류 활동	년	
10. 안전보건관리자 배치 및 관할 노동관서 선임보고	수시	
11. 재해발생 시 원인분석, 재발방지 대책 수립 및 현장전파	수시	
12. 건설현장의 안전보건관계사, 근로자, 종사자에 대한 수직, 수평적 교육지원	수시	

13. 재해발생 시 관계기관(관할 노동관서 및 발주자) 기한 내 보고	수시	
14. 현장소장, 안전보건관리자, 관리감독자, 근로자 등 종사자 등에 대한 지도 조언	수시	
15. 안전보건에 관한 민, 형사 합의 및 소송 대응	수시	
16. 사고사망만인율 및 보고의무 위반에 따른 가감점 관리	수시	입찰 가감점
17. 산업재해예방활동 실적 평가 관리	연 1회	입찰 가점
18. 안전보건관련 유관기관 대응, 조치 및 보고 지원	수시	고용노동청, 안전보건공단 등
19. 대표이사 부재 시 대리 및 대관 업무	수시	
20. 중대재해처벌법, 산업안전보건법 등 안전관련 법령 이행 및 개정내용 전파교육	수시	
21. 안전보건에 관한 정보 및 자료수집	수시	
22. 안전관리계획서, 유해·위험방지계획서, 각종 작업계획서 작성 및 관리	수시	
23. 경영방침 및 목표달성을 위한 세부추진계획의 이행관리	수시	
24. 현장 안전보건 순회점검	수시	
25. 기타 안전보건에 관련 업무 등	수시	

6.2 겸직

본사 안전보건담당자는 안전보건업무의 특성과 업무량을 고려하여 환경업무, 일반행정, 토목건축 등 안전보건과 무관한 업무를 겸직하여 수행할 수 있다.

7. 업무수행 방법

7.1 계획수립

본사 안전보건담당자는 매 사업연도 시작 전까지 대표이사 및 본사 안전보건담당자의 안전보건에 관한 수행계획을 수립해야 한다.

※ 대표이사의 안전보건에 관한 수행계획 내용

가. "안전보건경영 방침 및 목표관리 절차서"에 따른 세부 추진계획
(동 절차서 6.2.1 나, 별지 제5호 서식)

나. 본사 안전보건관련 예산 및 시설
(예산편성 및 집행 절차서 5.3.1 가, 별지 1호 서식)

다. 기타 안전보건을 확보하기 위한 계획 등

7.2 실행

가. 본사 안전보건담당자는 안전보건에 관한 수행계획 및 안전보건경영시스템의 절차와 방법 등에 따라 성실하게 수행해야 한다.

7.3 평기 및 개선

본사 안전보건담당자는 현장소장이 안전보건경영시스템의 절차와 방법, 목표 및 계획에 따라 효과적으로 실행하고 있는지를 "시스템 평가 및 개선 절차서"의 관리항목과 절차에 따라 지속적으로 평가 및 개선활동을 하여야 한다.

8. 본사 안전보건담당자의 직무교육 등

8.1 자격 취득자에 대한 법적 직무교육 이수

가. 산업안전보건법령에 의한 법적 직무교육

나. 건설기술진흥법령에 의한 법적 승급 교육

다. 기타 관련법령에 의한 법적 직무교육 등

8.2 외부 전문화교육을 통한 전문성 향상교육 이수

가. 산업안전보건공단에서 시행하는 각종 직무능력 향상교육

나. 직무수행에 대한 보조적인 교육(인문, 사회, CS 교육, ISO 심사원, 진단교육 등)

다. 안선보건단체, 공공기관 및 대학 등에서 실시하는 각종 안전보건교육 참석

8.3 적극적인 직무역량 강화활동 노력

가. 안전보건분야 학회, 세미나(온라인 포함) 참석

나. 산업안전보건 강조주간의 세미나 참석

다. 학위과정 취득, 이수 또는 수강

라. 안전·보건 분야, 토목·건축 분야, 기계 분야 등 국가기술자격 취득

8.4 안전문화 확산 노력

가. 고용노동부 및 안전보건공단 주관 캠페인 참여 및 보급

나. 지자체, 지역, 공단, 대학, 민간단체 등에 안전관련 자문위원 위촉 및 참여

다. 안전관련 세미나, 행사, 정책회의 참석 및 발표

라. 안전보건 우수사례 책자 제작 및 보급 등

9. 문서 및 기록보관

업무수행 문서 및 기록에 관하여 5년간 보관해야 한다.

10. 관련 시스템

가. [1] 안전보건경영 매뉴얼

나. [2] 안전보건경영 방침 및 목표관리 절차서

다. [4] 유해·위험요인 확인 및 개선 절차서

라. [5] 위험성 평가 절차서

마. [6] 예산편성 및 집행 절차서

바. [7] 안전보건관리책임자 등 업무수행 및 평가 절차서

사. [8] 안전보건관리자 등 배치 절차서

아. [9] 종사자 의견청취 절차서

자. [10] 비상사태 대비 대응 절차서

차. [11] 적격 하수급인 관리 절차서

카. [12] 재해 재발방지 절차서

타. [13] 안전보건 관계 법령 등 이행관리 절차서

파. [14] 현장 안전보건업무 수행 절차서

하. [15] 시스템 평가 및 개선 절차서

유해·위험요인 확인 및 개선 절차서

■ 관리본(CONTROLLED)

□ 비관리본(UNCONTROLLED)

◈ 업종 분야 : 건설업

㈜ ○○건설

목차

1. 목적

건설현장의 유해·위험요인을 적극적으로 찾아내어 그 유해·위험요인에 대한 제거·대체 및 통제방안을 마련하고 개선하는 절차를 규정함으로써, 건설현장의 산업재해를 근본적으로 예방함을 목적으로 한다.

2. 적용 범위

본 절차서는 본사 및 전 건설현장에 적용한다.

3. 용어의 정의

3.1 유해·위험요인

건설현장 등에서 아차 사고를 포함하여 인적, 물적 재해를 유발할 수 있는 잠재된 사건을 말한다.

3.2 유해·위험 확인 및 개선절차

건설현장 등에서 상시적으로 발생하는 유해·위험요인을 확인하고 개선하는 안전보건활동의 절차와 방법 등을 규정한 문서로서, 위험성평가 절차서, 종사자 의견청취 절차서, 안전보건 관계 법령 등 이행관리 절차서, 현장 안전보건업무 수행 절차서, 작업계획서 등을 포함한 "안전보건경영 시스템"에서 규정한 절차를 말한다.

3.3 건설재해예방 전문지도기관

산업안전보건법 제74조에 의해 고용노동부 장관의 지정을 받은 전문기관을 말한다.

3.4 제거

설계변경 방법 등으로 유해·위험 작업이 필요 없게 하거나 유해·위험요인을 물리적으로 완전히 없애버리는 것을 말한다(예시 : 밀폐공간이 없도록 구조변경 등).

3.5 대체

안전한 작업방법으로 변경하는 등 유해·위험요인의 위험성을 보다 낮고 안전한 유해·위험요인으로 대신 바꾸어 하는 것을 말한다(예시 : 접이형 사다리 사용에서 시저형 고소작업대 사용).

3.6 통제

3.6.1 공학적 통제

안전시설물 설치, 방호장치 설치 등 기술적인 방법을 동원하여 유해·위험요인과 작업자를 격리하는 것을 말한다(예시 : 추락 위험지역 안전난간 설치, 접지 및 누전차단기 설치, 회전체 덮개 설치 등).

3.6.2 행정적 통제

관리적 수단 등을 통해 유해·위험요인을 통제하는 것을 말한다(예시 : 안전보건경영시스템의 제·개정, 안전교육 실시, 작업계획서 작성, 순회점검 및 조치, 신호수 배치, 표지판 설치, 작업허가제 등).

4. 책임과 권한

4.1 대표이사

가. 인력 및 예산 등 자원의 지원

나. 위험성평가 등 권한의 부여

다. 정기적 순회점검 및 이행의 지시

라. 지속적인 확인 및 개선

4.2 본사 안전보건담당자

가. 위임 권한의 행사

나. 순회점검 및 보고

다. 대표이사 보좌 및 현장관계자에 대한 지도, 조언

4.3 현장소장

가. 안전보건경영시스템의 이행 및 개선
나. 현장 순회점검 및 개선
다. 위험성 평가
라. 추가 자원의 요청

4.4 안전보건관리자(안전보건담당자)

가. 위험요인 확인 및 개선의 계획수립
나. 순회점검 등을 통한 유해·위험요인의 파악
다. 위험성 감소대책의 수립 및 시행
라. 위험성 개선 여부 확인 및 결과 기록관리
마. 근로자에게 위험성 평가 등 교육 실시

4.5 관리감독자

가. 담당업무와 관련된 위험성평가 실시
나. 담당업무에 대한 안전보건수칙 및 위험성 감소대책 수립, 시행
다. 작업 전 TBM 실시
라. 순회점검 등을 통한 유해·위험요인의 파악
마. 보호구 착용 여부 지도 감독

4.6 근로자 등 종사자

가. 위험성평가 참여, 현장의 유해·위험요인 발굴
나. 안전보건수칙 및 위험성평가 결과 감소대책 확인
다. 비상상황 대비 대응방법 숙지
라. 보호구 착용

5. 건설현장의 유해·위험요인의 확인 및 개선

5.1 대표이사의 현장 확인 및 조치

5.1.1 점검 절차

① 현장 점검계획 수립 → ② 현장의 유해·위험요인 확인·점검 등 → ③ 개선지시 및 자원의 추가지원 → ④ 개선 여부 확인 → ⑤ 기록보관

5.1.2 점검주기 및 방법

가. 대표이사는 현장소장이 안전보건경영시스템(안전보건경영시스템 이행, 안전보건관리책임자 등 업무수행 및 평가 절차서, 비상사태 대비 대응 절차서, 적격 하수급인 관리 절차서, 종사자 의견청취 절차서, 안전보건관계 법령 등 이행절차서, 위험성 평가 절차서, 각종 작업계획서 등) 등에서 정한 절차와 방법에 따라 성실하게 안전보건업무를 수행하고 있는지? 공정에 대한 유해·위험요인 등이 상존하고 있는지? 기타 안전보건에 관한 사항에 대해서 반기(상반기:1.1～6.30까지, 하반기:7.1～12.31까지) 1회 이상 확인·점검하고, 불안전한 상태 발견 시 개선지시, 개선 여부 확인, 자원의 제공 등 이를 개선할 수 있는 필요한 조치를 해야 한다. 다만 현장소장이 "위험성평가 절차서"에 따라 위험성평가를 실시하고 보고받은 경우는 점검을 하지 않을 수 있다.

나. 구체적인 점검내용과 방법 등에 대해서는 해당 절차서에 따른다.

5.1.3 점검 및 확인 항목

가. 현 공정에 대한 유해·위험요인 및 개선상태

나. "위험성 평가 절차서"에 따른 위험성평가 이행 여부 및 개선상태 확인

다. "안전보건관리책임자 등 업무수행 및 평가 절차서"에 따른 이행 여부 및 평가

라. "종사자 의견청취 절차서"에 따른 이행 여부 및 개선방안 마련 이행상태

마. "비상사태 대비 대응 절차서"에 따른 이행 및 조치 여부

바. "적격 하수급인 관리 절차서"에 따른 항목별(능력과 기술 평가, 안전보건관리비 지급사용, 적정 공사기간 제공 등) 이행 여부 및 적절성

사. "안전보건 관계 법령 등 이행관리 절차서"에 따른 이행 여부

아. 안전보건교육 실시 여부

자. 재해 발생 여부 및 재발방지대책 수립 여부

카. 안전보건 예산 사용 용도의 적절성 및 사용기준

타. 기타 안전보건 확보에 필요한 사항

5.1.4 점검 결과 필요한 조치

가. 대표이사는 현상 점검결과 유해·위험요인의 개선조치가 되어있지 않으면 개선될 때까지 원칙적으로 작업을 중지하고 조치가 완료된 후 작업을 개시하도록 해야 한다.

나. 개선조치가 반복적으로 이루어지지 않을 경우는 그에 대한 근본적인 이유와 대책이 무엇인지를 검토 분석하여 필요하다고 판단될 경우, 인력이나 안전보건관리비 예산의 추가지원, 설계변경, 외주 협력업체 교체, 관계자의 인사고과, 자원의 지원 등 필요한 조치를 하여 근본적인 개선이 이루어지도록 조치하여야 한다.

5.1.5 점검 권한의 위임

가. 대표이사가 경영상의 일정 등으로 직접 점검할 수 없을 경우는 본사 안전보건담당자에게 위임하여 점검하게 할 수 있으며, 직접 점검하지 않은 경우는 점검이 끝난 후 지체없이 점검 결과를 보고받고 개선지시, 인력 및 예산의 추가지원 검토, 개선 완료 여부 확인 등 이에 대한 필요한 조치를 하여야 한다.

나. 대표이사의 점검 권한을 부여받은 본사 안전보건담당자는 해당 건설현장에 대한 위 5.1.3의 점검 및 확인항목(해당 절차서 참고)을 성실하게 점검해야 하고, 점검 후 즉시 대표이사에게 보고하여 적절한 조치를 하여야 한다.

다. 점검의 실효성과 전문성의 확보를 위하여 건설안전기술사, 산업안전지도사, 건설재해예방 전문지도기관 등 안전보건 전문가와 동행하여 실시할 수 있다.

5.1.6 현장소장의 조치의무

가. 현장소장은 대표이사의 점검 결과에 대한 지시사항을 반드시 이행하여야 하며, 이행 결과에 대해서는 서면으로 보고해야 한다.

나. 현장소장은 안전보건 활동 수행 중 제거·대체의 개선방안이 반드시 필요한 경우에나 스스로 개선하기가 어렵다고 판단되는 경우는 대표이사에게 자원(안전보건관리비 예산, 인력, 시설 및 자비 등)의 추가지원을 요청하여 근원적인 개선조치가 확보될 수 있도록 조치하여야 한다.

5.2 현장소장의 유해·위험 확인 및 개선

5.2.1 업무수행 절차

① 유해·위험요인 정보수집 → ② 유해·위험 확인 및 개선 절차(안전보건경영시스템, 위험성평가, 순회점검 등)에 따라 유해·위험요인의 확인 → ③ 개선방안 강구(제거, 대체 및 공학적, 행정적 통제, 보호구 제공 등) → ④ 적절한 개선방안의 선정 및 실행 → ⑤ 확인 → ⑥ Feed-Back → ⑦ 기록보관

5.2.2 유해·위험요인 확인의 절차와 방법

현장소장은 유해·위험 확인 및 개선 절차(위험성평가 절차서, 종사자 의견청취 절차서, 안전보건관계 법령 등 이행관리 절차서, 현장 안전보건업무 수행 절차서, 순회점검, 각종 작업계획서, 안전보건경영시스템)에 따라 정기적으로 유해·위험요인(아차사고 포함)을 파악하여 확인하되, 해당 건설현장 종사자 누구나 자유롭게 유해·위험요인을 발굴할 수 있는 환경을 조성하여 다음과 같은 실효성 있는 파악이 되도록 하여야 한다.

가. 작업 전 유해·위험요인에 대한 사전조사 정보(과거의 사고조사 보고서, 기계 장비 등 보유현황 및 설명서, 해당 공종별 안전작업 계획서, 화학물질 MSDS, 개인보호구 보유현황, 외부 기관의 지도점검 결과서, 교육자료, 종사자의 의견, 기본 및 설계안전보건대장, 위험성평가자료, 안전보건경영시스템 등)를 수집하고 검토한다.

나. 유해·위험요인 파악은 정기적으로 실시해야 하며, 기계장비의 신규도입이나 공정변화 등 위험요인 정보 변경사유 발생시에는 수시로 파악해야 한다.

다. 유해·위험요인은 유형별(위험 기계기구, 유해인자, 위험장소, 작업형태 등)로 파악하고 기록으로 유지 관리되어야 한다.

라. 현장 내 모든 장비·기계·기구·설비 현황을 파악하고 용도에 맞게 사용하되, 장비·기계·기구·설비마다 위험 요소를 세부적으로 확인(작업 전, 중, 후)해야 한다. 특히 현장에서 산업재해가 발생하였던 기계·기구·설비는 반드시 위험요인으로 분류하여야 하며, 타 건설현장에서 발생한 산업재해도 위험요인으로 작용할 여지가 없는지 확인하여 조치해야 한다.

마. 장비·기계·기구·설비, 유해인자 및 재해 유형과 연계하여 위험장소와 위험작업을 파악하도록 하되, 유해·위험요인을 가장 잘 아는 현장 작업자가 참여하여 파악하도록 하여

야 한다.

바. 화재·폭발·누출의 위험이 있는 화학물질과 건강에 위해를 끼칠 우려가 있는 화학물질, 물리적 인자 등을 파악해야 한다. 특히 화학물질의 경우에는 화학제품의 제조·수입자가 의무적으로 제공하는 물질안전보건자료(MSDS)에 있는 화학물질의 명칭, 유해·위험성 정보, 번호 등을 확인해야 하고, 이를 통해 파악한 화학제품에 함유된 물질이 고용노동부 고시 “화학물질 및 물리적인자의 노출기준” 별표 1에 해당한다면 유해인자로 분류하여 관리해야 한다.

사. 수시로 유해·위험요인이 발굴될 수 있도록 “종사자 의견청취 절차서”를 적극 활용한다.

아. 발주자 및 설계자가 작성한 기본안전보건대장과 설계안전보건대장을 확인한다.

자. 안전시설, 건설장비, 가설자재 및 개인보호구 반입 시 안전성 여부를 검수하고, 거푸집 동바리, 흙막이 가시설, 비계 등은 반드시 구조검토 등 안전성을 검토하여 작업 전 위험요인을 제거해야 한다.

차. 핵심 위험작업에 대해서는 작업허가제(“현장 안전보건업무수행 절차서” 참고)를 운영한다.

카. 작업별 유해·위험요인을 작업 전에 한 번 더 확인하고, 작업 직전에 안전미팅(TBM) 등을 통해 모든 작업자가 유해·위험요인을 확인한다.

타. 2일에 1회 이상 순회점검을 실시하고, 원·하청 현장소장 및 각 근로자는 2개월에 1회 이상 합동 안전보건점검을 실시해야 한다.

5.2.3 유해·위험요인의 개선

가. 현장소장은 확인된 유해·위험요인을 체계적으로 분류하여 관리하고 유해·위험요인별로 제거, 대체, 통제, 보호구 착용의 순서로 하는 개선방안을 마련하여야 하며, 개선방안 마련 시 근로자, 관리감독자, 안전보건관리자, 하수급인 등 종사자들의 의견을 충분히 듣고 수립하여야 한다.

나. 현장소장은 건설현장에서 발생할 수 있는 다양한 재해 유형과 공종별로 산업안전보건기준에 관한 규칙 등 안전보건 관계 법령에 따른 안전보건조치 여부를 반드시 확인해야 한다. 확인 결과 법령에 따른 조치가 되어있지 않거나 유해·위험요인이 제거·대체, 통제, 보호구 지급 등의 개선대책이 마련되지 않을 경우에는 원칙적으로 작업을 중지해야 하고 개선조치가 완료된 후 작업을 개시하도록 하여야 한다.

다. 현장소장은 동종 및 유사한 유해·위험요인이 반복적으로 확인될 경우는 관계 전문가 및 종사자, 안전보건관리자, 관리감독자, 하수급인 등 관계자의 의견을 충분히 듣는 등의 방법으로 근본적인 원인과 대책을 강구하여 개선해야 하며, 실효성이 있다고 판단 시 본사에 통보하여 전 현장에 전파되도록 하여야 한다.

라. 개선대책의 우선순위는 유해·위험요인의 근본적인 제거와 대체를 원칙으로 하되, 불가피할 경우는 공학적 통제와 행정적 통제, 개인보호구 지급 및 착용 순서로 개선대책을 강구할 수 있다.

마. 작업환경이 수시로 변하는 건설현장의 특성을 고려하여 안전시공계획을 수립하고, 공사안전보건대장을 작성하여 이행한다.

바. 건설재해예방전문지도기관의 지적 및 개선사항에 대하여 반드시 이행하여 재해를 예방해야 하고, 지적사항에 대해서 반복적으로 지적되지 않도록 노력해야 한다.

사. 해빙기, 장마철, 동절기 등 취약시기에 대비하여 붕괴 등 핵심 위험요인별로 통제방안을 수립(“비상사태 대비 대응 절차서” 참고)하고 이행한다.

아. 천재지변 등 불가항력적 사유나 발주자에게 책임이 있는 사유로 인하여 건설공사가 지연될 경우는 발주자에게 공사기간의 연장을 요청한다(“적격 하수급인 관리 절차서” 참고).

자. 건설공사비를 줄이기 위해 위험성이 높은 공법을 사용하거나 공사기간을 단축하지 않는다(“적격 하수급인 관리 절차서” 참고).

차. 실효성 있는 확인 및 개선대책의 확보를 위하여 건설재해예방기관 및 건설안전기술사 등 외부 전문가의 도움을 받아 시행할 수 있다.

6. 평가 및 개선활동 반영

6.1 반영항목

대표이사는 다음 관리항목에 대하여 “시스템 평가 및 개선 절차서”에 반영하여 지속적으로 개선이 이루어질 수 있도록 조치해야 한다.

가. 안전보건 경영방침 및 목표의 달성

1) 방침 및 목표가 조직에 부합하는지의 여부

2) 방침 및 목표를 달성하는지의 여부

3) 방침 및 목표가 올바르게 설정되었는지의 여부

4) 안전보건경영시스템의 원활한 작동 여부

나. "안전보건관리책임자 등 업무수행 및 평가 절차"에 따른 다음의 항목

1) 현장소장의 "불량" 등급이 다발(반복) 되는지의 여부 및 불량의 원인, 개선방안

2) 관리감독자의 "불량" 등급이 다발(반복) 되는지의 여부 및 불량의 원인, 개선방안

다. "위험성 평가 절차"에 따른 다음의 항목

1) 현장소장이 위험성평가를 이행하고 있는지의 여부와 지속 반복적으로 이행하지 않은 경우 그 원인 및 개선방안

2) 재해 발생 시 유해·위험요인을 사전에 파악했는지의 여부와 파악하지 못했다면 그 원인 및 개선방안

라. "종사자 의견청취 절차"에 따른 다음의 항목

1) 종사자의 의견청취 절차를 이행하고 있는지의 여부와 지속 반복적으로 이행하지 않은 경우 그 원인 및 개선방안

2) 재해 발생 시 종사자가 해당 위험요인을 사전에 발굴하였는지의 여부와 발굴하지 못했다면 그 원인 및 개선방안

마. "비상사태 대비 대응 절차"에 따른 다음의 항목

1) 현장소장이 조치 의무를 이행하는지의 여부와 지속 반복적으로 이행하지 않은 경우 그 원인 및 개선방안

바. "적격 하수급인 관리 절차"에 따른 다음의 항목

1) 계약부서장이 기준과 절차에 따라 이행하는지의 여부와 지속 반복적으로 이행하지 않은 경우 그 원인 및 개선방안

2) 현장소장이 기준과 절차에 따라 이행하는지의 여부와 지속 반복적으로 이행하지 않은 경우 그 원인 및 개선방안

사. "안전보건 관계 법령 등 이행관리 절차"에 따른 다음의 항목

1) 현장소장이 법령 의무를 이행하는지의 여부와 지속 반복적으로 이행하지 않은 경우 그 원인 및 개선방안

2) 현장소장이 교육을 실시하는지의 여부와 지속 반복적으로 실시하지 않은 경우 그 원인 및 개선방안

아. "재해 재발방지 절차"에 따른 다음의 항목

1) 동일 및 유사재해가 반복적으로 발생하는지의 여부와 반복적 발생 시 그 원인 및 개선방안

2) 은폐 발생의 여부와 은폐 발생 시 그 원인 및 개선방안

6.2 평가 및 개선의 방법 및 주기

안전보건경영시스템의 “시스템 평가 및 개선 절차서” 참고

7. 문서 및 기록보관

업무수행 문서 및 기록에 관하여 5년간 보관한다.

8. 관련 시스템

가. [2] 안전보건경영 방침 및 목표관리 절차서
나. [3] 본사 안전보건담당자 업무수행 절차서
다. [5] 위험성 평가 절차서
라. [6] 예산편성 및 집행 절차서
마. [9] 종사자 의견청취 절차서
바. [11] 적격 하수급인 관리 절차서
사. [13] 안전보건 관계 법령 등 이행관리 절차서
아. [14] 현장 안전보건업무 수행 절차서
자. [15] 시스템 평가 및 개선 절차서

위험성 평가 절차서

■ 관리본(CONTROLLED)

□ 비관리본(UNCONTROLLED)

◈ 업종 분야 : 건설업

㈜ ○○건설

목차

1. 목적

본 규정은 산업안전보건법 제36조에 따라 현장에서 유해위험 요인에 대한 실태를 파악하고 이를 평가하여 관리·개선하는 등 재해를 예방하기 위하여 위험성평가에 관한 조직의 구성, 역할과 책임, 평가대상, 근로자 참여, 실시시기, 절차, 방법 등에 대한 기준을 제시하고, 현장에서 발행하는 위험요인을 사전에 제거함으로써 안전하고 쾌적한 작업환경을 유지하는 데 그 목적이 있다.

2. 적용범위

본 절차서는 회사에서 시공하는 모든 건설현장에 적용한다.

3. 용어의 정의

3.1 위험성평가

현장소장이 스스로 유해·위험요인을 파악하고 해당 유해·위험요인의 위험성 수준을 결정하여, 위험성을 낮추기 위한 적절한 조치를 마련하고 실행하는 과정을 말한다.

3.2 유해·위험요인

유해·위험을 일으킬 잠재적 가능성이 있는 것의 고유한 특징이나 속성을 말한다.

3.3 유해·위험요인 파악

유해요인과 위험요인을 찾아내는 과정을 말한다.

3.4 위험성(risk)

유해·위험요인이 사망, 부상 또는 질병으로 이어질 수 있는 가능성과 중대성 등을 고려한 위험의 정도를 말한다.

3.5 위험성 결정

유해·위험요인별로 추정한 위험성의 크기가 허용 가능한 범위인지 여부를 판단하는 것을 말한다.

3.6 허용가능 위험성

허용할 수 있는 수준으로 감소된 위험성을 말한다.

3.7 허용불가 위험성

허용할 수 없는 수준의 위험으로 감소대책이 필요한 위험성을 말한다.

3.8 위험성 감소대책 수립 및 실행

위험성 결정 결과 허용 불가능한 위험성을 합리적으로 실천 가능한 범위에서 가능한 한 낮은 수준으로 감소시키기 위한 대책을 수립하고 실행하는 것을 말한다.

3.9 기록

사업장에서 위험성평가 활동을 수행한 근거와 그 결과를 문서로 작성하여 보존하는 것을 말한다.

4. 역할과 책임

4.1 대표이사

가. 위험성 평가 실시에 관한 현장소장에의 권한 부여

나. 위험성 평가 후 개선에 필요한 예산의 승인 및 자원의 제공

다. 현장 위험성 평가 실시여부 점검(반기 1회 이상) 및 개선여부 확인

라. 효율적 시행에 대한 모니터링 및 개선

4.2 본사 안전보건담당자

가. 대표이사 보좌 및 부여권한의 행사

나. 현장관계자 교육지원, 지도, 조언

나. 건설현장 위험성 평가 실시여부 점검(반기 1회 이상) 및 대표이사 보고, 조치

다. 효율적 시행을 위한 모니터링 및 개선대책 강구

라. "위험성평가 절차서" 제·개정 실무

4.3 본사 시공담당 부서장

가. 대표이사 보좌 및 현장소장 등 관계자 지원

나. 본사 안전보건담당자의 시책에 관한 협조

4.4 현장소장(안전보건관리책임자, 안전보건총괄책임자)

가. 해당 건설현장에 대한 위험성 평가의 실시 및 이에 관한 총괄관리

나. 관리감독자 등에게 위험성평가 실무에 관한 권한 부여

다. 위험성 평가 결과의 개선대책 이행 및 이행상태 확인

라. 위험성 평가 관련 업무분장 및 조정, 예산집행

마. 위험성 평가 실시결과에 대한 반기별(6월말, 12월말) 대표이사 보고

바. 위험성 평가 후 개선에 필요한 초과예산의 승인요청

사. 하수급인 위험성평가 실시상태 확인, 검토 및 조치, 위험성평가에 관한 자료 제공

자. 위험성평가 실시규정 작성 및 기타 위험성평가에 관한 사항

4.5 안전보건관리자(안전보건담당자)

가. 현장소장 보좌

나. 관리감독자 및 근로자 등 종사자에 대한 협조 및 지도, 조언, 지원

다. 위험성 평가 관련 자료 확보 및 정보제공, 관계자 교육

라. 순회점검 및 개선대책 이행 여부 확인

마. 위험성 평가 시 참여 및 Feed-Back 협조

바. 감소대책 이행에 필요한 예산집행 등

4.6 관리감독자(공사팀장, 반장 등)

가. 위험성 평가(최초, 정기, 수시)의 계획수립, 회의[별지 제2호 서식], 평가실시 등 평가실무 진행

나. 하수급인 위험성평가 실시상태 확인, 검토 및 조치, 위험성평가에 관한 자료 제공

다. 근로자 등 종사자 참여 독려, 지도, 지원

라. 유해위험요인 파악, 개선대책 수립 및 이행, 개선 확인

라. 위험성 평가에 관한 Feed - Back, 관련문서 및 기록 보관

4.7 근로자 등 종사자

가. 유해·위험요인의 위험성 수준을 판단하는 기준(위험성평가 규정 등)을 마련하는데 참여

나. 유해·위험요인별로 허용가능한 위험성 수준을 정하거나 변경 시 참여

다. 유해·위험요인 파악 시 참여

라. 유해·위험요인의 위험성이 허용 가능한 수준인지 여부를 결정하는 데 참여

마. 위험성 감소대책을 수립하고 실행하는 데 참여

바. 위험성 감소대책 개선 여부를 확인하는 데 참여

사. Feed - Back 협조

5. 조직의 구성

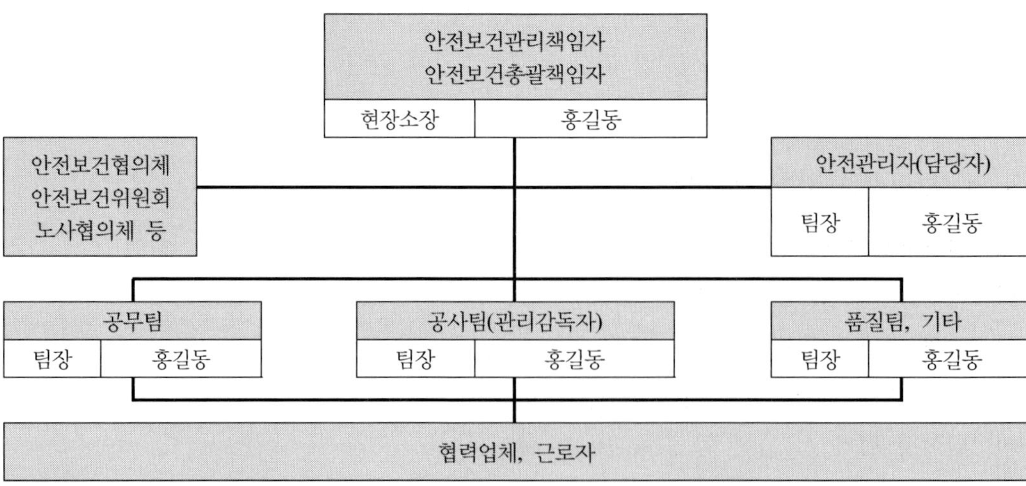

6. 위험성평가 실시주체 및 평가대상

6.1 실시주체

가. 현장소장은 해당 현장에 대해 스스로 유해·위험요인을 파악하고 이를 평가하여 관리 개선하는 등 위 절차서에서 정한 절차와 방법 등에 따라 위험성평가를 실시하여야 한다.

나. 현장소장은 하도급(수급사업주) 업체에서 실시한 공종별 위험성평가서를 반드시 제출받아 검토해야 하고, 개선할 사항이 있는 경우에는 이를 개선하게 하는 등 근본적인 안전보건 확보를 위해 노력해야 한다.

6.2 평가대상

가. 건설산업기본법에서 정한 종합공사업 및 전문공사업, 전기, 통신, 소방공사업, 기타건설공사 등 전 공종과 각 공종에 대한 세부 작업단위(자재반입 - 조립 해체 - 반출 등)에 있는 모든 유해·위험요인을 대상으로 위험성평가를 실시해야 한다.

나. 또한, 산업안전보건기준에 관한 규칙 내용과 작업 중 근로자에게 노출된 것이 확인(사망재해 사례 등)되었거나 노출될 것이 합리적으로 예견 가능한 모든 유해·위험요인 및 현장에서 부상 또는 질병으로 이어질 가능성이 있었던 상황("아차사고" 등)을 경험 또는 확인한 경우는 반드시 평가대상에 포함하되, 매우 경미한 부상 및 질병만을 초래할 것으로 명백히 예상되는 유해·위험요인은 평가대상에서 제외할 수 있다.

7. 근로자 참여

가. 현장소장은 위험성평가를 실시할 때 다음에 해당하는 경우 해당 작업에 종사하는 근로자를 반드시 참여시켜야 한다.

1) 유해·위험요인의 위험성 수준을 판단하는 기준을 마련하고(위험성평가 규정 작성 등), 유해·위험요인별로 허용 가능한 위험성 수준을 정하거나 변경하는 경우
2) 해당 건설현장의 유해·위험요인을 파악하는 경우
3) 유해·위험요인의 위험성이 허용 가능한 수준인지 여부를 결정하는 경우
4) 위험성 감소대책을 수립하여 실행하는 경우
5) 위험성 감소대책 실행 및 개선 여부를 확인하는 경우

나. 현장소장은 해당 작업에 종사하는 근로자를 참여시킬 경우는 가능한 최소경력 5년 이상의 경력 근로자를 참여시켜 평가를 진행해야 한다.

8. 위험성평가의 실시

8.1 위험성평가 실시시기

가. 현장소장은 해당 건설공사 실착공일(근로자가 투입된 날)로부터 1개월이 되는 날까지 위험성평가의 대상이 되는 유해·위험요인에 대한 최초 위험성평가의 실시에 착수하여야 한다. 다만, 1개월 미만의 기간 동안 이루어지는 공사의 경우에는 특별한 사정이 없는 한 공사 개시 후 지체 없이 최초 위험성평가를 실시하여야 한다.

나. 현장소장은 다음 각 호의 어느 하나에 해당하여 추가적인 유해·위험요인이 생기는 경우에는 해당 유해·위험요인에 대한 수시 위험성평가를 실시하여야 한다. 다만, 중대산업사고 또는 산업재해(휴업 이상의 요양을 요하는 경우에 한정) 발생하는 경우에는 재해발생 작업을 대상으로 작업을 재개하기 전에 실시하여야 한다.

1) 사업장 건설물의 설치·이전·변경 또는 해체
2) 기계·기구, 설비, 원재료 등의 신규 도입 또는 변경
3) 건설물, 기계·기구, 설비 등의 정비 또는 보수(주기적·반복적 작업으로서 이미 위험성평가를 실시한 경우에는 제외)
4) 작업방법 또는 작업절차의 신규 도입 또는 변경
5) 중대산업사고 또는 산업재해(휴업 이상의 요양을 요하는 경우에 한정한다) 발생
6) 그 밖에 사업주가 필요하다고 판단한 경우

다. 현장소장은 다음 각 호의 사항을 고려하여 실시한 위험성평가의 결과에 대한 적정성을 1년마다 정기적으로 재검토(이때, 해당 기간 내 “제 나항”에 따라 실시한 수시 위험성평가의 결과가 있는 경우 함께 적정성을 재검토)하여야 한다. 재검토 결과 허용 가능한 위험성 수준이 아니라고 검토된 유해·위험요인에 대해서는 위험성 감소대책을 수립하여 실행하여야 한다.

1) 기계·기구, 설비 등의 기간 경과에 의한 성능 저하
2) 근로자의 교체 등에 수반하는 안전·보건과 관련되는 지식 또는 경험의 변화
3) 안전·보건과 관련되는 새로운 지식의 습득

4) 현재 수립되어 있는 위험성 감소대책의 유효성 등

라. 현장소장은 해당 건설현장의 상시적인 위험성평가를 위해 다음 각 호의 사항을 가능한 이행하도록 노력하여야 하며, 이행하는 경우에는 제 “나”항의 수시평가와 제 ”다”항의 정기평가를 실시하지 않을 수 있다.

1) 매월 1회 이상 근로자 제안제도 활용, 아차사고 확인, 작업과 관련된 근로자를 포함한 사업장 순회점검 등을 통해 사업장 내 유해·위험요인을 발굴하여 위험성 결정 및 위험성 감소대책 수립·실행
2) 매주 안전보건관리책임자, 안전관리자, 보건관리자, 관리감독자 등(원도급 현장의 경우 하도급 회사의 안전·보건 관련 관리자 등을 포함)을 중심으로 제 ①호의 결과 등을 논의·공유하고 이행상황을 점검
3) 매 작업일마다 제 1)호와 제 2)호의 실시결과에 따라 근로자가 준수하여야 할 사항 및 주의하여야 할 사항을 작업 전 안전점검회의(TBM 등) 등을 통해 공유·주지할 것

8.2 위험성평가 절차

가. 절차

현장소장은 위험성평가를 다음의 절차에 따라 실시하여야 한다, 다만 공사금액이 1억 원 미만의 경우에는 제1)호의 절차를 생략할 수 있다.

1) 사전준비
2) 유해·위험요인 파악
3) 위험성 결정
4) 위험성 감소대책 수립 및 실행, 개선 확인
5) 위험성평가 실시내용 및 결과에 관한 기록 및 보존

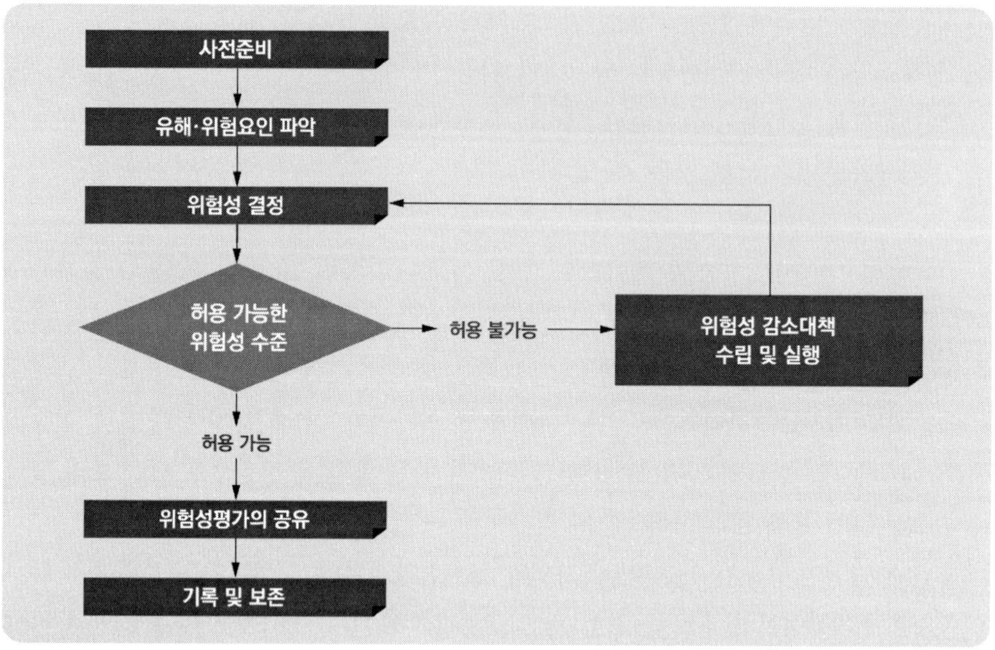

단계 01
사전준비
위험성평가 실시규정 작성, 위험성의 수준 등 확정, 평가에 필요한 각종 자료 수집

단계 02
유해·위험요인 파악
사업장 순회점검 및 근로자들의 상시적 제안 등을 활용하여 사업장 내 유해·위험요인 파악

단계 03
위험성 결정
사업장에서 설정한 허용 가능한 위험성의 기준과 비교하여 판단된 위험성의 수준이 허용 가능한지 여부를 결정

※ 소규모 사업장에서는 3단계 판단법, 체크리스트법 등 간편한 방법 활용

단계 04
위험성 감소대책 수립 및 실행
위험성의 결정 결과 허용 불가능한 위험성을 합리적으로 실천 가능한 범위에서 가능한 낮은 수준으로 감소시키기 위한 대책을 수립하고 실행

단계 05
위험성평가의 공유
근로자에게 위험성평가 결과를 게시, 주지 등의 방법으로 알리고, 작업 전 안전점검회의(TBM) 등을 통해 상시적으로 주지

단계 06
기록 및 보존
위험성평가의 유해·위험요인 파악, 위험성 결정의 내용 및 그에 따른 조치 사항 등을 기록 및 보존

나. 사전준비

현장소장은 위험성평가를 실시하기 전 다음의 안전보건정보를 사전에 조사하여 검토한 후 위험성평가를 실시해야 한다.

1) 작업표준, 작업절차 등에 관한 정보
2) 기계·기구, 설비 등의 사양서, 물질안전보건자료(MSDS) 등의 유해·위험요인에 관한 정보
3) 기계·기구, 설비 등의 공정 흐름과 작업 주변의 환경에 관한 정보
4) 법 제63조에 따른 작업을 하는 경우로서 같은 장소에서 사업의 일부 또는 전부를 도급을 주어 행하는 작업이 있는 경우 혼재 작업의 위험성 및 작업 상황 등에 관한 정보
5) 재해사례, 재해통계 등에 관한 정보
6) 작업환경측정결과, 근로자 건강진단결과에 관한 정보
7) 현장 설계도서, 안전보건관계 법령, 각종 안전계획서 등 위험성평가에 참고가 되는 자료

다. 유해·위험요인 파악

현장소장은 해당 현장현장의 유해·위험요인을 파악할 때 해당현장의 규모와 특성, 기업문화 등 회사와 현장의 특성을 고려하여 다음 각 호의 방법 중 어느 하나 이상의 방법을 사용하되, 특별한 사정이 없으면 "1)호"에 의한 방법을 포함하여야 한다.

1) 사업장 순회점검에 의한 방법
2) 근로자들의 상시적 제안에 의한 방법
3) 설문조사·인터뷰 등 청취조사에 의한 방법
4) 물질안전보건자료, 작업환경측정결과, 특수건강진단결과 등 안전보건 자료에 의한 방법
5) 안전보건 체크리스트에 의한 방법
6) 그 밖에 사업장의 특성에 적합한 방법

라. 위험성 결정

1) 현장소장은 파악된 유해·위험요인이 근로자에게 노출되었을 때의 위험성의 수준(상·중·하 등) 및 그 수준을 판단하는 기준(사망 또는 경미재해 등)에 따라 위험성 등을 결정해야 한다.
2) 현장소장은 위 1)항에 따라 판단한 위험성의 수준이 허용 가능한 위험성의 수준인지의

여부(허용 불가, 허용 가능 위험 등)를 결정해야 한다.

마. 위험성 감소대책 수립, 실행 및 개선확인

1) 현장소장은 위험성 결정 결과 허용 가능한 위험성이 아니라고 판단(허용 불가위험)한 경우에는 위험성의 수준, 영향을 받는 근로자 수 및 다음 각 호의 순서에 따라위험성 감소를 위한 대책을 수립하여 실행하여야 한다. 이 경우 법령에서 정하는 사항과 그 밖에 근로자의 위험 또는 건강장해를 방지하기 위하여 필요한 조치를 반영하여야 한다.
   ① 위험한 작업의 폐지·변경, 유해·위험물질 대체 등의 조치 또는 설계나 계획 단계에서 위험성을 제거 또는 저감하는 조치
   ② 연동장치, 환기장치 설치, 추락 및 낙하물 방지시설물 설치 등의 공학적 대책
   ③ 사업장 작업절차서 정비, 교육 및 점검 강화, 근로자 의견청취 등의 관리적 대책
   ④ 개인용 보호구의 사용
2) 현장소장은 위험성 감소대책을 실행한 후 해당 공정 또는 작업의 위험성의 수준이 사전에 자체 설정한 허용 가능한 위험성의 수준인지를 확인하여야 한다.
3) 현장소장은 허용가능 위험성의 수준인지를 확인 결과 위험성이 자체 설정한 허용 가능한 위험성 수준으로 내려오지 않는 경우는 허용 가능한 위험성 수준이 될 때까지 추가의 감소대책을 수립·실행하여야 한다.
4) 현장소장은 중대재해, 중대산업사고 또는 심각한 질병이 발생할 우려가 있는 위험성으로서 "제1)항"에 따라 수립한 위험성 감소대책의 실행에 많은 시간과 비용이 필요한 경우에는 즉시 잠정적인 조치를 우선 강구하여 실행해야 하며, 근본적으로 개선될 수 있도록 대표이사에게 인력이나 예산, 공사기간 연장 등 자원을 지속적으로 요청하여야 한다.
5) 현장소장은 감소대책 실행 및 개선 여부를 관리감독자와 근로자 등을 통하여 반드시 확인하게 하고 기록·보존하여야 한다.

바. 감소대책 수립 시 우선순위

현장소장은 위험성 수준이 높은 유해·위험요인을 위험성 감소대책 마련의 우선순위에 두어야 하며, 조치사항을 마련할 때는 법령상 안전조치를 확인하고 법령에서 규정한 내용 이상으로 조치해야 한다.

① 위험작업을 아예 폐지하거나, 기계·기구, 물질의 변경 또는 대체를 통해 위험을 본질적

으로 제거하는 방법을 우선 고려해야 한다.

② 위 방법이 어렵다면, 인터록, 안전장치, 방호문, 국소배기장치 설치 등 유해·위험요인의 위험성이나 접근 가능성을 가능한 줄이도록 해야 한다.

③ 남는 위험에 대해서는 작업매뉴얼정비, 출입금지·작업허가 제도 등 관리적 방법을 고려하고, 개인보호구의 사용은 최종적으로 고려하여야 한다.

사. 위험성평가의 공유

1) 현장소장은 위험성평가를 실시한 결과 중 다음 각 호에 해당하는 사항을 근로자에게 게시, 주지 등의 방법으로 알려야 한다.
   ① 근로자가 종사하는 작업과 관련된 유해·위험요인
   ② 유해·위험요인의 위험성 결정 결과
   ③ 유해·위험요인의 위험성 감소대책과 그 실행 계획 및 실행 여부
   ④ 위험성 감소대책에 따라 근로자가 준수하거나 주의하여야 할 사항
   ⑤ 기타 위험성평가에 관한 필요한 사항 등
2) 현장소장은 위험성평가 결과 법 제2조제2호의 중대재해로 이어질 수 있는 유해·위험요인에 대해서는 작업 전 안전점검회의(TBM: Tool Box Meeting) 등을 통해 근로자에게 상시적으로 주지시키도록 노력하여야 한다.

8.3 위험성평가 방법

현장소장은 해당 건설현장의 규모와 특성 등을 고려하여 다음의 위험성평가 방법 중 한 가지 이상을 선정하여 위험성평가를 실시해야 한다.

가. 위험 가능성과 중대성을 조합한 빈도·강도법

1) 현장소장은 해당 건설현장에서 파악된 유해·위험요인이 얼마나 위험한지를 판단하기 위해 위험성의 빈도(가능성)와 강도(중대성)을 곱셈의 방법으로 조합하여 위험성의 크기(수준)를 산출해 보고, 이 위험성의 크기가 허용 가능한 수준인지 여부를 살펴보아 허용 가능한 수준이라면 특별한 사정이 없는 한 별도의 개선대책이 필요 없이 현재상태 유지의 일상적인 작업을 수행하고, 허용 불가 수준이라면 반드시 허용 가능 위험 수준으로 될 때까지 개선대책이나 방법을 강구해야 한다.

2) 해당 현장의 위험성의 수준과 그 수준을 판단하는 기준은 다음과 같다. 다만, 해당 현장의 규모와 특성 또는 발주자의 요청에 의해 달리 정할 수 있다.

※ [빈도] : 유해·위험요인에 얼마나 자주 노출되는지, 얼마나 오래 노출되는지, 며칠에 한 번 아차사고가 발생하는지 등을 고려하여 숫자로 나타낸 크기

⇒ ① 1일에 1회 정도 빈번하게 발생 : "3"

② 1주일에 1회 정도 가끔 발생 : "2",

③ 3개월에 1회 정도 거의 발생하지 않는 경우 : "1"

※ [강도] : 위험한 사고로 인해 누구에게 얼마나 큰 피해가 있었는지를 나타내는 척도

⇒ ① 사망이나 장애 발생 : "3"

② 휴업이 필요한 경우 : "2",

③ 치료 불필요한 경우 : "1"

① 위험성의 수준(크기)의 결정 : 1~9 (빈도 × 강도)

빈도 \ 강도	소(1)	중(2)	대(3)
거의 없음(1)	1	2	3
가끔(2)	2	4	6
빈번(3)	3	6	9

강도와 빈도의 크기 산출 예시

- **빈도의 크기: 2** (※사유: 이동식 사다리 작업을 1주일에 1회 실시)
- **강도의 크기: 3** (※사유: 추락 시 근로자 사망)
- **위험성의 크기: 6 = 2**(빈도의 크기) × **3**(강도의 크기)

〈빈도의 크기 산출 기준〉

구분	빈도의 크기	기준
빈번	3	1일에 1회 정도
가끔	②	1주일에 1회 정도
거의 없음	1	3개월에 1회 정도

〈강도의 크기 산출 기준〉

구분	강도의 크기	기준
대	③	사망(장애 발생)
중	2	휴업 필요
소	1	비치료

② 허용 가능한 위험성 수준인지 여부의 결정 및 개선대책 마련 실행

현장소장은 위험성 수준(1～9)에 따라 허용 가능한 위험성 수준인지, 또는 허용 불가능한 위험성 수준인지의 여부를 다음과 같이 결정하고, 허용 불가능한 위험성에 대해서는 허용가능 수준으로 떨어질 때까지 개선대책을 반드시 마련하여 실행해야 한다. 다만, 위험성 수준과 허용 가능 여부의 결정은 해당 현장의 규모와 특성 또는 발주자의 요청에 의해 달리 정할 수 있다.

<table>
<tr><th colspan="2">위험성 수준</th><th>허용가능 여부</th><th>개선여부 및 방법</th><th>비고</th></tr>
<tr><td>6~9</td><td>고</td><td>허용 불가능</td><td>개선대책 마련(작업방법 변경, 대체, 위험성 제거 또는 저감대책 등)</td><td rowspan="2">허용 불가능한 위험이므로 반드시 개선대책 마련·이행</td></tr>
<tr><td>3~5</td><td>중</td><td>허용 불가능</td><td>개선대책 마련(공학적, 관리적 대책 등)</td></tr>
<tr><td>1~2</td><td>저</td><td>허용 가능</td><td>현재상태 유지작업 또는 필요시 개선</td><td></td></tr>
</table>

위험성 결정(허용 가능, 허용 불가능)은 감소대책 수립 여부를 결정하는 중요한 기준이므로 가능한 객관적인 자료(재해사례, 안전관계 법령 등)와 건설안전 전문가 등의 의견을 반영하여 신중하게 결정하도록 한다.

③ 위험성평가 결과서 양식

- 현장소장은 위험성평가서 양식에는 공정명, 유해·위험요인 파악, 위험성 수준(크기), 개선대책, 개선 후 위험성, 개선 확인자(관리감독자, 근로자)는 반드시 포함하여 작성하되, 현장의 특성 또는 발주자의 요청에 의해 달리 정할 수 있다.
- 양식(참고)

<table>
<tr><td>공정명</td><td></td><td rowspan="2">위험성평가</td><td rowspan="2">위험성평가 참여자</td><td>관리 감독자</td><td>안전보건 관리자</td><td>근로자</td><td>현장소장</td></tr>
<tr><td>평가일시</td><td></td><td></td><td></td><td></td><td></td></tr>
</table>

<table>
<tr><td rowspan="2">세부 작업명</td><td rowspan="2">유해·위험 요인 파악</td><td colspan="3">위험성 수준</td><td rowspan="2">위험성 개선대책</td><td rowspan="2">개선 후 위험성</td><td rowspan="2">개선 예정일</td><td rowspan="2">개선 완료일</td><td rowspan="2">확인자 (관리 감독자, 근로자)</td></tr>
<tr><td>빈도</td><td>강도</td><td>위험성</td></tr>
<tr><td></td><td></td><td></td><td></td><td></td><td></td><td></td><td></td><td></td><td></td></tr>
<tr><td></td><td></td><td></td><td></td><td></td><td></td><td></td><td></td><td></td><td></td></tr>
</table>

나. 위험성 수준 3단계(저·중·고) 판단법(소규모 현장에서 사용권장)

해당 현장의 유해·위험에 대한 위험성 수준을 상·중·하 또는 저·중·고와 같이 간략하게 구분하고, 직관적으로 이해할 수 있도록 위험성의 수준을 표시하는 방법으로서, 실시방법과 절차 등은 다음과 같다.

① 유해·위험요인의 파악

현장소장은 위험성평가를 실시해야 할 작업 등을 선정하고, 그 작업에 어떠한 유해·위험요인이 있는지를 파악하여 위험성평가를 실시해야 하는데, 유해·위험요인 파악 시 산업안전보건기준에 관한 규칙 및 "업무 중 근로자에게 노출된 것이 확인(재해발생)되었거나 노출될 것이 합리적으로 예견 가능한 모든 유해·위험요인 및 경험한 아차사고 등"을 포함하여 파악해야 한다.

② 위험성의 수준(크기)의 결정 : 상·중·하 또는 저·중·고

현장소장은 파악한 각각의 유해·위험요인이 얼마나 위험한지를 나타내는 위험성 수준을근로자의 경험과 과거 재해사례, 아차사고 등을 근거로 상·중·하 또는 저·중·고 등과 같이 3단계로 간략하게 구분하여 결정하고, 기록양식에 표시해야 한다.

③ 허용 가능한 위험성 수준인지 여부의 결정 및 개선대책 마련 실행

현장소장은 위험성 수준(상·중·하 또는 저·중·고)에 따라 허용 가능한 위험성 수준인지, 또는 허용 불가능한 위험성 수준인지의 여부와 판단기준 등은 다음과 같이 결정하

고, 허용 불가능한 위험성에 대해서는 허용가능 수준으로 떨어질 때까지 개선대책을 반드시 마련하여 실행해야 한다. 다만, 위험성 수준과 허용가능 여부의 결정 및 판단기준은 해당 현장의 규모와 특성 또는 발주자의 요청에 의해 달리 정할 수 있다.

위험성 수준		허용가능 여부 (판단기준)	개선여부 및 방법	비고
상(고)	매우 높음	허용 불가능 (사망 또는 장애발생, 산업안전보건법 기준 불만족 등)	개선대책 마련(작업방법 변경, 대체, 위험성 제거 또는 저감대책 등)	허용 불가능한 위험이므로 반드시 개선대책 마련·이행
중(중)	보통	허용 불가능 (요양 필요한 위험, 아차사고 사례 발생 등)	개선대책 마련(공학적, 관리적 대책 등)	
하(저)	매우 낮음	허용 가능 (경미한 부상 또는 질병)	현재상태 유지작업 또는 필요시 개선	

④ 위험성평가 결과서 양식

- 현장소장은 위험성평가서 양식에는 공정명, 유해·위험요인 파악, 위험성 수준(상·중·하), 개선대책, 개선 후 위험성, 개선 확인자(관리감독자, 근로자)는 반드시 포함하여 작성하되, 현장의 특성 또는 발주자의 요청에 의해 달리 정할 수 있다.
- 양식(참고)

번호	공정명	유해·위험요인 파악	위험성 수준 (상·중·하)	개선대책	개선 후 위험성	개선 예정일	개선 완료일	개선 확인자 (관리감독자, 근로자)

다. 체크리스트(Checklist)법

→ 체크리스트 목록을 작성하여 목록에 제시된 유해·위험요인의 위험성이 해당 건설현장에서 허용 가능한 수준의 위험인지 여부를 판단하는 방법

라. 핵심요인 기술(One Point Sheet)법

→ 핵심 질문에 단계적으로 답변하는 방법으로 간략하게 위험성평가를 실시하는 방법

마. 그 밖의 발주자 등이 요청하는 방법 등

8.4 위험성평가 교육 및 컨설팅

가. 현장소장은 위험성평가를 실시하는 구성원 전원(안전보건관리책임자, 안전보건관리자, 관리감독자, 해당 작업의 근로자 등)에 대해서 위험성평가를 실시하기 위한 필요한 교육을 위험성평가 실시 전 2시간 이상 실시하고, 그 기록을 유지·관리해야 한다[별지 제1호 서식]. 위험성평가 교육강사는 위험성평가에 관한 전문적인 지식을 갖춘 기관(산업안전보건공단, 재해예방기관 등)이나 안전보건전문가(산업안전지도사, 건설안전기술사 등)에 위탁하여 실시할 수 있다.

나. 위험성평가를 실시하는 구성원 중 위험성평가에 관한 외부교육을 받았거나 관련학문을 전공하여 관련지식이 풍부한 경우에는 필요한 부분만 교육을 실시하거나 교육을 생략할 수 있다.

다. 현장소장이 위험성평가를 실시하는 경우는 산업안전·보건 전문가 또는 전문기관의 컨설팅을 받을 수 있다.

8.5 위험성평가시 유의사항

가. 현장소장(안전보건관리책임자)은 해당 현장의 위험성평가의 실시에 관한 전 과정에 대해 총괄 관리, 감독해야 한다.

나. 안전보건관리자는 위험성평가의 실시에 관하여 현장소장(안전보건관리책임자)를 보좌하고, 관리감독자 및 근로자에게 위험성평가의 효율적 수행방법이나 절차, 정보의 제공, 전문적 지식에 대하여 지도·조언·제공 등의 업무를 수행해야 한다.

다. 관리감독자는 위험성평가에 관하여 적극적인 참여와 더불어 실질적인 실무업무를 수행(유해·위험요인 파악, 위험성 결정, 감소대책 수립 및 실행, 개선 확인, 평가서 공유, 기록보존 등)하여 실효성 있는 평가가 되도록 하여야 한다.

라. 현장소장은 기계·기구, 설비 등과 관련된 위험성 평가 시에는 해당 기계기구 및 설비 등에 전문지식을 갖춘 사람(납품업체 전문가 등)과 경력 근로자(최소 5년 이상)를 반드

시 참여시켜 평가를 수행해야 한다.

마. 현장소장은 안전보건관리자의 선임의무가 없는 현장에 대해서는 위 "나"호에 따른 업무를 수행할 사람을 지정(관리감독자 등)하여 그에 따른 역할을 수행하게 하거나 직접 그 역할을 수행하여야 한다.

바. 현장소장은 위험성 평가 시 산업안전보건공단이 "위험성평가 지원시스템(kras.kosha.or.kr/)"을 활용하여 실시할 수 있으며, 과거 사망재해 사례(안전보건공단 홈페이지 검색)와 아차사고, 산업안전보건기준에 관한 규칙에 반영된 사항에 대해서는 반드시 포함하여 실시해야 한다.

사. 위험성 결정 시 경력 근로자의 의견수렴이나 과거 재해사례 자료를 검토하여 가능한 객관성을 유지하면서 결정하고, 필요 시 관계전문가(건설안전기술사 등) 의견을 듣고 결정할 수 있다.

아. 개선대책 실행 후 반드시 관리감독자와 근로자에 의해 개선 여부를 확인·서명하고, 차기 위험성평가에 반영할 수 있도록 모니터링 Feed-back 하여야 한다.

9. 위험성평가 결과의 보고

가. 현장소장은 "위험성 평가 절차서"에 따라 실시한 결과보고서[별지 제3호 서식]를 반기(상반기 : 1.1～6.30까지, 하반 : 7.1～12.31까지) 1회 이상 대표이사에게 보고해야 한다. 다만, 대표이사가 동 절차서 10.1에 따라 현장소장이 위험성 평가를 실시하고 있는지의 여부를 점검할 때 결과보고서[별지 제3호 서식]를 제출하는 경우는 대표이사에게 보고하지 않을 수 있다.

나. 현장소장은 위험성 평가 후 제거·대체의 개선방안이 반드시 필요한 경우에나 스스로 개선하기가 어렵다고 판단되는 경우에는 대표이사에게 자원(안전보건관리비 예산, 인력, 시설 및 장비 등)의 추가지원을 요청하여 근원적인 개선조치가 확보될 수 있도록 노력하여야 한다.

10. 현장소장의 위험성평가 이행상태 점검

10.1 점검주기 및 방법

가. 대표이사는 현장소장이 위 "위험성 평가 절차서"에 따라 위험성 평가를 실시하고 있는지의 여부를 반기(상반기 : 1.1～6.30까지, 하반기 : 7.1～12.31까지) 1회 이상 점검[별지 제4호 서식]하여야 한다.

나. 경영상의 일정 등으로 대표이사가 직접 점검할 수 없을 경우는 본사 안전보건담당자에게 위임하여 점검하게 할 수 있으며, 대표이사의 점검 권한을 부여받은 본사 안전보건담당자는 해당 건설현장에 대한 위험성 평가의 실시 여부 등에 대해서 성실하게 점검해야 하고, 점검 후 즉시 대표이사에게 점검결과를 보고하여 적절한 조치를 취해야 한다.

다. 대표이사는 현장소장이 위험성평가를 실시하지 않은 사실이 확인되는 경우는 그 이행의 지시와 충분한 개선기간, 자원(인력의 추가배치, 예산 추가편성, 시설지원, 기타) 등을 제공하여 실효성 있는 개선이 이루어지도록 하여야 하고, 개선결과에 대해서는 반드시 보고(현장소장은 개선결과 보고 의무)받아 적절성 등을 확인하여야 한다.

라. 대표이사는 점검의 실효성과 전문성의 확보를 위하여 산업안전보건법 제73조에 따른 건설재해예방 전문지도기관에 위탁하여 점검을 실시할 수 있으며, 위탁 점검 시에는 반드시 본사 안전보건담당자와 동행하여 점검을 실시해야 한다.

10.2 점검내용

가. 대표이사는 해당 현장소장이 "위험성평가 절차서"에 따라 적절하게 이행하고 있는지의 여부 등을 다음과 같은 내용을 포함하여 점검해야 한다.

1) "위험성 평가 절차서"에 따라 적절하게 이행하고 있는지?
2) 유해위험 요인별 개선대책이 제거·대체, 통제(공학·행정적), 보호구 지급 순서로 마련되고 있는지?
3) 개선대책이 적절히 실행되고 있는지?
4) 개선기간이 충분한지?
5) 재해가 발생한 경우 유해·위험요인을 사전에 파악하지 못한 이유가 무엇인지?
6) 재해가 발생한 경우 유해·위험요인을 파악했음에도 그 위험요인이 제거, 대체, 통제되지 못했던 원인이 무엇인지?
7) 개선이 완료되어 안전보건을 담보하고 있는지?

나. 점검결과 개선조치가 되어 있지 않은 상태에서 작업하고 있는 사실이 발견되면, 즉시 작업을 중지하고 개선조치가 완료된 후 작업을 재개하도록 조치하여야 한다.
또한, 이와 같은 불안전한 작업이 이루어진 이유에 대해서 근본적인 원인이 무엇인지를 파악하고, 필요하다고 판단될 경우 인력이나 예산 지원 등 필요한 자원을 제공하여 근본적인 개선이 이루어지도록 조치하여야 한다.

10.3 평가 및 개선활동 반영

대표이사는 위험성평가 제도의 실효성을 높이기 위하여 “시스템 평가 및 개선 절차서”에 의거 다음 사항을 매년 반영하여야 한다.

가. 현장소장이 위험성평가를 이행하고 있는지의 여부와 지속 반복적으로 이행하지 않는 경우 그 원인 및 개선방안

나. 재해 발생 시 유해위험요인을 사전에 파악했는지의 여부와 파악하지 못했다면 그 원인 및 개선방안

11. 기록 및 보존

11.1 보존기간

현장소장은 산업안전보건법 법 제36조제3항에 따라 위험성평가의 결과와 조치사항을 기록·보존할 때는 다음 각 호의 사항이 포함되어야 하며, 위험성평가를 완료한 날부터 3년간 보존해야 한다.

가. 위험성평가 대상의 유해·위험요인

나. 위험성 결정의 내용

다. 위험성 결정에 따른 조치의 내용

라. 위험성평가를 위해 사전 조사한 안전보건 정보

마. 그 밖에 건설현장에서 필요하다고 정한 사항

11.2 기록의 보존목적

가. 기록은 위험성평가에 사용된 방법(Tool)과 공종별 모든 유해·위험요인들이 평가되었는

지를 알려주기 위한 자료로 활용한다.

나. 건설현장에서 위험성 평가를 수행한 기록은 그 자체로서 유용한 도구이며, 다음 현장에서 평가에 유용하게 쓰이는 자료로 활용할 수 있다.

다. 근로자 등 종사자의 안전보건 교육 자료와 건설현장의 안전 노하우(Know-How)로 활용하거나 새로운 기계설비 등의 도입 시 참고하는 등 안전기술의 축적에 기여할 수 있으며, 사고의 원인 규명에도 도움이 된다.

라. 재해 예방을 통한 회사의 경쟁력 강화에 도움이 된다.

12. 관련 시스템

가. [1] 안전보건경영 매뉴얼

나. [2] 안전보건 경영방침 및 목표관리 절차서

다. [3] 본사 안전보건담당자 업무수행 절차서

라. [4] 유해 위험요인 확인 및 개선 절차서

마. [5] 예산편성 및 집행 절차서

바. [7] 안전보건관리 책임자 등 업무수행 평가 절차서

사. [8] 안전보건 관리자 배치 절차서

아. [9] 종사자 의견 청취 절차서

자. [11] 적격 하수급인 관리 절차서

차. [13] 안전보건 관계법령 등 이행관리 절차서

카. [14] 현장 안전보건 업무수행 절차서

타. [15] 시스템 평가 및 개선 절차서

파. [16] 중대재해처벌등에 관한 법률

하. 위험성평가에 관한 지침(고용노동부 고시)

별지 제1호 서식 위험성평가 교육일지

<table>
<tr><td colspan="3" rowspan="2">위험성평가 교육일지</td><td rowspan="2">결재</td><td>담당</td><td></td><td>소장</td></tr>
<tr><td></td><td></td><td></td></tr>
<tr><td>현장명</td><td colspan="2"></td><td colspan="2">교육장소</td><td colspan="2"></td></tr>
<tr><td>교육일시</td><td colspan="2"></td><td colspan="2">교육종류</td><td colspan="2">위험성 평가교육</td></tr>
<tr><td>교육대상</td><td colspan="2"></td><td colspan="2">교육강사</td><td colspan="2"></td></tr>
<tr><td>교육내용</td><td colspan="6">1. 위험성평가 추진방법
2. 위험성평가 절차
- 1단계 : 사전준비 (실시규정 작성 등)
- 2단계 : 유해위험요인 파악
- 3단계 : 위험성 추정
- 4단계 : 위험성 결정
- 5단계 : 위험성감소대책 수립·실행
3. 기 록
4. 위험성평가 실시시기 및 범위 등</td></tr>
</table>

참석자 성명	서명	비고	참석자 성명	서명	비고

사진	사진

별지 제2호 서식 위험성평가 회의록

<table>
<tr><td colspan="3" rowspan="2">위험성평가 회의록</td><td rowspan="2">결재</td><td>담당</td><td></td><td>소장</td></tr>
<tr><td></td><td></td><td></td></tr>
<tr><td>현장명</td><td colspan="2"></td><td colspan="2">회의장소</td><td colspan="2"></td></tr>
<tr><td>회의일시</td><td colspan="2"></td><td colspan="2">평가종류</td><td colspan="2"></td></tr>
<tr><td>안건</td><td colspan="6"></td></tr>
<tr><td>전회 평가사항 검토(Rev. Feed-Back)</td><td colspan="6"></td></tr>
<tr><td>금회 평가사항</td><td colspan="6"></td></tr>
<tr><td>참석자 이름</td><td>서명</td><td>비고</td><td>참석자 성명</td><td>서명</td><td colspan="2">비고</td></tr>
<tr><td></td><td></td><td></td><td></td><td></td><td colspan="2"></td></tr>
<tr><td></td><td></td><td></td><td></td><td></td><td colspan="2"></td></tr>
<tr><td></td><td></td><td></td><td></td><td></td><td colspan="2"></td></tr>
<tr><td colspan="3">사진</td><td colspan="4">사진</td></tr>
</table>

별지 제3호 서식 위험성평가 실시 결과보고서

20　　, 상(하)반기 위험성평가 실시 결과 보고서						
평가의 종류	대상공종	실시일자	실시방법	유해위험요인 파악 여부	감소대책 수립 여부	비고
최초평가	전체 공종	0000.00.00	의견청취, 자료 혼용	파악	수립	
정기평가	전체 공종					
수시평가	○○ 작업					
	○○ 작업					

○○○현장에 대한 위험성평가 실시 결과를 위와 같이 보고합니다.

202　.　　.　　.

○○○현장소장　　　　000　(서명)

붙임 : 위험성평가 결과서

대표이사　　　　귀하

별지 제4호 서식 현장소장 위험성평가 이행 점검표

현 장 명		현장소장	

점검항목	여부	원인(문제점)	개선방안	비고
위험성평가 절차서에 따라 지속 반복적으로 이행하고 있는지?				
개선대책이 제거·대체, 통제(공학·행정적), 보호구 지급 순서로 마련되고 있는지?				
개선대책이 적절히 실행되는지?				
개선기간이 충분한지?				
개선이 완료되어 안전보건을 담보하고 있는지?				
해당 현장에 재해 발생하였을 경우 유해위험요인을 사전에 파악하지 못한 이유 및 개선방안				
해당 현장에 재해 발생하였을 경우 유해위험요인을 파악했음에도 제거, 대체, 통제되지 못했던 원인이 무엇인지?				
기 타				

점검일자		점검자	(서명)

예산편성 및 집행 절차서

■ 관리본(CONTROLLED)

□ 비관리본(UNCONTROLLED)

◈ 업종 분야 : 건설업

㈜ ○○건설

목차

1. 목적

본 절차서는 안전보건에 관한 예산을 합리적으로 편성하고 그 편성된 예산을 용도에 맞게 집행함으로써, 유해·위험요인의 제거, 대체, 통제, 개선을 통한 근로자 등 종사자들의 안전보건 확보 및 유지 증진을 목적으로 한다.

2. 적용 범위

본 절차서는 본사와 회사에서 시공하는 전 건설현장에 적용한다.

3. 용어의 정의

3.1 예산

가. 중대재해처벌법시행령 제4조 제4호에 규정된 사항 등을 이행하는데 필요한 안전보건에 관한 비용

1) 재해예방에 필요한 안전보건에 관한 인력, 시설 및 장비의 구비 비용
2) 사업장 특성에 따른 위험성 평가를 직접 실시하고 유해·위험요인 개선에 필요한 비용
3) 그 밖의 안전보건 구축 등을 위해 필요한 사항으로 고용노동부 장관이 정하여 고시하는 사항을 이행하는 데 필요한 비용

나. 산업안전보건법 제72조의 산업안전보건관리비, 소방시설 설치 및 관리에 관한 법률에 의한 임시소방시설 설치 등의 비용, 기타 안전보건관계 법령 등에 따른 안전보건 의무비용, 예비비 등

3.2 실행예산

본사 안전보건담당자 및 현장소장이 중대재해처벌법시행령 제4조제4호에 규정된 사항 등을 이행하는데 필요한 안전보건에 관한 비용을 실행 가능한 수준만큼 합리적으로 편성하여 집행 가능한 확정된 비용을 말한다.

3.3 산업안전보건관리비

산업안전보건법 제72조에 따라 건설공사 근로자의 산업재해 예방을 위하여 사용하는 비용

을 말한다.

3.4 예비비

예측하지 못한 긴급 시설 투자비 등 산업재해 예방을 위한 사용될 예비용 예산

4. 책임과 권한

4.1 대표이사

가. 편성된 실행예산 편성 및 집행 등에 대한 권한의 부여(현장소장 등)
나. 실행예산 초과 요청 시 적절성 검토 및 승인
다. 실행예산의 집행에 대한 관리 감독
라. 하수급인에 대한 예산의 지급 및 관리·감독

4.2 본사 안전보건담당자

가. 대표이사 보좌 및 권한 대행
나. 현장소장의 실행예산에 관한 적절성 검토
다. 현장소장 실행예산에 대한 관리·감독 및 지도, 조언, 권고
라. 건설현장 집행상태 확인점검(반기 1회 이상) 및 대표이사 보고

4.3 현장소장

가. 해당 건설현장의 실행예산 편성 및 예산의 집행
나. 하수급인에 대한 예산(산업안전보건관리비 등)의 지급 및 사용에 관한 관리·감독
다. 본사 안전보건담당자에 대한 성실한 협조
라. 집행 후 발주자 정산 및 기록보존

4.4 안전보건관리자(안전보건담당자)

가. 실행예산에 관한 현장소장 보좌 및 관리감독자에 대한 지도, 조언
나. 해당 건설현장의 실행예산 편성 및 예산의 집행 실무
다. 하수급인에 대한 예산(산업안전보건관리비 등)의 적정 사용에 관한 확인감독

라. 본사 안전보건담당자에 대한 성실한 협조

마. 실행예산의 기록 유지관리

4.5 관리감독자

가. 실행예산 편성 및 집행에 관한 성실한 협조

나. 실행예산 사용 용도의 발굴 및 사용 건의

다. 본사 안전보건담당자, 안전보건관리자의 지도, 조언에 관한 협조

라. 하수급인에 대한 예산(산업안전보건관리비 등) 사용의 지도, 조언 및 적정성 검증

5. 안전보건 예산편성 및 집행

5.1 편성 기본원칙

가. 현장소장 등은 건설현장의 공사 규모, 공사 종류, 공사 기간, 공사위치, 발주기관, 공사의 난이도, 설계도서, 계약조건, 재정 여건 등 특수성을 고려하여 유해·위험요인을 제거, 대체, 통제, 보호구 제공 등 개선하는데 필요한 합리적인 수준만큼의 적절한 실행예산을 편성하여야 한다.

나. 실행예산에는 산업안전보건관리비의 20% 정도 범위 내에서 예비비(예측하지 못한 긴급 시설투자 비용 등)를 추가 편성하여 사용할 수 있다.

다. 대표이사는 건설현장의 실행예산(산업안전보건관리비, 임시소방시설 설치 등의 비용, 예비비 등)의 편성 및 집행 등에 대한 권한을 현장소장에게 부여하고, 예비비가 지나치게 과다(산업안전보건관리비의 20% 이상)하거나 사용 목적에 적합하기 않다고 판단할 경우는 일부 삭감을 지시할 수 있다.

라. 대표이사는 현장소장 등이 실행예산을 전액 사용한 후에 초과 예산에 대한 승인을 추가 요청할 경우 이에 대한 적절성을 검토하여 승인하여야 한다. 다만 유해·위험요인을 제거와 대체를 위해 반드시 필요하다고 판단되거나, 재해의 급박한 위험에 대해 개선하고자 하는 경우는 반드시 승인하여야 한다.

5.2 실행예산의 구성항목

가. 본사 안전보건담당자의 실행예산의 구성항목은 인건비, 안전보건관련 물품 및 장비 구입

비, 업무수행 출장비, 차량유지비, 교육훈련비, 홍보비, 안전보건경영시스템의 구축 및 운영유지비, 복리후생비, 예비비 등 안전보건을 총괄하는데 필요한 모든 비용이 반영되어야 한다.

나. 건설현장의 실행예산 구성항목은 다음 사항을 포함하여 구성해야 하며, 현장 근로자 등 모든 종사자의 유해·위험방지에 필요하다고 판단되면 그 유해·위험요인을 제거, 대체, 통제하는 데 필요한 모든 예산을 포함해야 한다.

1) 산업안전보건법 제72조의 건설업산업안전보건관리비

2) 소방시설 설치 및 관리에 관한 법률에 의한 임시소방시설 설치 등의 비용

3) 예비비(산업안전보건관리비의 20% 범위 내)

4) 기타 안전보건 관계 법령 등에 따른 안전보건 의무비용

5.3 예산의 사용용도

가. 재해 예방을 위해 필요한 안전보건에 관한 인력, 시설 및 장비의 구입 및 관리비용

나. 유해·위험요인을 확인하고 개선하는 데 필요한 비용

다. 종사자의 의견 청취에 따른 이행에 필요한 개선 비용

라. 위험성 평가 후 개선에 필요한 비용

마. 건설공사, 기계·기구 설비에 대한 안전점검 및 개선 비용

바. 안전관련 물품 및 보호구 등 구입비용

사. 작업환경측정, 특수건강검진, 근골격계 질환 예방 비용

아. 안전보건진단 등 외부 전문가 컨설팅 비용

자. 안전보건교육훈련, 안전보건 캠페인, 우수사례 포상비용

차. 본사 안전보건담당자 유지비용

카. 기타 중대재해처벌법 등 안전보건 관계 법령 이행 및 안전확보를 위하여 사용하고자 하는 재해예방을 위해 필요한 비용

5.4 실행예산의 편성 방법 및 시기

5.4.1 본사 안전보건담당자

가. 본사 안전보건담당자는 본사에서 사용할 실행예산을 다음연도 개시 전일까지 [별지 제1호 서식]에 의해 편성하고, 편성된 실행예산은 대표이사의 승인을 거쳐 집행해야 한다.

5.4.2 현장소장

가. 현장소장은 실행예산 편성 시 신규공사 실착공 전일까지 발주자가 관계 법령에 의해 원가계산서에 반영하여 지급된 예산(산업안전보건법 제72조의 산업안전보건관리비, 소방시설 설치 및 관리에 관한 법률의 임시소방시설 실치 등의 비용, 기타 안전보건 관계 법령 등에 따른 안전보건 의무비용 등)과, 예비비(산입안전보건관리비의 20% 범위 내) 등을 추가하여 동 절차서 5.1. 편성 기본원칙, 5.2 실행예산의 구성항목, 5.3 예산의 사용용도에 따라 적합하게 편성해야 한다.

※ 실행예산 = 원가계산서 반영예산 + 예비비(산업안전보건관리비의 20% 범위)

나. 현장소장은 해당현장 실행예산 편성 시 [별지 제2호 서식]에 의해 항목을 누락없이 반영하여 편성해야 한다.

다. 현장소장은 발주자의 반영의무가 있음에도 불구하고 반영하지 않은 항목에 대해서는 반드시 발주자에게 요청하여 반영 받도록 하여야 하고, 이미 반영되었다 하더라도 잘못 계상되어 반영되었거나 설계변경 등으로 인한 건설공사 내용의 변경, 공사기간의 연장, 그 밖에 필요하다고 인정하는 사유 발생 시에도 반영 받도록 발주자에게 요청해야 한다.

5.5 실행예산의 처리절차

가. 본사 안전보건담당자의 실행예산 편성 및 집행 절차

① 사전준비 및 검토 → ② 관계자 협의 → ③ 실행예산 산출 → ④ 대표이사 승인 → ⑤ 집행 → ⑥ 매년 집행결과 보고 → ⑦ 기록 보존관리

1) 사전준비 및 검토 : 본사 안전보건담당자는 1년간 소요될 실행예산을 산출하기 위해 과거 집행된 예산과 급여 인상률, 시설 및 장비의 추가구입 등 사전준비 및 검토.

2) 관계자 협의 및 실행예산의 산출 : 예산담당 부서장, 인사관련 부서장, 시공담당 부서장 등 관계자들과 충분한 협의를 거쳐서 실행예산을 산출

3) 대표이사 승인 및 집행 : 실행예산이 산출되면 이의 확정의 절차로서 반드시 대표이사의 승인을 받고 집행

4) 매년 집행결과 보고 : 집행 후 매년 말까지 대표이사에게 당년도 집행결과 보고하고, 다음 연도에 참고할 수 있도록 환류

5) 기록 보존관리 : 집행 후 집행항목에 대한 기록을 유지관리

나. 현장소장의 실행예산 편성 및 집행절차

① 현황파악 및 준비 → ② 협의 검토 → ③ 실행예산 산출 → ④ 관계자 등에게 공개

→ ⑤ 집행 → ⑥ 실행예산 초과 편성 시 대표이사 승인요청 및 집행 → ⑦ 발주자 정산 → ⑧ 기록보존

1) 현황파악 및 준비 : 해당 공사현장의 설계도서 및 원가계산서에 반영예산(산업안전보건관리비 및 안전보건 관계 법령 등에 따른 안전관리비용 등), 현장 주변 상황과 특수성, 공사 종류 및 규모, 공사기간, 공사의 난이도, 민원발생, 하수급 현황, 기계·기구 장비현황, 최초위험성 평가내용, 기타 안전보건 확보 및 유해·위험요인 등 실행예산 산출을 위한 현황 파악 및 사전준비
2) 협의검토 : 사전 준비된 자료 등을 기초로 안전보건관리자, 관리감독자, 근로자 등 종사자, 본사 관계자 등과 합리적인 실행예산 산출을 위한 충분한 협의 검토.
3) 실행예산 산출 : 재해예방을 위해 필요한 예산 등을 동 절차서 5.3.2의 편성방법에(실행예산 = 원가계산서 반영예산 +예비비(산업안전보건관리비의 20%)) 의거 적절하게 실행예산을 산출
4) 관계자 등에게 공개 : 확정 실행예산을 종사자 등에게 공개
5) 집행 : 사용 용도와 목적에 적합하게 집행
6) 산출된 실행예산을 전액 집행한 후 초과 편성 시 대표이사에게 승인 후 집행
7) 발주자 정산 : 발주자 지급 품목에 대해서 준공 시 정산
8) 기록보존 : 집행 사용기록 현장 보존, 준공 시 본사 이관 보존

5.6 예산의 집행 및 관리

5.6.1 본사 안전보건담당자

가. 당해 연도 실행예산이 확정(대표이사 승인)되면 사용 용도에 적합하게 집행하고, 집행 결과를 매년 말일까지 대표이사에게 보고해야 한다.
나. 당해연도 집행내역은 다음연도 실행예산 편성 시 Feed- Back 반영해야 한다.
다. 세부 집행내역은 증빙과 함께 기록으로 작성하여 회계담당 부서에 통보해야 한다.

5.6.2 현장소장

가. 현장소장은 실행예산이 확정되면 사용 용도에 적합하게 집행해야 하고, 안전보건관리자(안전보건담당자) 등에 의해 관리하도록 해야 한다.
나. 안전보건관리자 등 담당자는 집행내역에 대해서 매월 단위로 작성하여 증빙서류와 같이

기록으로 보관하되, 관계법령(산업안전보건법령에 의한 산업안전보건관리비, 기타 안전보건관계 법령에 따른 비용 등)에 따른 용도에 따라 구분하여 관리해야 한다.

다. 하도급업체에 의해 시공될 경우 해당하는 부분만큼 적절하게 분배("적격 하수급인 관리 절차서" 참고)하여 지급해야 하고, 적정하게 집행하는지 여부에 대해서 관리감독 해야한다.

라. 확정된 실행예산이 초과될 것이 예상될 경우 반드시 대표이사에게 추가지원을 요청하여 승인을 받고 집행해야 한다.

마. 제거·대체의 개선방안이 반드시 필요할 경우나 급박한 유해·위험요인 제거에 필요한 비용은 반드시 집행되어야 하고, 유해·위험요인의 근원적인 개선조치가 확보될 수 있도록 노력해야 한다.

바. 확정된 실행예산은 현장 안전보건관리자, 관리감독자, 근로자 등 종사자, 협력업체 등에게 공개하여 투명성과 참여의식을 높이도록 해야 한다.

사. 발주자가 지급한 예산(산업안전보건관리비, 기타 안전보건관계 법령에 따른 비용 등)에 대해서는 구체적인 집행 사용 내역을 증빙과 함께 발주자에게 준공 시 정산해야 한다.

아. 집행 사용기록은 현장에 보관해야 하며, 준공 시 본사 안전보건담당자에게 이관하여 보존하도록 하여야 한다.

5.7 현장소장의 실행예산에 대한 사용실태 점검확인

가. 대표이사는 현장소장 등이 편성된 실행예산의 산출방법이 적정한지, 누락된 항목이 없는지, 용도에 맞게 집행하는지, 집행기록을 보존하고 있는지 등의 여부를 [별지 제3호 서식]에 의해 반기(상반기 : 1.1～6.30까지, 하반기 : 7.1～12.31까지) 1회 이상 점검해야 한다. 다만, 경영상의 일정 등으로 점검할 수 없을 경우는 본사 안전보건담당자에게 위임하여 점검하게 할 수 있다.

나. 대표이사가 직접 점검하지 않는 경우는 점검이 끝난 후 지체없이 점검 결과를 보고 받아야 하고, 그에 따른 적절한 조치를 하여야 한다.

다. 위임 점검자는 현장 관계자에게 집행목적, 사용방법, 서류보존 등 필요한 사항에 대해서 적극적으로 지도, 조언을 해야 하며, 현장소장은 점검에 대해 적극 협조하여 주어야 한다.

라. 대표이사는 점검의 실효성과 객관성의 확보를 위하여 산업안전보건법 제73조에 따른 건설재해예방전문지도기관 등에 위탁하여 점검을 실시할 수 있으며, 위탁 점검 시 본사 안전보건담당자와 반드시 동행하여 실시해야 한다.

6. 안전보건 주요 시설 및 장비의 현황

6.1 본사의 주요 시설 및 장비현황

본사 안전보건담당자의 안전보건 주요시설 및 장비현황은 [별지 제4호 서식]에 의해 관리되어야 한다.

6.2 건설현장 주요 시설 및 장비 현황

현장의 안전보건 주요시설 및 장비현황은 [별지 제5호 서식]에 의해 관리되어야 한다

7. 문서 및 기록보관

업무수행 문서 및 기록에 관하여 5년간 보관한다.

8. 관련 시스템

가. [1] 안전보건경영 매뉴얼
나. [2] 안전보건경영 방침 및 목표관리 절차서
다. [3] 본사 안전보건담당자 업무수행 절차서
라. [4] 유해·위험요인 확인 및 개선 절차서
마. [11] 적격 하수급인 관리 절차서

별지 제1호 서식 본사 실행예산 편성계획

항목	사용예정금액	비고
1. 인건비, 퇴직급여충당금		
2. 안전보건관련 물품 및 장비 구입비 등		
3. 업무수행 출장비, 차량유지비		
4. 안전보건관련 교육훈련, 홍보비		
5. 안전보건경영시스템 구축 운영 및 유지비 6. 접대비		
7. 복리후생비		
8. 기타		
9. 예비비		
총계		

별지 제2호 서식 현장 실행예산 편성계획

<table>
<tr><th>법적 항목</th><th>구분</th><th>구체적 사용항목</th><th>사용 예정금액</th></tr>
<tr><td rowspan="2">산업안전보건법에 의한 산업안전 보건관리비</td><td>1. 안전관리자 보건관리자의 임금 등</td><td>가. 법 제17조제3항 및 법 제18조제3항에 따라 안전관리 또는 보건관리 업무만을 전담하는 안전관리자 또는 보건관리자의 임금과 출장비 전액
나. 안전관리 또는 보건관리 업무를 전담하지 않는 안전관리자 또는 보건관리자의 임금과 출장비의 각각 2분의 1에 해당하는 비용
다. 안전관리자를 선임한 건설공사 현장에서 산업재해 예방 업무만을 수행하는 작업지휘자, 유도자, 신호자 등의 임금 전액
라. 별표 1의2에 해당하는 작업을 직접 지휘·감독하는 직·조·반장 등 관리감독자의 직위에 있는 자가 영 제15조제1항에서 정하는 업무를 수행하는 경우에 지급하는 업무수당(임금의 10분의 1 이내)</td><td></td></tr>
<tr><td>2. 안전 시설비 등</td><td>가. 산업재해 예방을 위한 안전난간, 추락방호망, 안전대 부착설비, 방호장치(기계·기구와 방호장치가 일체로 제작된 경우, 방호장치 부분의 가액에 한함) 등 안전시설의 구입·임대 및 설치를 위해 소요되는 비용
나. 「건설기술진흥법」 제62조의3에 따른 스마트 안전장비 구입·임대 비용의 5분의 1에 해당하는 비용. 다만, 제4조에 따라 계상된 안전보건관리비 총액의 10분의 1을 초과할 수 없다.
다. 용접 작업 등 화재 위험작업 시 사용하는 소화기의 구입·임대비용</td><td></td></tr>
<tr><td rowspan="2">산업안전보건법에 의한 산업안전 보건관리비</td><td>3. 보호구 등</td><td>가. 영 제74조제1항제3호에 따른 보호구의 구입·수리·관리 등에 소요되는 비용
나. 근로자가 가목에 따른 보호구를 직접 구매·사용하여 합리적인 범위 내에서 보전하는 비용
다. 제1호가목부터 다목까지의 규정에 따른 안전관리 등의 업무용 피복, 기기 등을 구입하기 위한 비용
라. 제1호가목에 따른 안전관리자 및 보건관리자가 안전보건 점검 등을 목적으로 건설공사 현장에서 사용하는 차량의 유류비·수리비·보험료</td><td></td></tr>
<tr><td>4. 안전보건 진단비 등</td><td>가. 법 제42조에 따른 유해·위험방지계획서의 작성 등에 소요되는 비용
나. 법 제47조에 따른 안전보건진단에 소요되는 비용
다. 법 제125조에 따른 작업환경 측정에 소요되는 비용
라. 그 밖에 산업재해예방을 위해 법에서 지정한 전문기관 등에서 실시하는 진단, 검사, 지도 등에 소요되는 비용</td><td></td></tr>
</table>

<table>
<tr><th>법적 항목</th><th>구분</th><th>구체적 사용항목</th><th>사용 예정금액</th></tr>
<tr><td></td><td>5. 안전보건 교육비 등</td><td>가. 법 제29조부터 제31조까지의 규정에 따라 실시하는 의무교육이나 이에 준하여 실시하는 교육을 위해 건설공사 현장의 교육 장소 설치·운영 등에 소요되는 비용
나. 가목 이외 산업재해 예방 목적을 가진 다른 법령상 의무교육을 실시하기 위해 소요되는 비용
다. 안전보건관리책임자, 안전관리자, 보건관리자가 업무수행을 위해 필요한 정보를 취득하기 위한 목적으로 도서, 정기간행물을 구입하는 데 소요되는 비용
라. 건설공사 현장에서 안전기원제 등 산업재해 예방을 기원하는 행사를 개최하기 위해 소요되는 비용. 다만, 행사의 방법, 소요된 비용 등을 고려하여 사회통념에 적합한 행사에 한한다.
마. 건설공사 현장의 유해·위험요인을 제보하거나 개선방안을 제안한 근로자를 격려하기 위해 지급하는 비용</td><td></td></tr>
<tr><td rowspan="5">산업안전보건법에 의한 산업안전 보건관리비</td><td>6. 근로자 건강장해예방비 등</td><td>가. 법·영·규칙에서 규정하거나 그에 준하여 필요로 하는 각종 근로자의 건강장해 예방에 필요한 비용
나. 중대재해 목격으로 발생한 정신질환을 치료하기 위해 소요되는 비용
다. 「감염병의 예방 및 관리에 관한 법률」 제2조제1호에 따른 감염병의 확산 방지를 위한 마스크, 손소독제, 체온계 구입비용 및 감염병병원체 검사를 위해 소요되는 비용
라. 법 제128조의2 등에 따른 휴게시설을 갖춘 경우 온도, 조명 설치·관리기준을 준수하기 위해 소요되는 비용</td><td></td></tr>
<tr><td colspan="2">7. 법 제73조 및 제74조에 따른 건설재해예방 전문지도기관의 지도에 대한 대가로 지급하는 비용</td><td></td></tr>
<tr><td colspan="2">8. 「중대재해처벌 등에 관한 법률」 시행령 제4조제2호나목에 해당하는 건설사업자가 아닌 자가 운영하는 사업에서 안전보건 업무를 총괄·관리하는 3명 이상으로 구성된 본사 전담조직에 소속된 근로자의 임금 및 업무수행 출장비 전액. 다만, 제4조에 따라 계상된 안전보건관리비 총액의 20분의 1을 초과할 수 없다.</td><td></td></tr>
<tr><td colspan="2">9. 법 제36조에 따른 위험성평가 또는 「중대재해처벌 등에 관한 법률 시행령」 제4조제3호에 따라 유해·위험요인 개선을 위해 필요하다고 판단하여 법 제24조의 산업안전보건위원회 또는 법 제75조의 노사협의체에서 사용하기로 결정한 사항을 이행하기 위한 비용. 다만, 제4조에 따라 계상된 안전보건관리비 총액의 10분의 1을 초과할 수 없다.</td><td></td></tr>
<tr><td>산업안전 보건관리비</td><td>소계</td><td></td></tr>
</table>

법적 항목	구분	구체적 사용항목	사용 예정금액
소방시설 설치 및 관리에 관한 법률	건설현장의 임시소방시설 설치 및 관리	인화성 물품을 취급하는 작업 등 “화재위험작업”을 하는 경우 화재대비시설(임시소방시설), 피난안전구역과 피난로 등의 확보, 작업자에 대한 소방안전 교육·훈련 비용 등	
기타 안전보건관계 법령 등에 따른 안전보건 의무비용	종사자에 대한 안전보건 의무비용	기타 안전보건관계 법령 등에 따른 종사자에 대한 안전보건 의무비용	
예비비	산업안전보건관리비의 20%	예측하지 못한 긴급 시설 투자비 등	
총계			

별지 제3호 서식 현장소장의 실행예산에 대한 사용실태 점검표

현장명		현장소장	

점검항목	여부	원인(문제점)	대책	비고
실행예산의 산출방법이 적정한지?				
누락된 항목이 없는지?				
용도에 맞게 집행하는지?				
집행기록을 보존하고 있는지?				
기타				

점검일자		점검자	(서명)

별지 제4호 서식 본사의 주요시설 및 장비현황

항목	내용	비고
사무실	본사 안전보건담당자 사무실	필요시
집기 및 비품	컴퓨터, 카메라, 복사기, 팩스, 책상, 의자, 소모품, 비품 등	〃
측정장비	산소 및 가스농도 측정기, 접지저항 측정기, 검전기, 절연저항 측정기, 조도계 등	〃
기타		〃

별지 제5호 서식 현장의 주요시설 및 장비현황

현장명 : 현장소장 :

항목	내용	비고
안전보건교육장	교육장, 책상, 의자, 냉난방 기구 등	필요시
안전보건교육용 기자재	OFF J T 교육 효율의 극대화 프로젝션, 화이트보드, 컴퓨터 등	〃
휴게실 설치 및 운영	안락한 휴식과 편의 도모 휴게실용 천막 및 파라솔 등	〃
안전보건체험장	체험시설(추락, 낙하, 감전 등 예방) 설치 운영	〃
보건실 운영	혈압 및 당뇨측정, 식염정, 제빙기 보관 방한모, 쿨토시, 아이스조끼, 환기시설 등	〃
임시 소방시설	간이소화전, 휴대용 소화기, 방화사, 방화수, 피난유도라인 등	〃
위험물 저장소	LPG, 산소, 페인트 등 유해물질 보관	〃
안전보건 장비	혈압계, 산소 및 가스농도 측정기, 접지저항 측정기, 검전기, 접지테스터기, 온도계, 체온계, 절연저항 측정기, 조도계, 확성기, 드론 등	〃
사무실	안전보건관리자 근무용 가설사무실 등	〃
기타		

안전보건관리책임자 등 업무수행 및 평가 절차서

■ 관리본(CONTROLLED)

□ 비관리본(UNCONTROLLED)

◈ 업종 분야 : 건설업

㈜ ○○건설

목차

1. 목적

본 절차는 「중대재해처벌법」 시행령 제4조의 5 및 「산업안전보건법」 제15조, 제16조 및 제62조에 따른 안전보건관리책임자, 안전보건총괄책임자, 관리감독자 등에 대한 각각의 업무를 충실히 수행할 수 있도록 필요한 권한과 예산을 부여하고, 해당 업무를 충실하게 수행하는지를 정기적으로 평가 및 관리함으로써 건설현장의 안전보건 조치의 실효성을 높이는 데 목적이 있다.

2. 적용범위

본 절차는 건설현장의 안전보건 업무를 수행하는 현장소장 및 관리감독자에 대하여 적용한다.

3. 용어의 정의

3.1 안전보건관리책임자

산업안전보건법 제15조에 따른 해당 건설현장을 실질적으로 총괄하여 관리하는 사람으로서, 공사금액 20억 원 이상의 "현장소장"을 말한다.

3.2 안전보건총괄책임자

산업안전보건법 제62조에 따라 하수급인 근로자가 원도급인의 건설현장에서 작업을 하는 경우는 그 건설현장의 원도급인의 근로자와 하수급인 근로자의 산업재해를 예방하기 위한 업무를 총괄하여 관리하는 "현장소장"을 말한다.

3.3 안전총괄책임자

건설기술진흥법 제64조 제1항에 따른 해당 건설공사의 시공 및 안전에 관한 업무를 총괄하여 관리하는 "현장소장"을 말한다.

3.4 관리감독자

산업안전보건법 제16조에 따라 건설현장의 생산과 관련되는 업무와 그 소속 직원을 직접 지휘·감독하는 직위에 있는 사람으로서, "공사팀장", "반장" 등을 말한다.

3.5 분야별 안전관리책임자

건설기술진흥법 제64조 제1항에 따른 해당건설공사의 토목, 건축, 기계설비 등 건설공사의 각 분야별 시공 및 안전관리를 지휘하는 사람으로서, "공사팀장", "반장" 등을 말한다.

4. 책임과 권한

4.1 대표이사

가. 업무수행 평가기준 마련 및 평가관리

나. 평가 결과에 따른 인사고과 반영

다. 안전보건관리책임자, 관리감독자 등에게 업무수행을 위한 권한과 예산의 부여

라. 급박한 산재발생 위험 발생 시 작업 중지

마. 인력, 예산, 시설 등 자원의 제공

4.2 본사 안전보건담당자

가. 대표이사 보좌 및 권한 대행

나. 현장소장, 관리감독자 등의 업무수행에 대한 지도, 조언, 권고, 평가 및 관리

다. 현장소장, 관리감독자 등의 평가 및 평가결과에 대한 대표이사 보고

4.3 현장소장(안전보건관리책임자)

가. 해당 현장에 대한 안전보건에 관한 업무 총괄 관리

나. 대표이사로부터 부여받은 권한(업무분장, 지휘감독, 예산집행, 직무수행 등)의 행사

다. 안전보건관계법령에서 정한 각각의 업무수행

라. 안전보건관리자, 관리감독자 지휘 감독

마. 업무 평가에 대한 성실한 협조 및 개선

4.4 안전보건관리자(안전보건담당자)

가. 현장소장 보좌 및 관리감독자, 종사자에 대한 지도·조언

나. 대표이사, 현장소장로부터 부여받은 권한(안전보건관리비 집행실무 등)의 행사

다. 안전보건관계법령에서 정한 업무수행

라. 안전보건관련 기록의 유지·보존

4.5 관리감독자

가. 대표이사, 현장소장로부터 부여받은 권한(소속직원 지휘 감독, 예산집행 등)의 행사

나. 안전보건관계법령에서 정한 업무수행

다. 안전보건관리자의 지도 조언에 대한 성실한 협조

라. 소속 직원을 직접 지휘 감독

마. 업무 평가에 대한 성실한 협조 및 개선

5. 직무내용

5.1 현장소장

가. 해당 건설현장에 대한 안전보건에 관한 업무를 총괄 관리

나. 대표이사로부터 부여받은 권한(업무분장, 지휘감독, 예산집행 등)의 행사

다. "예산편성 및 집행 절차서"에 의한 실행예산 편성 및 승인된 예산의 집행

라. 안전관리자, 보건관리자 등을 직접 지휘 감독

마. 산업안전보건법 제15조에 따른 안전보건관리책임자의 직무수행

1) 사업장의 산업재해 예방계획의 수립에 관한 사항
2) 제25조 및 제26조에 따른 안전보건관리규정의 작성 및 변경에 관한 사항
3) 제29조에 따른 안전보건교육에 관한 사항
4) 작업환경측정 등 작업환경의 점검 및 개선에 관한 사항
5) 제129조부터 제132조까지에 따른 근로자의 건강진단 등 건강관리에 관한 사항
6) 산업재해의 원인 조사 및 재발 방지대책 수립에 관한 사항
7) 산업재해에 관한 통계의 기록 및 유지에 관한 사항
8) 안전장치 및 보호구 구입 시 적격품 여부 확인에 관한 사항
9) 법 제36조에 따른 위험성평가의 실시에 관한 사항
10) 안전보건규칙에서 정하는 근로자의 위험 또는 건강장해의 방지에 관한 사항

바. 산업안전보건법 제64조 및 시행령 제53조에 따른 안전보건총괄책임자의 직무수행

※ 공사금액 20억원 미만인 안전보건관리책임자 선임 의무가 없는 현장에 대해서는해당 현장소장을 안전보건총괄책임자로 선임하여 법에서 정한 직무수행

1) 법 제36조에 따른 위험성평가의 실시에 관한 사항
2) 법 제51조 및 제54조에 따른 작업의 중지
3) 법 제64조에 따른 도급 시 산업재해 예방조치
4) 법 제72조제1항에 따른 산업안전보건관리비의 관계수급인 간의 사용에 관한 협의·조정 및 그 집행의 감독
5) 안전인증대상기계 등과 자율안전확인대상기계등의 사용 여부 확인

사. 건설기술진흥법시행령 제102조2항에 따른 안전총괄책임자의 직무수행

1) 안전관리계획서의 작성 및 제출
2) 안전관리 관계자의 업무 분담 및 직무 감독
3) 안전사고가 발생할 우려가 있거나 안전사고가 발생한 경우의 비상동원 및 응급조치
4) 안전관리비의 집행 및 확인
5) 협의체의 운영
6) 안전관리에 필요한 시설 및 장비 등의 지원
7) 자체안전점검의 실시 및 점검 결과에 따른 조치에 대한 지휘감독
8) 안전교육의 지휘·감독

5.2 관리감독자

가. 대표이사로부터 부여받은 권한(업무수행 및 예산집행 등)의 행사

나. 안전보건관리자의 지도 조언에 대한 성실한 협조

다. 작업 전 안전미팅(TBM)진행

라. 산업안전보건법 제16조에 따른 직무수행

1) 지휘·감독하는 작업과 관련 기계·기구 및 설비의 안전·보건 점검 및 이상 유무의 확인
2) 관리감독자에게 소속된 근로자의 작업복·보호구 및 방호장치의 점검과 그 착용·사용에 관한 교육·지도
3) 해당 작업에서 발생한 산업재해에 관한 보고 및 이에 대한 응급조치
4) 해당 작업의 작업장 정리정돈 및 통로 확보에 대한 확인·감독
5) 안전보건관리자, 재해예방기관의 지도 조언에 대한 협조

6) 위험성평가에 관한 유해·위험요인 파악에 대한 참여 및 개선조치 시행 참여

7) 산업안전보건기준에 관한 규칙 별표2, 별표3의 업무

마. 건설기술진흥법시행령 제102조3항(분야별 안전관리책임자)에 따른 직무수행

1) 공사 분야별 안전관리 및 안전관리계획서의 검토·이행

2) 각종 자재 등의 적격품 사용 여부 확인

3) 자체안전점검 실시의 확인 및 점검 결과에 따른 조치

4) 긴설공시현장에서 발생한 안전사고의 보고

5) 안전교육의 실시

6) 작업 진행 상황의 관찰 및 지도

6. 평가 기준

6.1 현장소장의 평가항목 및 배점기준(평가항목이 해당 없을 경우 "우수" 배점)

<table>
<tr><th rowspan="2">구분</th><th rowspan="2">평가항목</th><th colspan="3">배점 기준</th><th rowspan="2">비고
(해당무)</th></tr>
<tr><th>우수
(3)</th><th>보통
(2)</th><th>미흡
(1)</th></tr>
<tr><td rowspan="9">안전보건관리
책임자
(산업안전보건법
제15조)</td><td>산재예방계획 수립(유해·위험방지계획서, 안전관리계획서, 차량계건설기계, 양중기, 중량물, 공종별 작업계획서 등)의 충실성</td><td>3</td><td>2</td><td>1</td><td></td></tr>
<tr><td>법정 안전보건교육 실시의 충실성</td><td>3</td><td>2</td><td>1</td><td></td></tr>
<tr><td>작업환경의 점검 및 개선의 충실성</td><td>3</td><td>2</td><td>1</td><td></td></tr>
<tr><td>근로자의 건강진단 등 건강관리의 충실성</td><td>3</td><td>2</td><td>1</td><td></td></tr>
<tr><td>산재 발생 원인조사 및 재발방지대책 수립의 충실성</td><td>3</td><td>2</td><td>1</td><td></td></tr>
<tr><td>산재에 관한 통계의 기록 및 유지관리의 충실성</td><td>3</td><td>2</td><td>1</td><td></td></tr>
<tr><td>안전장치 및 보호구 구입 시 적격품 확인의 충실성</td><td>3</td><td>2</td><td>1</td><td></td></tr>
<tr><td>위험성평가의 실시의 충실성</td><td>3</td><td>2</td><td>1</td><td></td></tr>
<tr><td>안전보건규칙에서 정한 위험 또는 건강장해 방지의 충실성</td><td>3</td><td>2</td><td>1</td><td></td></tr>
</table>

<table>
<tr><th rowspan="2">구분</th><th rowspan="2">평가항목</th><th colspan="3">배점 기준</th><th rowspan="2">비고
(해당무)</th></tr>
<tr><th>우수
(3)</th><th>보통
(2)</th><th>미흡
(1)</th></tr>
<tr><td rowspan="8">안전보건
총괄책임자
(산업안전보건법
제62조)</td><td>산재발생 급박한 위험 및 중대재해 발생 시 작업의 중지의 충실성</td><td>3</td><td>2</td><td>1</td><td></td></tr>
<tr><td>협의체 구성 및 운영의 충실성</td><td>3</td><td>2</td><td>1</td><td></td></tr>
<tr><td>작업장 순회점검(도급사업 합동점검 포함) 의 충실성</td><td>3</td><td>2</td><td>1</td><td></td></tr>
<tr><td>하수급인에 대한 안전보건교육 장소, 자료제공, 교육실시 확인의 충실성</td><td>3</td><td>2</td><td>1</td><td></td></tr>
<tr><td>경보체계 운영과 대피방법 훈련의 충실성</td><td>3</td><td>2</td><td>1</td><td></td></tr>
<tr><td>위생시설 설치의 충실성</td><td>3</td><td>2</td><td>1</td><td></td></tr>
<tr><td>하수급인의 안전보건조치 내용 확인 및 조정 의 충실성</td><td>3</td><td>2</td><td>1</td><td></td></tr>
<tr><td>하수급인의 산업안전보건관리비 지급 및 사용 감독의 충실성</td><td>3</td><td>2</td><td>1</td><td></td></tr>
<tr><td rowspan="5">안전총괄
책임자
(건설기술진흥법
제64조1항)</td><td>안전관리계획서 작성 및 제출, 이행의 충실성</td><td>3</td><td>2</td><td>1</td><td></td></tr>
<tr><td>안전관리관계자의 업무 분담 및 직무감독의 충실성</td><td>3</td><td>2</td><td>1</td><td></td></tr>
<tr><td>안전관리비용의 집행 및 확인의 충실성</td><td>3</td><td>2</td><td>1</td><td></td></tr>
<tr><td>안전관리에 필요한 시설 및 장비 등의 지원의 충실성</td><td>3</td><td>2</td><td>1</td><td></td></tr>
<tr><td>매일 자체안전점검의 실시 및 조치 확인의 충실성</td><td>3</td><td>2</td><td>1</td><td></td></tr>
<tr><td colspan="2">점수 (취득점수/총점 × 100)
《평가항목이 해당 없는 경우 총점에서 제외》</td><td colspan="4"></td></tr>
<tr><td rowspan="2">재해 발생</td><td>중대산업 재해 발생 여부</td><td colspan="4">1건당 -30점</td></tr>
<tr><td>부상(휴업 3일 이상) 재해 발생 여부</td><td colspan="4">1건당 -5점</td></tr>
<tr><td colspan="2">환산점수</td><td colspan="4"></td></tr>
</table>

<table>
<tr><td rowspan="3">환산점수에
따른 평가등급</td><td>우수</td><td>90점 이상</td><td>법령에 따른 성실한 업무수행으로 재해예방에 기여함</td></tr>
<tr><td>보통</td><td>60~89점</td><td>법령에 따른 업무를 적정하게 수행함</td></tr>
<tr><td>불량</td><td>59점 이하</td><td>법령에 따른 업무를 이부 수행하지 않음</td></tr>
</table>

문제점 및 개선방안	
문제점	개선방안

6.2 관리감독자의 평가항목 및 배점기준(평가항목이 해당 없을 경우 "우수" 배점)

구분	평가항목	배점 기준			비고 (해당무)
		우수 (3)	보통 (2)	미흡 (1)	
관리감독자 (산업안전보건법 제16조)	작업 전 안전미팅(TBM) 실시의 충실성	3	2	1	
	기계 기구 설비의 안전보건점검 및 이상유무 확인의 충실성	3	2	1	
	근로자 작업복, 보호구 착용의 충실성	3	2	1	
	방호장치의 점검과 안전사용의 충실성	3	2	1	
	산업재해에 관한 보고 및 응급조치의 충실성	3	2	1	
	정리정돈 및 안전통로 확보의 충실성	3	2	1	
	안전보건관리자의 지도, 조언에 대한 협조 의 충실성	3	2	1	
	위험성평가 참여 및 개선조치의 충실성	3	2	1	
	둥근톱 방호장치 정상작동 및 안전점검 실시, 조치의 충실성	3	2	1	
	차량계건설기계 방호장치 정상작동 및 안전점검 실시, 조치의 충실성	3	2	1	
	양중기 방호장치 정상작동 및 안전점검 실시, 조치의 충실성	3	2	1	
	지게차 방호장치 정상작동 및 안전점검 실시, 조치의 충실성	3	2	1	
	고소작업대(차량형, 시저형) 방호장치 정상작동 및 안전점검 실시, 조치의 충실성	3	2	1	
	화물자동차 방호장치 정상작동 및 안전점검 실시, 조치의 충실성	3	2	1	
	용접, 용단작업 등 화재위험작업 안전점검, 조치의 충실성	3	2	1	
	거푸집동바리 설치 해체작업 시 지휘 및 재료기구 결함유무 점검, 조치의 충실성	3	2	1	
	굴착, 흙막이 설치 해체작업시 지휘 및 재료기구 결함유무 점검, 조치의 충실성	3	2	1	
	건축물 해체작업 시 지휘 및 재료기구 결함유무 점검, 조치의 충실성	3	2	1	
	비계 설치 및 해체작업시 지휘 및 재료기구 결함유무 점검, 조치의 충실성	3	2	1	

<table>
<tr><th rowspan="2">구분</th><th rowspan="2">평가항목</th><th colspan="3">배점 기준</th><th rowspan="2">비고
(해당무)</th></tr>
<tr><th>우수
(3)</th><th>보통
(2)</th><th>미흡
(1)</th></tr>
<tr><td rowspan="3"></td><td>발파작업시 지휘 및 재료기구 결함 유무 점검, 조치의 충실성</td><td>3</td><td>2</td><td>1</td><td></td></tr>
<tr><td>화물취급 작업시 지휘 및 재료기구 결함 유무 점검, 조치의 충실성</td><td>3</td><td>2</td><td>1</td><td></td></tr>
<tr><td>밀폐공간 작업 시 지휘 및 산소농도 측정, 환기, 호흡용 보호구 착용의 충실성</td><td>3</td><td>2</td><td>1</td><td></td></tr>
<tr><td rowspan="5">분야별
안전관리
책임자
(건설기술진흥법 제64조1항)</td><td>공사 공종별 안전관리 확보 및 이행의 충실성</td><td>3</td><td>2</td><td>1</td><td></td></tr>
<tr><td>각종 자재의 적격품 사용확인의 충실성</td><td>3</td><td>2</td><td>1</td><td></td></tr>
<tr><td>자체 안전점검 실시 및 결과 조치의 충실성</td><td>3</td><td>2</td><td>1</td><td></td></tr>
<tr><td>하수급업체의 안전교육 실시 확인의 충실성</td><td>3</td><td>2</td><td>1</td><td></td></tr>
<tr><td>작업진행 상황의 관찰 및 지도의 충실성</td><td>3</td><td>2</td><td>1</td><td></td></tr>
<tr><td colspan="2">점수 (취득점수/총점 × 100)
《평가항목이 해당 없는 경우 총점에서 제외》</td><td colspan="4"></td></tr>
<tr><td rowspan="2">재해발생</td><td>중대산업 재해 발생 여부</td><td colspan="4">1건당 -30점</td></tr>
<tr><td>부상(휴업 3일 이상) 재해 발생 여부</td><td colspan="4">1건당 -5점</td></tr>
<tr><td colspan="2">환산점수</td><td colspan="4"></td></tr>
</table>

<table>
<tr><td rowspan="3">환산점수에
따른 평가등급</td><td>우수</td><td>90점 이상</td><td>법령에 따른 성실한 업무수행으로 재해예방에 기여함</td></tr>
<tr><td>보통</td><td>60～89점</td><td>법령에 따른 업무를 적정하게 수행함</td></tr>
<tr><td>불량</td><td>59점 이하</td><td>법령에 따른 업무를 이부 수행하지 않음</td></tr>
</table>

<table>
<tr><th colspan="2">문제점 및 개선방안</th></tr>
<tr><th>문제점</th><th>개선방안</th></tr>
<tr><td></td><td></td></tr>
</table>

7. 평가대상 및 방법

7.1 평가대상

가. 현장소장(안전보건관리책임자, 안전보건총괄책임자)

나. 관리감독자(공사팀장, 공사담당 부서원, 반장 등)

7.2 평가 절차 및 방법

가. 평가 절차

① 평가대상 선정 → ② 현장방문 및 평가 → ③ 평가 결과의 검토, 결재 → ④ 평가결과 인사부서 통보 → ⑤ 인사고과 반영 → ⑥ 문제점 및 개선방안 마련 → ⑦ 기록 보존관리

나. 평가 방법 및 주기

대표이사는 동 절차서 6. 평가기준에 의거 현장소장 및 관리감독자 등이 해당 업무를 충실하게 수행하는지의 여부를 반기(상반기 : 1.1～6.30까지, 하반기 : 7.1～12.31까지) 1회 이상 직접 현장 방문하여 평가해야 한다. 평가방법은 직무이행 서류의 확인 및 면담 등의 방법으로 수행한다.

다. 평가 권한의 위임

대표이사가 경영상의 일정 등으로 직접 현장을 방문하여 평가할 수 없을 경우에는 본사 안전보건담당자에게 위임하여 평가하게 할 수 있으며, 직접 평가하지 않은 경우에는 평가가 끝난 후 지체 없이 평가결과를 보고 받고 평가결과에 따라 인사고과 반영 등 동 절차서 8. 평가결과 등급에 따른 필요한 조치를 하여야 한다.

라. 본사 안전보건담당자

대표이사의 평가 권한을 부여받은 본사 안전보건담당자는 해당 현장소장, 관리감독자 등에 대해서 성실하게 평가해야 하고, 평가 후 즉시 대표이사에게 보고하여 적절한 조치를 하여야 한다.

마. 평가의 객관성과 공정성을 확보하기 위하여 건설안전기술사, 산업안전지도사, 건설재해예방 전문지도기관 등 안전보건전문가와 동행하여 실시할 수 있다.

바. 평가서식

1) 현장소장의 평가서식은 [별지 제4호 서식]을 활용하여 평가한다.

2) 관리감독자 평가서식은 [별지 제5호 서식]을 활용하여 평가한다.

8. 평가결과 등급에 따른 조치

8.1 우수

평가 결과가 우수(환산점수 90점 이상)한 현장소장 및 관리감독자에 대해서는 회사 사규(인사관리 규정 등)에 의해 포상이나 인센티브 제공, 승급, 승진, 휴가 부여 등 인사고과에 반영하여 동기를 부여해야 한다.

8.2 불량

평가 결과가 현저히 낮은(환산점수 59점 이하) 현장소장 및 관리감독자에 대해서는 이에 대한 근본적인 문제점과 개선방안이 무엇인지를 검토 분석하고, 필요하다고 판단될 경우 교육훈련 실시, 재배치, 징계, 인력이나 예산의 추가지원 등 이에 상응한 조치를 하여 역량강화에 노력하여야 한다.

8.3 평가 결과에 대한 개선활동

피평가자(현장소장 및 관리감독자)의 불량 등급이 많이 발생할 경우 그에 대한 원인과 개선방안 등에 대해서 "시스템 평가 및 개선 절차서"에 의거 매년 반영하여 지속적으로 개선이 이루어질 수 있도록 노력해야 한다.

9. 선임방법 및 교육

9.1 안전보건관리책임자

가. 선임서류

대표이사는 산업안전보건법 제15조에 따라 공사금액이 20억원 이상인 현장소장을 대상으로, 법령에서 정한 업무를 총괄하여 관리하는 안전보건관리책임자를 [별지 제1호 서식]을 활용하여 해당 건설현장에 선임하고, 선임서류를 현장에 비치해야 한다.

나. 직무교육 이수

1) 신규교육 : 교육전문기관에 위탁하여 선임일로부터 3개월 이내 6시간 이상 실시
2) 보수교육 : 교육전문기관에 위탁하여 신규교육을 이수한 후 매 2년이 되는 날을 기준으로 전후 3개월 사이에 6시간 이상 실시

9.2 안전보건총괄책임자

가. 선임서류

대표이사는 현장소장을 대상으로, 산업안전보건법 제62조에 따라 원도급인의 근로자와 하수급인의 근로자의 산업재해를 예방하기 위한 업무를 총괄하여 관리하는 안전보건총괄책임자를 [별지 제2호 서식]을 활용하여 해당 건설현장에 선임하고, 선임서류를 현장에 비치해야 한다.

9.3 관리감독자

가. 선임서류

대표이사는 "공사팀장", "반장" 등을 대상으로, 산업안전보건법 제16조에 따라 건설현장의 생산과 관련되는 업무와 그 소속 직원을 직접 지휘 감독하는 관리감독자를 [별지 제3호 서식]을 활용하여 해당 건설현장에 선임하고, 선임서류를 현장에 비치해야 한다.

나. 직무교육 이수

현장소장은 직접 또는 외부 교육전문기관에 위탁하여 실시하는 방법으로 연간 16시간 이상 실시하고, 교육이수 증빙을 현장에 보관해야 한다.

10. 문서 및 기록보관

업무수행 문서 및 기록에 관하여 5년간 보관한다.

11. 관련 시스템

가. [1] 안전보건경영 매뉴얼

나. [2] 안전보건경영 방침 및 목표관리 절차서

다. [3] 본사 안전보건담당자 업무수행 절차서

라. [6] 예산편성 및 집행 절차서

마. [13] 안전보건 관계 법령 등 이행관리 절차서

바. [14] 현장 안전보건업무 수행 절차서

바. [15] 시스템 평가 및 개선 절차서

별지 제1호 서식 안전보건관리책임자 선임계

안전보건관리책임자 선임계

구분		
본사	사업장명 :	대표이사 :
	소 재 지 :	
	근로자 수 :	전화번호 :
현장	현 장 명 :	공사금액 :
	소 재 지 :	
	공사기간 :	발 주 자:
안전보건 관리책임자	성 명:	직위 / 직책 :
	선임연월일 :	역할 : 안전보건관리책임자 직무수행
직무내용 (총괄관리)	1. 사업장의 산업재해 예방계획의 수립에 관한 사항 2. 제25조 및 제26조에 따른 안전보건관리규정의 작성 및 변경에 관한 사항 3. 제29조에 따른 안전보건교육에 관한 사항 4. 작업환경측정 등 작업환경의 점검 및 개선에 관한 사항 5. 제129조부터 제132조까지에 따른 근로자의 건강진단 등 건강관리에 관한 사항 6. 산업재해의 원인 조사 및 재발 방지대책 수립에 관한 사항 7. 산업재해에 관한 통계의 기록 및 유지에 관한 사항 8. 안전장치 및 보호구 구입 시 적격품 여부 확인에 관한 사항 9. 법 제36조에 따른 위험성평가의 실시에 관한 사항 10. 안전보건규칙에서 정하는 근로자의 위험 또는 건강장해의 방지에 관한 사항	

「산업안전보건법」 제15조에 따라 위와 같이 선임합니다.

년 월 일

㈜ ○○건설 대표이사 (서명 또는 인)

별지 제2호 서식 안전보건총괄책임자 선임계

안전보건총괄책임자 선임계

구분		
본사	사업장명 :	대표이사 :
	소 재 지 :	
	근로자 수 :	전화번호 :
현장	현 장 명 :	공사금액 :
	소 재 지 :	
	공사기간 :	발 주 자 :

구분		
안전보건 총괄책임자	성 명 :	직위 / 직책 :
	선임연월일 :	역할 : 안전보건총괄책임자 직무수행

구분	내용
직무내용	산업안전보건법 시행령 제53조에 따른 직무수행 1. 법 제36조에 따른 위험성평가의 실시에 관한 사항 2. 법 제51조 및 제54조에 따른 작업의 중지 3. 법 제64조에 따른 도급 시 산업재해 예방조치 4. 법 제72조제1항에 따른 산업안전보건관리비의 관계수급인 간의 사용에 관한 협의·조정 및 그 집행의 감독 5. 안전인증대상기계등과 자율안전확인대상기계등의 사용 여부 확인 건설기술진흥법시행령 제102조2항에 따른 안전총괄책임자의 직무수행 1. 안전관리계획서의 작성 및 제출 2. 안전관리 관계자의 업무 분담 및 직무 감독 3. 안전사고가 발생할 우려가 있거나 안전사고가 발생한 경우의 비상동원 및 응급조치 4. 안전관리비의 집행 및 확인 5. 협의체의 운영 6. 안전관리에 필요한 시설 및 장비 등의 지원 7. 자체안전점검의 실시 및 점검 결과에 따른 조치에대한 지휘감독 8. 안전교육의 지휘·감독

「산업안전보건법」 제62조에 따라 위와 같이 선임합니다.

년 월 일

㈜ ○○건설 대표이사 (서명 또는 인)

별지 제3호 서식 관리감독자 선임계

관리감독자 선임계

구분		
본사	사업장명 :	대표이사 :
	소 재 지 :	
	근로자 수 :	전화번호 :
현장	현 장 명 :	공사금액 :
	소 재 지 :	
	공사기간 :	발 주 자:
관리감독자	성 명:	직위 / 직책 :
	선임연월일 :	역할 : 관리감독자 업무수행
직무내용	산업안전보건법 제16조에 따른 직무수행 1. 지휘·감독하는 작업과 관련 기계·기구 및 설비의 안전·보건 점검 및 이상 유무의 확인 2. 관리감독자에게 소속된 근로자의 작업복·보호구 및 방호장치의 점검과 그 착용·사용에 관한 교육·지도 3. 해당 작업에서 발생한 산업재해에 관한 보고 및 이에 대한 응급조치 4. 해당작업의 작업장 정리·정돈 및 통로 확보에 대한 확인·감독 5. 안전보건관리자, 재해예방기관의 지도 조언에 대한 협조 6. 위험성평가에 관한 유해·위험요인 파악에 대한 참여 및 개선조치 시행참여 7. 산업안전보건기준에 관한 규칙 별표2, 별표3의 업무 건설기술진흥법시행령 제102조3항(분야별 안전관리책임자)에 따른 직무수행 1. 공사 분야별 안전관리 및 안전관리계획서의 검토·이행 2. 각종 자재 등의 적격품 사용 여부 확인 3. 자체안전점검 실시의 확인 및 점검 결과에 따른 조치 4. 건설공사현장에서 발생한 안전사고의 보고 5. 안전교육의 실시 6. 작업 진행 상황의 관찰 및 지도	

「산업안전보건법」 제16조에 따라 위와 같이 선임합니다.

년 월 일

㈜ ○○건설 대표이사 (서명 또는 인)

별지 제4호 서식 현장소장 평가표(평가항목이 해당 없을 경우 "우수" 배점)

구분	평가항목	배점 기준			비고 (해당무)
		우수(3)	보통(2)	미흡(1)	
안전보건관리 책임자 (산업안전 보건법 제15조)	산재예방계획 수립(유해·위험방지계획서, 안전관리계획서, 차량계건설기계, 양중기, 중량물, 공종별 작업계획서 등)의 충실성	3	2	1	
	법정 안전보건교육 실시의 충실성	3	2	1	
	작업환경의 점검 및 개선의 충실성	3	2	1	
	근로자의 건강진단 등 건강관리의 충실성	3	2	1	
	산재발생 원인조사 및 재발방지대책 수립의 충실성	3	2	1	
	산재에 관한 통계의 기록 및 유지관리의 충실성	3	2	1	
	안전장치 및 보호구 구입시 적격품 확인의 충실성	3	2	1	
	위험성평가의 실시의 충실성	3	2	1	
	안전보건규칙에서 정한 위험 또는 건강장해 방지의 충실성	3	2	1	
안전보건총괄 책임자 (산업안전 보건법 제62조)	산재발생 급박한 위험 및 중대재해 발생시 작업의 중지의 충실성	3	2	1	
	협의체 구성 및 운영의 충실성	3	2	1	
	작업장 순회점검(도급사업 합동점검 포함)의 충실성	3	2	1	
	하수급인에 대한 안전보건교육 장소, 자료제공, 교육실시 확인의 충실성	3	2	1	
	경보체계 운영과 대피방법 훈련의 충실성	3	2	1	
	위생시설 설치의 충실성	3	2	1	
	하수급인의 안전보건조치 내용 확인 및 조정의 충실성	3	2	1	
	하수급인의 산업안전보건관리비 지급 및 사용 감독의 충실성	3	2	1	

<table>
<tr><th rowspan="2">구분</th><th rowspan="2" colspan="2">평가항목</th><th colspan="3">배점 기준</th><th rowspan="2">비고
(해당무)</th></tr>
<tr><th>우수(3)</th><th>보통(2)</th><th>미흡(1)</th></tr>
<tr><td rowspan="5">안전총괄
책임자
(건설기술
진흥법
제64조1항)</td><td colspan="2">안전관리계획서 작성 및 제출, 이행의 충실성</td><td>3</td><td>2</td><td>1</td><td></td></tr>
<tr><td colspan="2">안전관리관계자의 업무분담 및 직무감독의 충실성</td><td>3</td><td>2</td><td>1</td><td></td></tr>
<tr><td colspan="2">안전관리비용의 집행 및 확인의 충실성</td><td>3</td><td>2</td><td>1</td><td></td></tr>
<tr><td colspan="2">안전관리에 필요한 시설 및 장비 등의 지원의 충실성</td><td>3</td><td>2</td><td>1</td><td></td></tr>
<tr><td colspan="2">매일 자체안전점검의 실시 및 조치 확인의 충실성</td><td>3</td><td>2</td><td>1</td><td></td></tr>
<tr><td colspan="3">점수 (취득점수/총점 × 100)
《평가항목이 해당 없는 경우 총점에서 제외》</td><td colspan="4"></td></tr>
<tr><td rowspan="2">재해발생</td><td colspan="2">중대산업재해 발생 여부</td><td colspan="4">1건당 -30점</td></tr>
<tr><td colspan="2">부상(휴업 3일 이상)재해 발생 여부</td><td colspan="4">1건당 -5점</td></tr>
<tr><td colspan="3">환산점수</td><td colspan="4"></td></tr>
<tr><td rowspan="3">환산점수에
따른 평가등급</td><td>우수</td><td>90점 이상</td><td colspan="4">법령에 따른 성실한 업무수행으로 재해예방에 기여함</td></tr>
<tr><td>보통</td><td>60～89점</td><td colspan="4">법령에 따른 업무를 적정하게 수행함</td></tr>
<tr><td>불량</td><td>59점 이하</td><td colspan="4">법령에 따른 업무를 일부 수행하지 않음</td></tr>
<tr><th colspan="7">불량에 대한 원인 및 개선방안</th></tr>
<tr><td colspan="3">문제점</td><td colspan="4">개선방안</td></tr>
<tr><td colspan="3"></td><td colspan="4"></td></tr>
<tr><td>피평가자
(현장소장)</td><td colspan="2"></td><td>현장명</td><td colspan="3"></td></tr>
<tr><td>평가일자</td><td colspan="2"></td><td>평가자</td><td colspan="3">(서명)</td></tr>
</table>

별지 제5호 서식 관리감독자 평가표(평가항목이 해당 없을 경우 "우수" 배점)

구분	평가항목	배점 기준			비고 (해당무)
		우수(3)	보통(2)	미흡(1)	
관리감독자 (산업안전보건법 제16조)	작업 전 안전미팅(TBM) 실시의 충실성	3	2	1	
	기계 기구 설비의 안전보건점검 및 이상 유무 확인의 충실성	3	2	1	
	근로자 작업복, 보호구 착용의 충실성	3	2	1	
	방호장치의 점검과 안전사용의 충실성	3	2	1	
	산업재해에 관한 보고 및 응급조치의 충실성	3	2	1	
	정리정돈 및 안전통로 확보의 충실성	3	2	1	
	안전보건관리자의 지도 조언에 대한 협조 의 충실성	3	2	1	
	위험성평가 참여 및 개선조치의 충실성	3	2	1	
	둥근톱 방호장치 정상작동 및 안전점검 실시, 조치의 충실성	3	2	1	
	차량계건설기계 방호장치 정상작동 및 안전점검 실시, 조치의 충실성	3	2	1	
	양중기 방호장치 정상작동 및 안전점검 실시, 조치의 충실성	3	2	1	
	지게차 방호장치 정상작동 및 안전점검 실시, 조치의 충실성	3	2	1	
	고소작업대(차량형, 시저형) 방호장치 정상작동 및 안전점검 실시, 조치의 충실성	3	2	1	
	화물자동차 방호장치 정상작동 및 안전점검 실시, 조치의 충실성	3	2	1	
	용접, 용단작업 등 화재위험작업 안전점검, 조치의 충실성	3	2	1	
	거푸집동바리 설치 해체작업 시 지휘 및 재료기구 결함 유무 점검, 조치의 충실성	3	2	1	
	굴착, 흙막이 설지 해체작업 시 지휘 및 재료기구 결함 유무 점검, 조치의 충실성	3	2	1	

구분	평가항목	배점 기준			비고 (해당무)
		우수(3)	보통(2)	미흡(1)	
	건축물 해체작업 시 지휘 및 재료기구 결함 유무 점검, 조치의 충실성	3	2	1	
	비계 설치 및 해체작업 시 지휘 및 재료기구 결함 유무 점검, 조치의 충실성	3	2	1	
	발파작업 시 지휘 및 재료기구 결함 유무 점검, 조치의 충실성	3	2	1	
	화물취급 작업 시 지휘 및 재료기구 결함 유무 점검, 조치의 충실성	3	2	1	
	밀폐공간 작업 시 지휘 및 산소농도 측정, 환기, 호흡용 보호구 착용의 충실성	3	2	1	
분야별 안전관리 책임자 (건설기술진흥법 제64조1항)	공사 공종별 안전관리 확보 및 이행의 충실성	3	2	1	
	각종 자재의 적격품 사용 확인의 충실성	3	2	1	
	자체 안전점검 실시 및 결과 조치의 충실성	3	2	1	
	하수급업체의 안전교육 실시 확인의 충실성	3	2	1	
	작업진행 상황의 관찰 및 지도의 충실성	3	2	1	
점수 (취득점수/총점 × 100) 《평가항목이 해당 없는 경우 총점에서 제외》					
재해발생	중대산업재해 발생 여부	1건당 -30점			
	부상(휴업 3일 이상)재해 발생 여부	1건당 -5점			
환산점수					

환산점수에 따른 평가등급	등급	점수	내용
환산점수에 따른 평가등급	우수	90점 이상	법령에 따른 성실한 업무수행으로 재해예방에 기여함
	보통	60~89점	법령에 따른 업무를 적정하게 수행함
	불량	59점 이하	법령에 따른 업무를 일부 수행하지 않음

불량에 대한 원인 및 개선방안	
문제점	개선방안

피평가자 (현장소장)		현장명	
평가일자		평가자	(서명)

안전보건관리자 등
배치 절차서

■ 관리본(CONTROLLED)

□ 비관리본(UNCONTROLLED)

◈ 업종 분야 : 건설업

㈜ ○○건설

목차

1. 목적

본 절차는 중대재해처벌법시행령 제4조의 6에 따라 건설현장의 산업재해 예방을 위해서 안전 및 보건에 관한 기술적인 사항에 관하여 현장소장을 보좌하고, 관리감독자 및 종사자 등에게 지도, 조언하도록 하는 전문인력(안전관리자, 보건관리자 등) 배치의 기준을 정함을 목적으로 한다.

2. 적용범위

본 절차서는 산업안전보건법 제17조, 제18조에 따른 안전보건관리자에 대하여 적용한다.

3. 책임과 권한

3.1 대표이사

가. 안전보건관리자의 채용(정규직 비율 최소 60% 이상) 및 배치, 업무수행
나. 안전보건관리자 등에 대한 권한의 부여
다. 겸직자에 대한 최소 업무수행 시간 보장
라. 법적 직무교육 실시

3.2 본사 안전보건담당자

가. 대표이사 보좌 및 권한대행
나. 안전보건관리자 채용, 배치, 직무교육, 근무실태 관리
다. 고용노동부 선임 및 변경신고 지원

3.3 현장소장(안전보건관리책임자)

가. 안전보건관리자 지휘 감독
나. 안전보건관리자의 업무수행에 관한 권한의 부여

3.4 안전관리자(안전담당자)

가. 안전에 관한 기술적인 사항에 관하여 현장소장 보좌

나. 관리감독자 및 종사자 등에게 지도 조언

다. 산업안전보건법 시행령 제18조에서 정한 직무수행

1) 법 제24조제1항에 따른 산업안전보건위원회(이하 "산업안전보건위원회"라 한다) 또는 법 제75조제1항에 따른 안전 및 보건에 관한 노사협의체(이하 "노사협의체"라 한다)에서 심의·의결한 업무와 해당 사업장의 법 제25조제1항에 따른 안전보건관리규정(이하 "안전보건관리규정"이라 한다) 및 취업규칙에서 정한 업무

2) 법 제36조에 따른 위험성평가에 관한 보좌 및 지도·조언

3) 법 제84조제1항에 따른 안전인증대상기계 등(이하 "안전인증대상기계 등"이라 한다)과 법 제89조제1항 각 호 외의 부분 본문에 따른 자율안전확인대상기계 등(이하 "자율안전확인대상기계 등"이라 한다) 구입 시 적격품의 선정에 관한 보좌 및 지도·조언

4) 해당 사업장 안전교육계획의 수립 및 안전교육 실시에 관한 보좌 및 지도·조언

5) 사업장 순회점검, 지도 및 조치 건의

6) 산업재해 발생의 원인 조사·분석 및 재발 방지를 위한 기술적 보좌 및 지도·조언

7) 산업재해에 관한 통계의 유지·관리·분석을 위한 보좌 및 지도·조언

8) 법 또는 법에 따른 명령으로 정한 안전에 관한 사항의 이행에 관한 보좌 및 지도·조언

9) 업무수행 내용의 기록·유지

10) 그 밖에 안전에 관한 사항으로서 고용노동부 장관이 정하는 사항

라. 안전관리자 고용노동부 선임 및 변경 신고서 작성 제출

3.5 보건관리자(보건담당자)

가. 보건에 관한 기술적인 사항에 관하여 현장소장 보좌

나. 관리감독자 및 종사자 등에게 지도 조언

다. 산업안전보건법 시행령 제22조에서 정한 직무수행

1) 산업안전보건위원회 또는 노사협의체에서 심의·의결한 업무와 안전보건관리규정 및 취업규칙에서 정한 업무

2) 안전인증대상기계 등과 자율안전확인대상기계 등 중 보건과 관련된 보호구(保護具) 구입 시 적격품 선정에 관한 보좌 및 지도·조언

3) 법 제36조에 따른 위험성평가에 관한 보좌 및 지도·조언

4) 법 제110조에 따라 작성된 물질안전보건자료의 게시 또는 비치에 관한 보좌 및 지도

·조언

5) 제31조제1항에 따른 산업보건의의 직무(보건관리자가 별표 6 제2호에 해당하는 사람인 경우로 한정한다)

6) 해당 사업장 보건교육계획의 수립 및 보건교육 실시에 관한 보좌 및 지도·조언

7) 해당 사업장의 근로자를 보호하기 위한 다음 각 목의 조치에 해당하는 의료행위(보건관리자가 별표 6 제2호 또는 제3호에 해당하는 경우로 한정한다)

- 자주 발생하는 가벼운 부상에 대한 치료
- 응급처치가 필요한 사람에 대한 처치
- 부상·질병의 악화를 방지하기 위한 처치
- 건강진단 결과 발견된 질병자의 요양 지도 및 관리
- 가목부터 라목까지의 의료행위에 따르는 의약품의 투여

8) 작업장 내에서 사용되는 전체 환기장치 및 국소 배기장치 등에 관한 설비의 점검과 작업방법의 공학적 개선에 관한 보좌 및 지도·조언

9) 사업장 순회점검, 지도 및 조치 건의

10) 산업재해 발생의 원인 조사·분석 및 재발 방지를 위한 기술적 보좌 및 지도·조언

11) 산업재해에 관한 통계의 유지·관리·분석을 위한 보좌 및 지도·조언

12) 법 또는 법에 따른 명령으로 정한 보건에 관한 사항의 이행에 관한 보좌 및 지도·조언

13) 업무수행 내용의 기록·유지

라. 보건관리자 고용노동부 선임 및 변경 신고서 작성 제출

4. 선임 대상 및 직무내용

4.1 안전관리자

법적근거	산업안전보건법 제17조
역할	안전에 관한 기술적 사항에 관하여 현장소장을 보좌하고 종사자 및 관리감독자에게 지도·조언, 산업안전보건법 시행령 제18조에서 정한 직무수행 등
선임대상 및 인원수	별표 1 참고
선임시기	실 착공일 또는 안전관리자 교체 변경일
선임 증명서류	1. 별지 제1호 서식 2. 자격증명서류(자격증 사본) 3. 재직증명서 등
직무내용	1. 산업안전보건위원회, 안전보건에 관한 노사협의체에서 심의 의결한 업무, 안전보건관리규정 및 취업규칙에서 정한 업무 2. 위험성평가에 관한 보좌 및 지도·조언 3. 안전인증대상기계 등과 자율안전확인대상기계 등 구입 시 적격품의 선정에 관한 보좌 및 지도·조언 4. 해당 사업장 안전교육계획의 수립 및 안전교육 실시에 관한 보좌 및 지도·조언 5. 사업장 순회점검, 지도 및 조치 건의 6. 산업재해 발생의 원인 조사분석 및 재발방지를 위한 기술적 보좌 및 지도·조언 7. 산업재해에 관한 통계의 유지·관리·분석을 위한 보좌 및 지도·조언 8. 법에 정한 안전에 관한 사항의 이행에 관한 보좌 및 지도·조언 9. 업무수행 내용의 기록·유지 10. 그 밖에 안전에 관한 사항으로서 고용노동부 장관이 정하는 사항
기타	

4.2 보건관리자

법적근거	산업안전보건법 제18조
역할	보건에 관한 기술적인 사항에 관하여 현장소장을 보좌하고 종사자 및 관리감독자에게 지도·조언, 산업안전보건법 시행령 제22조에서 정한 직무수행 등
선임대상 및 인원수	별표 2 참고
선임시기	실 착공일 또는 보건관리자 교체 변경일
선임 증명서류	1. 별지 제1호 서식 2. 자격증명서류(자격증 사본) 3. 재직증명서 등
직무내용	1. 산업안전보건위원회, 노사협의체에서 심의·의결한 업무와 안전보건관리규정 및 취업규칙에서 정한 업무 2. 안전인증대상기계 등과 자율안전확인대상기계 등 중 보건과 관련된 보호구 구입 시 적격품 선정에 관한 보좌 및 지도·조언 3. 위험성평가에 관한 보좌 및 지도·조언 4. 물질안전보건자료의 게시 또는 비치에 관한 보좌 및 지도·조언 5. 해당 사업장 보건교육계획의 수립 및 보건교육 실시에 관한 보좌 및 지도·조언 6. 해당 사업장의 근로자를 보호하기 위한 다음 각 목의 조치에 해당하는 의료행위(보건관리자가 별표 6 제2호 또는 제3호에 해당하는 경우로 한정) • 자주 발생하는 가벼운 부상에 대한 치료 • 응급처치가 필요한 사람에 대한 처치 • 부상·질병의 악화를 방지하기 위한 처치 • 건강진단 결과 발견된 질병자의 요양 지도 및 관리 • 가목부터 라목까지의 의료행위에 따르는 의약품의 투여 7. 환기장치 및 국소 배기장치 등에 관한 설비의 점검과 작업방법의 공학적 개선에 관한 보좌 및 지도·조언 8. 사업장 순회점검, 지도 및 조치 건의 9. 산업재해 발생의 원인조사·분석 및 재발 방지를 위한 기술적 보좌 및 지도·조언 10. 산업재해에 관한 통계의 유지·관리·분석을 위한 보좌 및 지도·조언 11. 보건에 관한 사항의 이행에 관한 보좌 및 지도·조언 12. 업무수행 내용의 기록·유지 13. 그 밖에 보건과 관련된 작업관리 및 작업환경관리에 관한 사항으로서 고용노동부장관이 정하는 사항
기타	

4.3 안전관리자 겸직 및 업무 수행시간

가. 겸직 가능 대상현장 : 발주자가 제공한 재료비를 포함하여 공사금액(공급가액 + 부가가치세 + 지급자재비)이 50억 원 이상 120억 원(토목공사 150억 원) 미만 현장에 대해서는 환경, 공무, 공사 등 다른 업무와의 겸직이 가능하나, 안전보건관리책임자(총괄책임자 포함)의 업무는 겸직할 수 없다.

나. 겸직자에 대한 최소 업무수행 시간 : 대표이사는 고용노동부 고시 제2022-14호 "안전보건에 관한 업무 수행시간의 기준" 제3조 제2항에 의거 안전관리자의 연간 업무수행의 최소시간은 702시간 이상으로 보장해야 한다.

5. 선임방법 및 직무교육

5.1 선임방법

대표이사는 안전관리자 및 보건관리자 선임 시 선임한 날로부터 14일 이내에 해당 건설현장 관할 노동지방관서에 보고[별지 제1호 서식]해야 하고, 선임보고 서류를 현장에 비치해야 한다.

5.2 직무교육

가. 신규교육 : 선임일로부터 3개월 이내 34시간 이상 전문교육기관에서 실시

나. 보수교육 : 신규교육을 이수한 후 매 2년이 되는 날을 기준으로 전후 3개월 사이에 전문교육기관에서 24시간 이상 실시

6. 안전보건관리자의 자격

6.1 안전관리자

가. 법 제143조제1항에 따른 산업안전지도사 자격을 가진 사람

나. 「국가기술자격법」에 따른 산업안전산업기사 이상의 자격을 취득한 사람

다. 「국가기술자격법」에 따른 건설안전산업기사 이상의 자격을 취득한 사람

라. 「고등교육법」에 따른 4년제 대학 이상의 학교에서 산업안전 관련 학위를 취득한 사람 또는 이와 같은 수준 이상의 학력을 가진 사람

마. 「고등교육법」에 따른 전문대학 또는 이와 같은 수준 이상의 학교에서 산업안전 관련 학위를 취득한 사람

바. 「고등교육법」에 따른 이공계 전문대학 또는 이와 같은 수준 이상의 학교에서 학위를 취득하고, 해당 사업의 관리감독자로서의 업무(건설업의 경우는 시공실무경력)를 3년(4년제 이공계 대학 학위 취득자는 1년) 이상 담당한 후 고용노동부 장관이 지정하는 기관이 실시하는 교육(1998년 12월 31일까지의 교육만 해당한다)을 받고 정해진 시험에 합격한 사람. 다만, 관리감독자로 종사한 사업과 같은 업종(한국표준산업분류에 따른 대분류를 기준으로 한다)의 사업장이면서, 건설업의 경우를 제외하고는 상시근로자 300명 미만인 사업장에서만 안전관리자가 될 수 있다.

사. 「초·중등교육법」에 따른 공업계 고등학교 또는 이와 같은 수준 이상의 학교를 졸업하고, 해당 사업의 관리감독자로서의 업무(건설업의 경우는 시공실무경력)를 5년 이상 담당한 후 고용노동부 장관이 지정하는 기관이 실시하는 교육(1998년 12월 31일까지의 교육만 해당한다)을 받고 정해진 시험에 합격한 사람. 다만, 관리감독자로 종사한 사업과 같은 종류인 업종(한국표준산업분류에 따른 대분류를 기준으로 한다)의 사업장이면서, 건설업의 경우를 제외하고는 별표 3 제28호 또는 제33호의 사업을 하는 사업장(상시근로자 50명 이상 1천 명 미만인 경우만 해당한다)에서만 안전관리자가 될 수 있다.

아. 「건설산업기본법」 제8조에 따른 종합공사를 시공하는 업종의 건설현장에서 안전보건관리책임자로 10년 이상 재직한 사람

자. 「건설기술 진흥법」에 따른 토목·건축 분야 건설기술인 중 등급이 중급 이상인 사람으로서 고용노동부 장관이 지정하는 기관이 실시하는 산업안전교육(2023년 12월 31일까지의 교육만 해당한다)을 이수하고 정해진 시험에 합격한 사람

차. 「국가기술자격법」에 따른 토목산업기사 또는 건축산업기사 이상의 자격을 취득한 후 해당 분야에서의 실무경력이 다음 각 목의 구분에 따른 기간 이상인 사람으로서 고용노동부 장관이 지정하는 기관이 실시하는 산업안전교육(2023년 12월 31일까지의 교육만 해당한다)을 이수하고 정해진 시험에 합격한 사람

1) 토목기사 또는 건축기사 : 3년

2) 토목산업기사 또는 건축산업기사 : 5년

6.2 보건관리자

가. 법 제143조제1항에 따른 산업보건지도사 자격을 가진 사람

나. 「의료법」에 따른 의사

다. 「의료법」에 따른 간호사

라. 「국가기술자격법」에 따른 산업위생관리산업기사 또는 대기환경산업기사 이상의 자격을 취득한 사람

마. 「국가기술자격법」에 따른 인간공학기사 이상의 자격을 취득한 사람

바. 「고등교육법」에 따른 전문대학 이상의 학교에서 산업보건 또는 산업위생 분야의 학위를 취득한 사람(법령에 따라 이와 같은 수준 이상의 학력이 있다고 인정되는 사람을 포함한다)

7. 문서 및 기록보관

업무수행 문서 및 기록에 관하여 5년간 보관한다.

8. 관련 시스템

가. [1] 안전보건경영 매뉴얼

나. [2] 안전보건경영 방침 및 목표관리 절차서

다. [3] 본사 안전보건담당자 업무수행 절차서

라. [6] 예산편성 및 집행 절차서

마. [13] 안전보건 관계 법령 등 이행관리 절차서

바. [14] 현장 안전보건업무 수행 절차서

별표 1 안전관리자 선임대상 및 인원 수[산업안전보건법 시행령 별표 3]

공사금액	안전관리자의 수	안전관리자의 선임방법
공사금액 50억 원 이상(관계수급인은 100억 원 이상) 120억 원 미만(「건설산업기본법 시행령」 별표 1의 종합공사를 시공하는 업종의 건실업종란 제1호에 따른 토목공사업의 경우에는 150억 원 미만)	1명 이상 ※ 다른 업무와의 겸직 시 발주처에서 기술지도계약 체결하여야 함	별표 4 제1호부터 제7호까지 또는 제10호에 해당하는 사람을 선임해야 한다.
공사금액 120억 원 이상(「건설산업기본법 시행령」 별표 1의 종합공사를 시공하는 업종의 건설업종란 제1호에 따른 도목공사업의 경우에는 150억 원 이상) 800억 원 미만	1명 이상	
공사금액 800억 원 이상 1,500억 원 미만	2명 이상. 다만, 전체 공사기간을 100으로 할 때 공사 시작에서 15에 해당하는 기간과 공사 종료 전의 15에 해당하는 기간(이하 "전체 공사기간 중 전·후 15에 해당하는 기간"이라 한다) 동안은 1명 이상으로 한다.	별표 4 제1호부터 제7호까지 또는 제10호에 해당하는 사람을 선임하되, 같은 표 제1호부터 제3호까지의 어느 하나에 해당하는 사람이 1명 이상 포함되어야 한다.
공사금액 1,500억 원 이상 2,200억 원 미만	3명 이상. 다만, 전체 공사기간 중 전·후 15에 해당하는 기간은 2명 이상으로 한다.	별표 4 제1호부터 제7호까지의 어느 하나에 해당하는 사람을 선임하되, 같은 표 제1호 또는 「국가기술자격법」에 따른 건설안전기술사(건설안전기사 또는 산업안전기사의 자격을 취득한 후 7년 이상 건설안전 업무를 수행한 사람이거나 건설안전산업기사 또는 산업안전산업기사의 자격을 취득한 후 10년 이상 건설안전 업무를 수행한 사람을 포함한다) 자격을 취득한 사람(이하 "산업안전지도사 등"이라 한다)이 1명 이상 포함되어야 한다.
공사금액 2,200억 원 이상 3천억 원 미만	4명 이상. 다만, 전체 공사기간 중 전·후 15에 해당하는 기간은 2명 이상으로 한다.	

<table>
<tr><th>공사금액</th><th>안전관리자의 수</th><th>안전관리자의 선임방법</th></tr>
<tr><td>공사금액 3천억 원 이상 3,900억 원 미만</td><td>5명 이상. 다만, 전체 공사기간 중 전·후 15에 해당하는 기간은 3명 이상으로 한다.</td><td rowspan="2">별표 4 제1호부터 제7호까지의 어느 하나에 해당하는 사람을 선임하되, 산업안전지도사 등이 2명 이상 포함되어야 한다. 다만, 전체 공사기간 중 전·후 15에 해당하는 기간에는 산업안전지도사 등이 1명 이상 포함되어야 한다.</td></tr>
<tr><td>공사금액 3,900억 원 이상 4,900억 원 미만</td><td>6명 이상. 다만, 전체 공사기간 중 전·후 15에 해당하는 기간은 3명 이상으로 한다.</td></tr>
<tr><td>공사금액 4, 900억 원 이상 6천억 원 미만</td><td>7명 이상. 다만, 전체 공사기간 중 전·후 15에 해당하는 기간은 4명 이상으로 한다.</td><td rowspan="2">별표 4 제1호부터 제7호까지의 어느 하나에 해당하는 사람을 선임하되, 산업안전지도사 등이 2명 이상 포함되어야 한다. 다만, 전체 공사기간 중 전·후 15에 해당하는 기간에는 산업안전지도사 등이 2명 이상 포함되어야 한다.</td></tr>
<tr><td>공사금액 6천억 원 이상 7,200억 원 미만</td><td>8명 이상. 다만, 전체 공사기간 중 전·후 15에 해당하는 기간은 4명 이상으로 한다.</td></tr>
<tr><td>공사금액 7,200억 원 이상 8,500억 원 미만</td><td>9명 이상. 다만, 전체 공사기간 중 전후 15에 해당하는 기간은 5명 이상으로 한다.</td><td rowspan="3">별표 4 제1호부터 제7호까지의 어느 하나에 해당하는 사람을 선임하되, 산업안전지도사 등이 3명 이상 포함되어야 한다. 다만, 전체 공사기간 중 전·후 15에 해당하는 기간에는 산업안전지도사 등이 3명 이상 포함되어야 한다.</td></tr>
<tr><td>공사금액 8,500억 원 이상 1조 원 미만</td><td>10명 이상. 다만, 전체 공사기간 중 전·후 15에 해당하는 기간은 5명 이상으로 한다.</td></tr>
<tr><td>1조 원 이상</td><td>11명 이상[매 2천억 원(2조 원 이상부터는 매 3천억 원)마다 1명씩 추가한다]. 다만, 전체 공사기간 중 전·후 15에 해당하는 기간은 선임 대상 안전관리자 수의 2분의 1(소수점 이하는 올림한다) 이상으로 한다.</td></tr>
</table>

별표 2 보건관리자 선임대상 및 인원 수 [산업안전보건법 시행령 별표 5]

공사금액	보건관리자의 수	안전관리자의 선임방법
공사금액 800억 원 이상(「건설산업기본법 시행령」 별표 1의 종합공사를 시공하는 업종의 건설업종란 제1호에 따른 토목공사업에 속하는 공사의 경우에는 1천억 이상) 또는 상시근로자 600명 이상	1명 이상[공사금액 800억 원(「건설산업기본법 시행령」 별표 1의 종합공사를 시공하는 업종의 건설업종란 제1호에 따른 토목공사업은 1천억 원)을 기준으로 1, 400억 원이 증가할 때마다 또는 상시 근로자 600명을 기준으로 600명이 추가될 때마다 1명씩 추가한다]	별표 6 각 호의 어느 하나에 해당하는 사람을 선임해야 한다.

별지 제1호 서식 안전관리자 및 보건관리자 선임서류

안전관리자·보건관리자·산업보건의 선임 등 보고서(건설업)

<table>
<tr><td rowspan="3">본사</td><td colspan="4">사업장명</td></tr>
<tr><td colspan="3">사업주 또는 대표자</td><td>전화번호</td></tr>
<tr><td colspan="4">소재지</td></tr>
<tr><td colspan="5">※ * 란은 원수급인인 경우에만 작성합니다.</td></tr>
<tr><td rowspan="9">현장개요</td><td colspan="2">현장명</td><td colspan="2">발주자 또는 도급인</td></tr>
<tr><td colspan="2">전화번호</td><td colspan="2">휴대전화번호</td></tr>
<tr><td colspan="4">소재지</td></tr>
<tr><td colspan="2">공사기간</td><td colspan="2">공사금액
(상시근로자 수) (명)</td></tr>
<tr><td colspan="2">굴착깊이(M)*</td><td colspan="2">건축물·공작물의 최대높이(M)*</td></tr>
<tr><td colspan="2">건축물의 연면적(m^2)*</td><td colspan="2">건축물의 최대층고(M)*</td></tr>
<tr><td colspan="2">PC(Precast Concrete)조립작업 유무*</td><td colspan="2">다리의 최대 지간 길이(M)*</td></tr>
<tr><td colspan="2">터널길이(M)*</td><td colspan="2">댐의 용도 및 저수용량(TON)*</td></tr>
<tr><td colspan="4"></td></tr>
<tr><td rowspan="9">안전관리자
(안전관리자가 2명 이상인 경우에는 별지에 추가로 적습니다)</td><td colspan="2">성명</td><td colspan="2">기관명</td></tr>
<tr><td colspan="2">전자우편주소</td><td colspan="2">전화번호</td></tr>
<tr><td colspan="4">자격/면허번호</td></tr>
<tr><td rowspan="2">경력</td><td>기관명</td><td colspan="2">기간</td></tr>
<tr><td></td><td colspan="2"></td></tr>
<tr><td rowspan="2">학력</td><td>학교</td><td colspan="2">학과</td></tr>
<tr><td></td><td colspan="2"></td></tr>
<tr><td colspan="4">선임 등 연·월·일</td></tr>
<tr><td colspan="4">전담·겸임구분</td></tr>
<tr><td rowspan="9">보건관리자
(보건관리자가 2명 이상인 경우에는 별지에 추가로 적습니다)</td><td colspan="2">성명</td><td colspan="2">기관명</td></tr>
<tr><td colspan="2">전자우편주소</td><td colspan="2">전화번호</td></tr>
<tr><td colspan="4">자격/면허번호</td></tr>
<tr><td rowspan="2">경력</td><td>기관명</td><td colspan="2">기간</td></tr>
<tr><td></td><td colspan="2"></td></tr>
<tr><td rowspan="2">학력</td><td>학교</td><td colspan="2">학과</td></tr>
<tr><td></td><td colspan="2"></td></tr>
<tr><td colspan="4">선임 등 연·월·일</td></tr>
<tr><td colspan="4">전담·겸임구분</td></tr>
</table>

「산업안전보건법 시행규칙」 제11조 및 제23조에 따라 위와 같이 제출합니다.

년 월 일

보고인(사업주 또는 대표자) (서명 또는 인)

지방고용노동청(지청)장 귀하

종사자 의견 청취 절차서

■ 관리본(CONTROLLED)

□ 비관리본(UNCONTROLLED)

◈ 업종 분야 : 건설업

㈜ ○○건설

목차

1. 목적

본 절차서는 건설현장의 안전보건을 확보하기 위하여 관계되는 종사자 등의 의견을 청취하는 절차를 마련하고, 절차에 따라 유해·위험요인을 파악·검토·개선함으로써 사전에 산업재해를 예방하는 데 그 목적을 둔다.

2. 적용범위

본 절차서는 회사에서 시공하는 모든 건설현장에 대하여 적용한다.

3. 용어의 정의

3.1 종사자

가. 근로기준법상의 근로자

나. 도급, 용역, 위탁 등 계약의 형식에 관계없이 그 사업의 수행을 위하여 대가를 목적으로 노무를 제공한 자

다. 사업이 여러 차례의 도급에 따라 행하여지는 경우는 각 단계의 수급인 및 수급인과 근로기준법상의 근로자 또는 대가를 목적으로 노무를 제공하는 자와의 관계가 있는 자

3.2 정보

건설현장에 대한 규모, 종류 등 특성, 회사의 안전보건경영시스템, 안전보건관련 법령, 현장의 안전보건 제도나 각종 계획서 등 안전보건 확보와 관련하여 종사자들이 알고 있어야 할 내용을 말한다.

3.3 공학적 통제

안전시설물 설치, 방호장치 설치 등 기술적인 방법을 동원하여 유해·위험요인와 작업자 를 격리하는 것을 말한다.

※ 예시 : 추락 위험시역 안전난간 설치, 접지 및 누전차단기 설치, 회전체 덮개 설치 등

3.4 행정적 통제

관리적 수단 등을 통해 유해·위험요인을 통제하는 것을 말한다.

※ 예시 : 안전보건경영시스템의 제·개정, 안전교육 실시, 작업계획서 작성, 순회점검 및 조치, 신호수 배치, 표지판 설치, 작업허가제 등

4. 책임과 권한

4.1 대표이사

가. 의견청취절차의 마련 및 제·개정
나. 관계자 등에게 권한의 부여
다. 현장소장의 의견청취절차 이행상태 점검
라. 개선에 따른 자원의 제공
마. 관계자의 지도 감독

4.2 본사 안전보건담당자

가. 대표이사의 권한대행 및 보좌
나. 현장소장의 이행상태 점검(반기 1회 이상) 및 대표이사 보고
다. 현장관계자에 대한 권고, 지도, 조언
라. "종사자 의견청취 절차서" 제·개정 실무

4.3 현장소장

가. 의견청취 절차의 성실한 이행
나. 자유로운 의견 제시의 문화환경 조성
다. 본사 안전보건담당자의 권고, 지도, 조언 및 점검에 대한 협조
라. 종사자 등에 대한 현장정보 공개
마. 실효성 검증, 채택 및 개선방안의 확정

4.4 안전보건관리자(안전보건담당자)

가. 의견청취절차 등에 관한 실무수행

나. 의견청취 내용에 관한 취합, 검토, 회의 상정

다. 정보의 제공 및 공유

라. 채택된 의견에 대한 개선방안 마련 및 예산집행

라. 의견청취에 관한 기록의 유지 및 보존

마. 현장소장 보좌 및 관리감독자에 대한 지도·조언

4.5 관리감독자

가. 의견청취 내용에 대한 실효성 검증 및 보고·통보

나. 채택 의견에 대한 개선방안의 성실한 이행

다. 현장소장 보좌 및 안전보건관리자의 지도, 조언에 대한 협조

4.6 근로자 등 종사사

가. 유해·위험요인에 대한 의견 및 개선방안 제시

나. 안전보건 활동에 대한 적극 참여

다. 개선방안의 이행

라 안전보건관계자 등의 권고, 지도, 조언에 대한 협조

5. 종사자의 의견청취 방법 및 내용

5.1 절차

① 정보공유 → ② 종사자의 의견청취 → ③ 실효성 검토 → ④ 반영 여부 판단 → ⑤ 개선방안 마련 → ⑥ 이행 → ⑦ 제안자 포상 → ⑧ 기록관리

5.2 정보공유

가. 정보공유 방법

1) 게시판 및 홈페이지 게시

2) 위험성평가, 안전보건협의체, 안전보건위원회 등 정기회의 시 제공

3) 안전보건교육 시 배포

4) 하도급 계약, 유무선, 전자우편, SNS 등

나. 정보의 종류

1) 안전보건경영방침 및 목표

2) 안전보건영영 시스템

3) 산업안전보건법 등 안전보건관련 법령

4) 유해·위험요인 종류 및 제거, 관리방안

5) 유해·위험물질 및 기계·기구에 대한 정보

6) 산업안전보건위원회, 안전보건에 관한 협의체, 노사협의체 의결사항

7) 산재 발생 원인조사 및 재발방지 대책

8) 차량계건설기계 작업계획서, 공종별 작업계획서 등 각종 계획서

9) 위험성평가 내용

10) 건설현장 특성(공사종류, 공사금액, 설계도서, 시방서, 계약조건 등) 및 현장의 안전보건 관련 제도

11) 기타 필요한 정보 등

5.3 의견청취 방법

현장소장은 해당 현장의 규모나 특수성을 고려하여 다음과 같은 방법 중 여러 가지의 방법을 선택하여 종사자 의견 청취 및 개선방안을 마련, 이행해야 한다.

다만, 다음과 같은 방법 중 "가", "나", "다"를 구성(종사자 위원 참여)·운영하여 종사자에 대한 의견을 청취·논의하고 심의·의결한 경우에는 해당 종사자의 의견을 들은 것으로 본다.

가. 산업안전보건법 제24조의 산업안전보건위원회(공사금액 120억 원(토목공사 150억 원) 이상인 건설현장만 해당, 종사자 위원 참여)

나. 산업안전보건법 제64조의 산업안전보건협의체(종사자 위원 반드시 참여)

다. 산업안전보건법 제75조의 노사협의체(공사금액 120억 원(토목공사 150억 원) 이상인 건설현장에서 자율적으로 구성 운영, 종사자 위원 참여)

라. 위험성 평가

마. 작업 전 안전미팅(TBM)

1) 작업시작 전 단시간(10~15분) 실시

2) 안전확보를 위한 세부 안전작업방법 등을 논의하고 결정

3) 안전작업방법은 가급적 전원이 합의한 작업방법으로 결정
4) 회의 종료 전 관리감독자는 기본 안전수칙 준수, 개인보호구 착용 등을 재강조
5) 이행결과 안전보건이 확보되고 효율적인 경우에는 공식 작업절차에 반영
6) 관리감독자는 주요 유해·위험요인을 공유하고 자유로운 토의를 유도

바. 현장 내 게시판, 신고함, 건의함
사. 회사 홈페이지, SNS(카카오톡, 밴드, BLIND 어플리케이션 등)
아. 현장소장, 관리감독자, 안전보건관리자 등에게 직접면담 인터뷰
자. 안전보건 제안 활동
차. 아차사고 발굴 활동
카. 안전보건교육, 행사 등

5.4 의견청취 내용

가. 해당 작업공정에 숨어있는 유해·위험요인 및 개선방안
나. 경험한 아차사고 및 재해사례
다. 불안전한 행동 및 상태
라. 유해·위험 기계 기구의 방호장치 결함 및 잘못 사용
마. 안전보건 관계 법령에 따른 의무이행 내용
바. 기타 안전보건 확보를 위한 유해·위험요인 및 개선방안 등

5.5 산업안전보건위원회 및 안전보건에 관한 협의체 회의 시 의견 논의·심의·의결

가. 현장소장은 산업안전보건법 제24조에 따른 산업안전보건위원회 및 같은법 제75조에 따른 안전 및 보건에 관한 협의체 회의 시 종사자에 대한 의견을 반드시 청취·논의하고 심의·의결·개선해야 한다.

나. 산업안전보건법 제64조 제1항 1호에 따른 원도급인과 하수급인을 구성원으로 하는 안전 및 보건에 관한 협의체 구성 시 반드시 종사자 위원을 포함하여 구성해야 하며, 운영 시에는 종사자에 대한 의견을 청취·논의하고 심의·의결·개선해야 한다.

다. 구체적인 절차와 방법, 서식 등은 "현장 안전보건업무 수행 절차서"를 참고한다.

라. 관리서식

1) 산업안전보건법 제24조의 산업안전보건위원회 회의록 : [별지 제3호 서식]

2) 산업안전보건법 제64조의 안전보건에 관한 협의체 회의록 : [별지 제4호 서식]

3) 산업안전보건법 제75조의 노사협의체 회의록 : [별지 제5호 서식]

6. 의견청취 내용에 대한 실효성 검토 및 반영 여부 판단

6.1 실효성 검토회의 참석자

가. 현장소장, 안전보건관리자, 관리감독자 등 사용자 위원

나. 근로자 대표 등 근로자 위원

다. 의견 제시 종사자

라. 협력업체 현장소장, 종사자 대표 등

6.2 검토 주기

안전보건협의체 회의, 안전보건위원회 등 정기회의 시 또는 의견청취 당일 실시간으로 검토한다.

6.3 검토 방식

가. 한 가지 의견에 대한 문제를 여러 사람이 자유로운 회의를 통하여 구상하는 “브레인스토밍”의 방법을 원칙으로 하되, 다른 방법을 혼용하여 검토할 수 있다.

나. 의견에 대해서 심각성, 긴급성, 타당성, 개선 가능성, 합리성, 경제성, 위험성 등을 고려하여 검토해야 하고, 과거 재해사례와 각종 자료 등을 활용할 수 있다.

6.4 반영 여부 판단

가. 현장소장이 현장의 특수성이나 위험도 등을 종합적으로 고려하여 “허용 불가위험”으로 판단할 경우나 회의 참가자 중 과반수 이상이 “재해예방을 위해 필요하다고 판단”하는 경우는 즉시 그 의견을 채택하여야 하고, 채택된 의견에 대해서는 신속하게 개선방안을 마련하여 이행해야 한다.

나. 의견 내용이 재해가 발생할 수 있는 급박하고 중대한 사항일 경우에는 즉시 작업을 중지하고 대피하는 등 필요한 조치를 하고, 개선이 완료될 때까지 출입을 제한해야 한다.

다. 채택된 의견에 대해서는 [별지 제1호 서식]의 의견청취 관리 대장을 작성하여 관리해야 한다.

7. 개선방안 마련 및 이행

7.1 개선방안 마련

가. 현장소장이 채택된 의견에 대한 개선방안 마련 시 유해·위험요인의 근본적인 제거와 대체 방법을 우선하여 적용하되, 제거와 대체 방법이 기술적으로 곤란할 경우는 공학적 통제와 행정적 통제, 개인보호구 지급 및 착용 등의 순서로 개선방안을 마련하여 이행해야 한다.

나. 개선방안 마련 시 근로자, 관리감독자, 안전보건관리자 등 종사자들의 충분한 의견을 들어야 하며, 안전보건 관련 법령, 재해사례, 전문가 의견, 각종 안전보건자료 등을 활용하여 개선방안을 마련해야 한다.

다. 동종 및 유사한 의견이 반복적으로 청취될 경우 근본적인 원인과 대책을 반드시 수립하여 개선해야 하고, 이를 위하여 산업안전보건공단, 건설안전기술사 등 외부 전문가의 도움을 받아 개선할 수 있다.

7.2 개선방안 이행

가. 현장소장은 개선방안이 마련되면 지체없이 이행하되, 현장 스스로 개선하기가 어렵다고 판단되는 경우는 대표이사에게 자원(안전보건관리비 예산, 인력, 시설 및 자비 등)의 추가지원을 요청하여 근원적인 개선조치가 확보될 수 있도록 조치하여야 한다.

나. 이행결과에 대해서 효과성 검증을 위한 확인점검을 이행하여야 하며, 효과성이 검증된 경우는 회사시공 전 현장에 전파되어 표준화가 될 수 있도록 본사 안전보건담당자에게 통보해야 한다.

8. 의견 채택자에 대한 인센티브

가. 일정 금품 상당의 포상, 유급휴가 부여, 인시고과 빈영 등 인센티브 제공

나. 1개월 단위 등 정기적으로 개선결과를 공개하여 채택자에 대한 사명감 및 동기부여

다. 의견 제시 등 안전보건 활동은 근무시간으로 인정

라. 비 채택자에 대해서는 불이익 처우 금지

9. 현장소장의 이행 여부 점검

9.1 점검주체 및 방법

가. 대표이사는 현장소장이 "종사자 의견청취절차서"에 따라 의견청취 내용과 개선방안 등을 이행하는지의 여부를 직접 방문하여 점검[별지 제2호 서식]하여야 한다. 다만, 경영상의 일정 등으로 점검할 수 없을 경우는 본사 안전보건담당자에게 위임하여 점검하게 할 수 있다.

나. 대표이사가 직접 점검하지 않는 경우는 점검이 끝난 후 지체없이 점검 결과를 보고 받아야 하고, 점검결과 미이행 시에는 동 절차서 9.3에 따른 적절한 조치를 해야 한다.

다. 점검의 실효성과 전문성의 확보를 위하여 건설안전기술사, 산업안전지도사, 건설재해예방 전문지도기관 등 안전보건전문가와 동행하여 실시할 수 있다.

9.2 점검내용

가. "종사자 의견청취절차서" 이행 여부

나. 안전보건위원회, 안전보건협의체, 노사협의체 회의 시 종사자 의견청취 논의 및 심의 의결 여부

다. 채택된 의견에 대한 개선방안 마련 및 이행 여부

라. 재해 발생 시 종사자가 해당 위험요인을 사전에 발굴하지 못한 이유

마. 재해 발생 시 종사자가 의견을 제시했음에도 불구하고 개선되지 못한 이유 등

바. 효과성 검증된 종사자의 의견 내용과 개선방안 등

9.3 미이행시의 조치

가. 대표이사는 현장소장이 "종사자 의견청취절차서"에 따라 의견청취 내용과 개선방안 등을 이행하지 않은 사실이 확인되는 경우는 그 이행의 지시와 충분한 개선기간, 자원(인력의 추가배치, 예산 추가편성, 시설지원, 기타) 등을 제공하여 실효성 있는 개선이 이루어지도록 하여야 한다.

나. 현장소장은 미이행 사항에 대한 개선 결과에 대해서는 개선 즉시 대표이사에게 보고해야 하고, 보고받은 대표이사는 개선의 적절성 등을 확인하여 필요한 조치를 하여야 한다.

9.4 점검주기

대표이사는 반기 1회(상반기 : 1.1～6.30까지, 하반기 : 7.1～12.31까지) 이상 반드시 점검하여야 하며, 필요하다고 판단 시 수시로 점검할 수 있다.

10. 평가 및 개선활동

10.1 관리항목

대표이사는 다음과 같은 관리항목에 대해서 지속적으로 개선이 이루어질 수 있도록 "시스템 평가 및 개선 절차서"에 의거 매년 반영하여 필요한 조치를 이행해야 한다.

가. 종사자의 의견청취 절차를 이행하고 있는지의 여부와 지속 반복적으로 이행하고 있지 않은 경우 그 원인 및 개선방안

나. 재해 발생 시 종사자가 해당 위험요인을 사전에 발굴하였는지의 여부와 발굴하지 못했다면 그 원인 및 개선방안

10.2 외주 계약업체 안내

본사 외주 하수급 계약 부서장은 "종사자 의견청취 절차서"의 내용을 계약 상대방에게 알려주어(계약 시) 건설현장의 유해·위험요인에 대한 종사자의 자유로운 의견 제시와 개선문화 환경 조성을 위하여 노력하여야 한다.

11. 문서 및 기록보관

업무수행 문서 및 기록에 관하여 5년간 보관한다.

12. 관련 시스템

가. [4] 유해·위험요인 확인 및 개선 절차서

나. [6] 예산편성 및 집행 절차서

다. [11] 적격 하수급인 관리 절차서

라. [13] 안전보건 관계 법령 등 이행관리 절차서

마. [14] 현장 안전보건업무 수행 절차서

바. [15] 시스템 평가 및 개선 절차서

별지 제1호 서식 의견청취 관리 대장

번호	의견 제시자	제시 일자	제시 방법	의견 내용	채택 여부	개선 방안	개선 일자	비고

별지 제2호 서식 의견청취 이행 점검표

<table>
<tr><td>현장명</td><td colspan="2"></td><td>현장소장</td><td colspan="2">(서명)</td></tr>
<tr><td colspan="6"></td></tr>
<tr><td>항목</td><td colspan="2">점검내용</td><td>여부</td><td>미 이행시 원인</td><td>개선방안</td></tr>
<tr><td>절차서</td><td colspan="2">“종사자 의견청취 절차서” 이행상태</td><td></td><td></td><td></td></tr>
<tr><td>법24조의 안전보건위원회</td><td colspan="2">위원회 회의 시 안전보건에 관한 종사자 의견청취 논의, 심의 의결 여부</td><td></td><td></td><td></td></tr>
<tr><td>법64조의 안전보건에 관한 협의체</td><td colspan="2">협의체 회의 시 종사자 위원 참석 및 안전보건에 관한 종사자 의견청취 논의, 심의 의결 여부</td><td></td><td></td><td></td></tr>
<tr><td>법75조의 안전보건에 관한 노사 협의체</td><td colspan="2">협의체 회의 시 안전보건에 관한 종사자 의견청취 논의, 심의 의결 여부
※노사협의체를 구성·운영하는 경우에는 산업안전보건위원회 및 제64조에 따른 안전 및 보건에 관한 협의체를 각각 구성·운영하는 것으로 인정</td><td></td><td></td><td></td></tr>
<tr><td rowspan="2">채택된 의견에 대한</td><td colspan="2">개선방안 마련 여부</td><td></td><td></td><td></td></tr>
<tr><td colspan="2">개선방안 이행 여부</td><td></td><td></td><td></td></tr>
<tr><td rowspan="2">재해 발생하였을 경우</td><td colspan="2">종사자가 해당 위험요인을 사전에 발굴하지 못한 원인 및 개선방안</td><td colspan="3"></td></tr>
<tr><td colspan="2">의견을 제시했음에도 개선되지 못한 원인 및 개선방안</td><td colspan="3"></td></tr>
<tr><td rowspan="2">효과성 검증된 의견에 대한</td><td colspan="2">종사자의 의견 내용</td><td colspan="3"></td></tr>
<tr><td colspan="2">개선방안</td><td colspan="3"></td></tr>
<tr><td>기타</td><td colspan="2"></td><td colspan="3"></td></tr>
<tr><td colspan="6"></td></tr>
<tr><td>점검일자</td><td></td><td>점검자</td><td colspan="3">(서명)</td></tr>
</table>

별지 제3호 서식 산업안전보건위원회 회의록

<table>
<tr><td colspan="7">202 년 /4 분기 산업안전보건위원회 회의록</td></tr>
<tr><td>회의종류</td><td>정기 / 임시</td><td>회의일시</td><td colspan="2"></td><td>회의장소</td><td></td></tr>
<tr><td rowspan="10">참석위원</td><td colspan="3">사용자 위원</td><td colspan="3">근로자 위원(종사자 포함)</td></tr>
<tr><td>구분</td><td>성명</td><td>서명</td><td>구분</td><td>성명</td><td>서명</td></tr>
<tr><td>위원장</td><td></td><td></td><td>근로자 대표</td><td></td><td></td></tr>
<tr><td>안전보건관리자</td><td></td><td></td><td>명예산업안전감독관</td><td></td><td></td></tr>
<tr><td>위원</td><td></td><td></td><td>위원</td><td></td><td></td></tr>
<tr><td>위원</td><td></td><td></td><td>위원</td><td></td><td></td></tr>
<tr><td>위원</td><td></td><td></td><td>위원</td><td></td><td></td></tr>
<tr><td>위원</td><td></td><td></td><td>위원</td><td></td><td></td></tr>
<tr><td>위원</td><td></td><td></td><td>위원</td><td></td><td></td></tr>
<tr><td>위원</td><td></td><td></td><td>위원</td><td></td><td></td></tr>
<tr><td></td><td>위원</td><td></td><td></td><td>위원</td><td></td><td></td></tr>
<tr><td>논의·심의·
의결사항</td><td colspan="6"></td></tr>
<tr><td>종사자
의견청취 내용</td><td colspan="6"></td></tr>
<tr><td>기타</td><td colspan="6"></td></tr>
<tr><td>사진</td><td colspan="6"></td></tr>
</table>

별지 제4호 서식 안전보건협의체 회의록

<table>
<tr><td colspan="8">202 년 월 협의체 회의록</td></tr>
<tr><td>회의 일자</td><td colspan="7"></td></tr>
<tr><td>회의 장소</td><td colspan="7"></td></tr>
<tr><td>회의 안건</td><td colspan="7"></td></tr>
<tr><td>종사자 의견청취 내용</td><td colspan="7"></td></tr>
<tr><td>논의·심의·의결사항</td><td colspan="7"></td></tr>
<tr><td rowspan="7">참석자</td><td colspan="2">종사자</td><td colspan="2">원도급인(소장포함)</td><td colspan="3">하수급인 현장소장</td></tr>
<tr><td>성명</td><td>성명</td><td>성명</td><td>성명</td><td>업체명</td><td>성명</td><td>서명</td></tr>
<tr><td></td><td></td><td></td><td></td><td></td><td></td><td></td></tr>
<tr><td></td><td></td><td></td><td></td><td></td><td></td><td></td></tr>
<tr><td></td><td></td><td></td><td></td><td></td><td></td><td></td></tr>
<tr><td></td><td></td><td></td><td></td><td></td><td></td><td></td></tr>
<tr><td></td><td></td><td></td><td></td><td></td><td></td><td></td></tr>
<tr><td>회의 사진 등</td><td colspan="7"></td></tr>
</table>

별지 제5호 서식 노사협의체 회의록

<table>
<tr><td colspan="7">202 년 월 노사협의체 회의록</td></tr>
<tr><td>회의종류</td><td></td><td>회의일시</td><td colspan="2"></td><td>회의장소</td><td></td></tr>
<tr><td rowspan="13">참석위원</td><td colspan="3">사용자 위원</td><td colspan="3">근로자 위원(종사자 포함)</td></tr>
<tr><td>구분</td><td>성명</td><td>성명</td><td>구분</td><td>성명</td><td>서명</td></tr>
<tr><td>위원장
(전체의 현장소장)</td><td></td><td></td><td>근로자 대표
(원, 하청 전체)</td><td></td><td></td></tr>
<tr><td>안전보건관리자</td><td></td><td></td><td>명예산업안전감독관</td><td></td><td></td></tr>
<tr><td colspan="3">하수급인의 공종별 현장소장</td><td colspan="3">하수급인의 공종별 근로자 대표</td></tr>
<tr><td>공종명</td><td>성명</td><td>서명</td><td>공종명</td><td>성명</td><td>서명</td></tr>
<tr><td></td><td></td><td></td><td></td><td></td><td></td></tr>
<tr><td></td><td></td><td></td><td></td><td></td><td></td></tr>
<tr><td></td><td></td><td></td><td></td><td></td><td></td></tr>
<tr><td></td><td></td><td></td><td></td><td></td><td></td></tr>
<tr><td></td><td></td><td></td><td></td><td></td><td></td></tr>
<tr><td>논의·
심의·
의결사항</td><td colspan="6"></td></tr>
<tr><td>종사자
의견청취 내용</td><td colspan="6"></td></tr>
<tr><td>기타</td><td colspan="6"></td></tr>
<tr><td>사진</td><td colspan="6"></td></tr>
</table>

비상사태 대비 대응 절차서

■ 관리본(CONTROLLED)

□ 비관리본(UNCONTROLLED)

◈ 업종 분야 : 건설업

㈜ ○○건설

목차

1. 목적

본 절차는 회사 본사 및 모든 건설 현장에서 중대산업재해가 발생하거나 발생할 급박한 위험이 있을 경우를 대비하여 체계적인 대응을 위한 행동요령 체계를 구축하고 준비된 시나리오와 절차에 따라 신속하게 대응함으로써, 인명 피해 등 중대산업재해로 인한 직·간접 손실을 최소화하는 데 그 목적을 둔다.

2. 적용범위

본 절차서는 본사 및 회사에서 시공하는 전 건설현장에 적용한다.

3. 용어의 정의

3.1 중대재해

가. 사망자가 1명 이상 발생한 재해
나. 3개월 이상의 요양이 필요한 부상자가 동시에 2명 이상 발생한 재해
다. 부상자 또는 직업성 질병자가 동시에 10명 이상 발생한 재해

3.2 중대산업재해

가. 사망자가 1명 이상 발생
나. 동일한 사고로 6개월 이상 치료가 필요한 부상자가 2명 이상 발생
다. 동일한 유해 요인으로 급성중독 등 대통령령으로 정하는 직업성 질병자가 1년 이내에 3명 이상 발생

3.3 급박한 위험

가. 건설현장에서 사고 발생 시 중대재해 및 중대산업재해로 이어질 수 있는 추락, 낙하·비래, 화재·폭발, 토사 및 구축물의 붕괴, 전도, 감전, 충돌·협착, 질식, 화학물질 누출, 발파 등으로 인하여 인적, 물적 피해 등의 손실이 크게 예상되는 상황
나. 자연의 계절변화 등에 따른 해빙기의 붕괴위험, 장마철 풍수해로 인한 침수위험, 동절기

폭설에 의한 붕괴위험, 지진발생 위험 등으로 인적, 물적 피해 등의 손실이 크게 예상되는 상황

3.4 비상사태

가. 중대재해와 중대산업재해가 발생한 때
나. 급박한 위험이 예상되는 상황

4. 책임과 권한

4.1 대표이사

가. 비상사태 대비 및 대응절차서 제·개정 및 계획의 승인
나. 비상사태 발생 시 대응 및 조치
다. 비상사태 발생 시 대응을 위한 인력 및 예산 지원
라. 현장 비상사태 절차의 이행상태 점검 및 조치
마. 권한의 위임 및 관리·감독

4.2 본사 안전보건담당자

가. 대표이사 보좌 및 현장관계자 지도 조언
나. 비상사태 대응 계획수립 및 실시
다. 관련 유관기관과의 비상연락망 구성 및 관리
라. 비상사태 진압을 위한 인력 및 시설의 지원
마. 비상사태 대응 계획 확인 및 지원
바. 현장 이행상태 확인 및 보고

4.3 현장소장

가. “비상사태 대비 대응 절차서”의 성실한 이행
나. 작업 중지, 근로자 대피, 위험요인 제거 등 대응조치 및 통제
다. 중대산업재해 피해 종사자 구호조치

라. 추가 피해방지를 위한 대책 강구 및 이행
마. 현장 비상사태 모의훈련 계획수립 및 실시
바. 비상사태 발생 시 본사 및 유관기관(고용노동부, 인·허가기관, 국토안전관리원, 경찰서 등) 기한 내 보고
사. 비상사태 수습 및 진압 총괄 지휘

4.4 안전보건관리자(안전보건담당자)

가. 현장소장 보좌 및 관리감독자, 종사자에 대한 지도·조언
나. 비상사태 모의훈련 계획수립 및 실시 실무
다. 모의훈련 결과 문제점 및 개선대책 강구
라. 비상사태 진압을 위한 인력 시설의 준비 및 관리
미. 비상사태 대응조직에서 정한 역할수행
바. 추가 피해방지를 위한 대책강구

4.5 관리감독자

가. 작업 중지, 근로자 대피, 119 신고, 위험요인 제거 등 대응조치 실행
나. 비상사태 피해 종사자 구호조치 실행
다. 추가 피해방지를 위한 조치 실행
라. 비상사태 대응조직에서 정한 역할수행
마. 비상사태대응 모의훈련 및 교육 참가
바. 증거자료의 확보

4.6 협력업체 소장

가. 작업 중지, 근로자 대피, 119 신고
나. 비상사태 피해 종사자 구호조치 실행
다. 추가 피해방지를 위한 조치 실행
라. 위험요인 제거 등 대응조치 실행
마. 비상사태대응 모의훈련 및 교육 참가
바. 비상사태 발생 시 업무분장에 따른 임무 수행

4.7 근로자 등 종사자

가. 작업 중지, 신속한 대피, 119 신고
나. 비상사태대응 모의훈련 및 교육 참가
다. 비상사태 피해 종사자 구호조치 실행
라. 사고조사 협조 및 원인 대책 건의
마. 유해·위험요인에 대한 의견 개진
바. 현장 관계자 등에 대한 성실한 협조

5. 조직구성 및 구성원 역할

5.1 현장 비상연락망 체계

감리단	

발주처	

현장책임자 비상연락망	

지자체 재난관련 담당과	

(주)00건설

00000 건설공사

현장사무실

00-0000-0000

경찰서	

해당 지방고용노동청	

소방서	

한국산업안전보건공단	

산재 지정병원	

유관기관	

㈜00건설(주) 본사	
대표이사	
본사 안전담당부서	
공사담당 부서	

유관기관(동사무소, 읍사무소)	

협력업체	

5.2 현장 비상사태 대응 조직

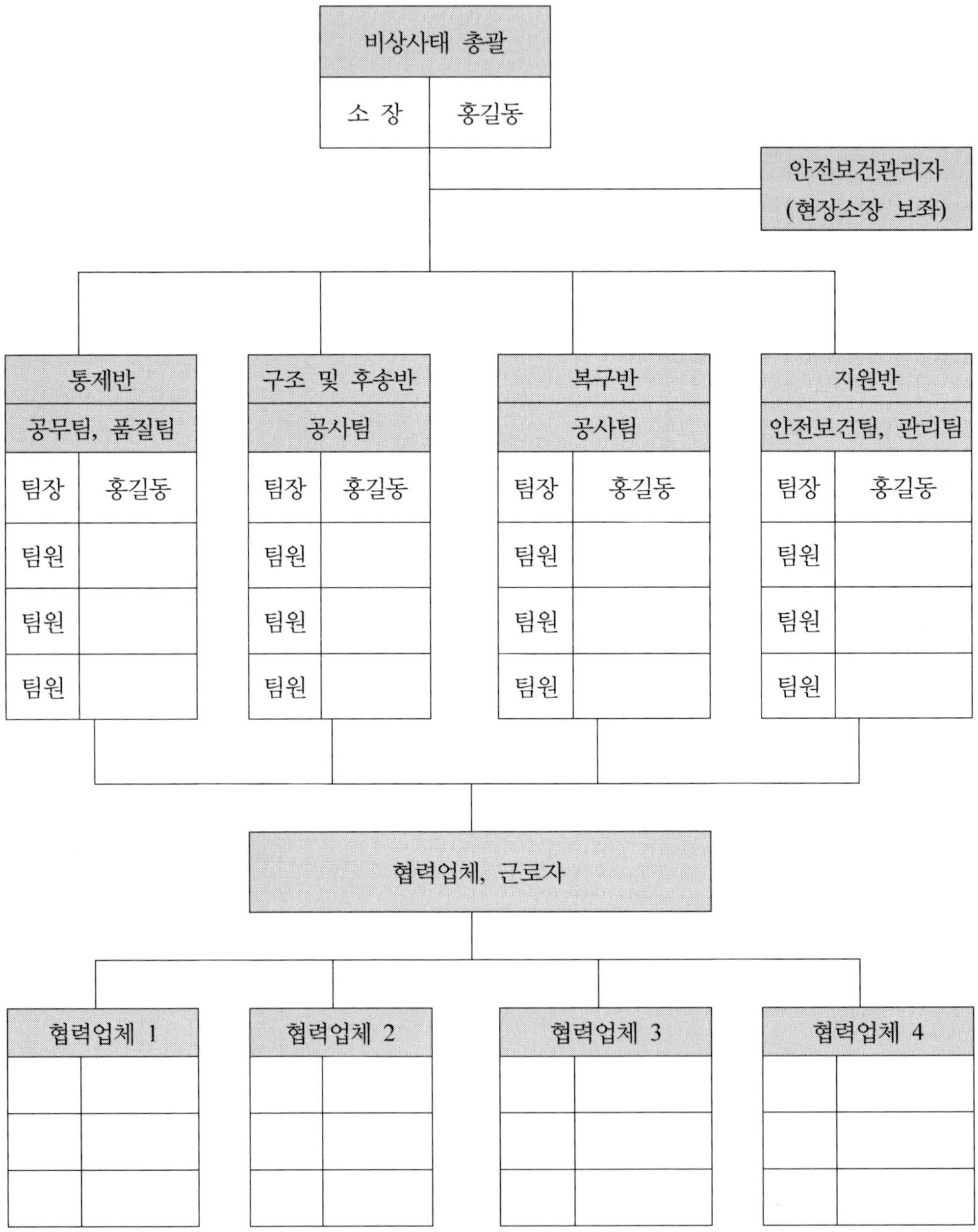

5.3 대응 조직별 구성원 역할

5.3.1 통제반(공무팀, 품질팀)

가. 재해상황 파악 및 비상연락망 관련 기관에 통보

나. 전 종사자에게 방송시설, 무전기, 핸드폰 등을 이용한 전파 및 공유

다. 작업중지 및 근로자 대피에 대한 지원

라. 기타 현장소장이 지정한 업무

5.3.2 구조, 후송, 복구반(공사팀)

가. 작업 중지

나. 근로자 대피

다. 119 및 지정병원 신고 및 후송

라. 2차 재해 예방조치(출입통제, 신호수 배치 등) 및 현장 보존

마. 재해자에 대한 구호조치(의식 유무 확인, 심폐소생, 지혈, 보온조치, 구조 등)

바. 추가 피해방지를 위한 조치(원인조사 및 대책강구, 공유 등)

사. 안전보건 관계기관 관계자에 대한 대응

아. CCTV, 사진 및 동영상 촬영 등 증거자료 확보

자. 기타 현장소장이 지정한 업무

5.3.3 지원반(안전보건팀, 관리팀)

가. 작업중지 및 근로자 대피에 대한 지원

나. 인력 및 장비지원 등 공사팀에 대한 행정지원

다. 안전한 장소 지정 및 대피 지원

라. 위험요인 제거에 대한 지도 조언

마. 추가 피해방지를 위한 조치내용 협조

바. 고용노동부 및 대표이사 보고

사. 재해 원인조사 및 재발방지 대책 수립

아. 복구에 필요한 인력 및 장비의 확보

자. 피해자 가족에 대한 연락 및 합의

차. 기타 현장소장이 지정한 업무

6. 비상사태 발생 시의 조치

6.1 대응 프로세스

① 작업중지 → ② 근로자 등 종사자 대피 및 구호조치 → ③ 위험요인의 제거 → ④ 추가 피해방지를 위한 조치(원인 및 대책수립, 공유) → ⑤ 합의 및 전파교육

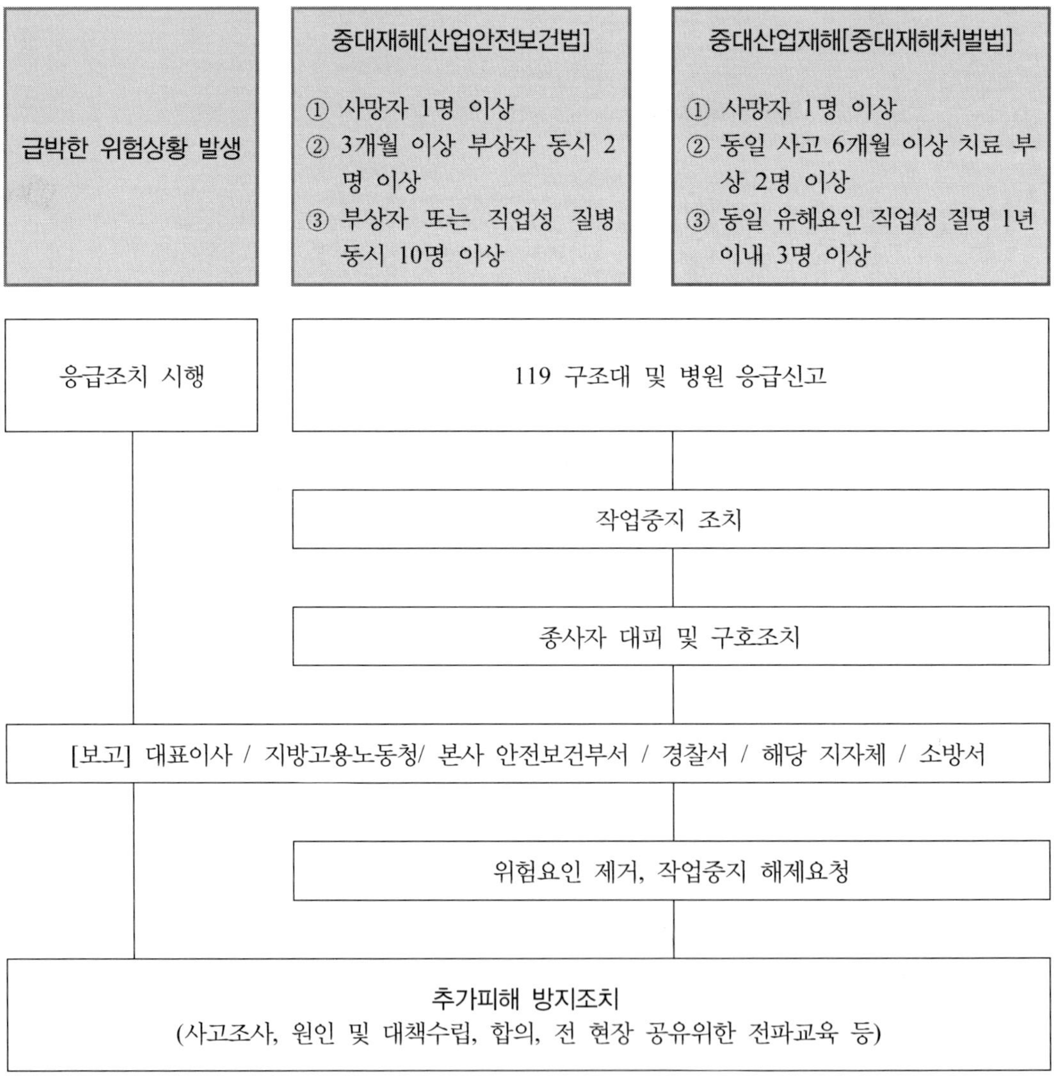

6.2 작업 중지

6.2.1 작업 중지 사유

현장소장 등은 다음과 같은 작업 중지 사유 발생 시 즉각적으로 작업을 중지시키고 종사자가 안전한 장소로 대피가 이루어질 수 있도록 조치해야 한다.

가. 중대재해 및 중대산업재해 발생 시

나. 재해가 발생할 급박한 위험상황 발생 시

다. 근로자 등 종사자에 의한 작업 중지 요청 시

라. 기타 작업 중지할만한 사유 발생 시

6.2.2 작업중지권 행사 자격

가. 현장소장

나. 안전보건관리자

다. 관리감독사

라. 근로자 등 종사자

마. 국가행정기관, 지방자치단체, 발주자 등 행정기관

바. 감리자

6.2.3 작업중지 방법

현장소장 등 관계자는 작업 중지 사유 발생 시 즉시 작업을 중지하고, 작업중지 사실을 전 종사자들이 알 수 있도록 안내방송, 카톡이나 문자, 경보싸이렌, 핸드폰, 무전기, 확성기, 기타의 방법 등으로 신속하게 알려야 한다.

6.2.4 종사자의 작업중지권 행사

가. 현장소장, 관리감독자, 안전보건관리자 등은 근로자 등 종사자에 의한 작업중지 또는 작업중지의 요청을 보고받은 경우, 해당 장소에 산업재해가 발생할 급박한 위험이 있는지의 여부를 신속히 확인하여 중지의 지속 여부를 결정하는 등 안전보건에 관한 필요한 조치를 해야 한다.

나. 대표이사 및 현장소장 등은 작업중지권을 행사한 종사자나 작업을 중지하고 대피한 근로자 등 종사자에 대하여 작업 중지 사유의 합리적인 근거가 있나고 판난되는 경우, 해당 종사자를 상대로 해고나 그 밖의 불리한 처우를 해서는 안 되며, 작업중지권의 행사

나 유해·위험요인의 의견 등을 적극적으로 개진한 종사자에 대해서는 정기적인 포상 등 인센티브를 제공하여 동기를 부여해야 한다.

6.2.5 작업 중지 후 현장관리

가. 현장소장은 작업중지 사유 발생 시 지체없이 종사자 대피, 구호조치, 위험요인의 제거(대체, 공학적 행정적 통제, 보호구 착용 등), 추가 피해방지조치 등 이에 필요한 조치를 신속하게 수행해야 한다.

나. 현장소장은 작업 중지 사유가 소멸될 때까지 작업하지 않도록 관련 협력업체, 종사자 등 모든 관계자들에게 알려야 하고, 반드시 작업 중지 사유가 소멸된 후 작업을 개시하도록 하여야 한다.

나. 현장소장은 2차 재해를 예방하기 위하여 해당 위험장소에 출입할 수 없도록 신호수를 배치하고, 출입금지 방지책(휀스, 안전난간, 로프, 출입금지용 경고표지판 등) 등 안전시설물을 설치하여 추가적인 재해를 예방해야 한다.

6.3 근로자 등 종사자 대피

가. 현장소장은 비상사태 발생 시 종사자의 추가피해를 예방하기 위하여 안내방송이나 확성기, 수신호, 핸드폰, 비상연락체계, 기타의 방법 등을 이용하여 사전 지정된 안전한 장소에 신속하게 대피하도록 조치해야 한다.

나. 산업안전보건법 제54조의 중대재해가 발생하여 해당 작업을 중지시키고 근로자를 안전한 장소에 대피시킨 때에는 지체없이 발생개요, 피해상황, 조치 및 전망 등을 관할 지방고용노동관서와 발주처 및 대표이사에게 신속하게 보고해야 한다.

6.4 중대산업재해를 입은 사람에 대한 구호조치

가. 현장소장 등은 중대산업재해 피재자 발생 시 즉시 119 구조대에 신고하고, 피재자에 대한 의식상태 확인, 호흡 정지 여부 확인 및 심폐소생술 실시, 지혈, 보온조치, 골절 시 부목고정, 전원 차단, 질식 시 공기호흡기 착용 후 구조, 출입통제 등의 적절한 구호조치를 취해야 하며, 동 절차서 대응 시나리오와 모의훈련 경험에 따라 차분하고 신속하게 대응해야 한다.

나. 현장소장은 건축물의 붕괴 등으로 인한 추가 피해가 예상되는 경우는 직접적인 구호조

치의 이행을 보류하고 출입통제 등 필요한 조치를 해야 하며, 추가 피해가 예상되지 않음을 확인한 후에 추가적인 구호조치를 하여야 한다.

6.5 위험요인의 제거

가. 위험요인의 제거는 근본적인 제거와 대체를 원칙으로 하되, 불가피할 경우에는 공학적 통제와 행정적 통제, 개인보호구 지급 및 착용 순서로 조치할 수 있다. 유해·위험요인의 제거방법에 대한 구체적인 수행방법은 "유해·위험요인 확인 및 개선 절차서"에 따른다.

나. 현장소장은 위험요인의 제거 후 추가적인 피해를 초래하지 않는 경우에만 작업이 진행되도록 하여야 한다.

6.6 추가 피해 방지를 위한 조치

6.6.1 현장 출입통제

가. 현장소장은 비상사태 발생 장소나 2차 재해가 발생할 위험장소, 급박한 위험이 있는 장소 등에 종사자 등이 출입을 할 수 없도록 출입금지방지책(휀스, 안전난간, 로프 등) 및 출입금지용 경고표지판 등 안전시설물을 설치해야 한다.

나. 현장소장은 안전시설물 설치와 별도로 안전한 장소에 신호수를 배치하여 비상사태의 추이 관찰과 이에 대한 보고, 종사자들의 위험장소 접근통제 등 비상업무를 수행할 수 있도록 조치해야 한다.

6.6.2 비상사태 사실의 공유

가. 현장소장은 비상사태 발생 시 비상사태의 개요, 피해상황, 발생원인 및 대책 등을 SNS(단톡, 밴드, 문자, 홈페이지, 블러그 등), 안내방송, 핸드폰, 무전기 등 통신시설을 이용하여 모든 종사자 등에게 충분히 알리고 공유해야 한다.

나. 필요하다고 판단 시 종사자 이외의 인근 주민이나 대중에게도 알려 공유해야 한다.

6.6.3 작업 중지상태 유지

가. 작업중지 상태는 고용노동청의 작업중지 해지명령 또는 추가 피해방지를 위한 조치가 완료되기 전까지 유지되어야 한다.

나. 작업 중시 상태에서는 어떠한 작업이나 기계기구의 사용을 해서는 안 된다.

6.6.4 발생 원인분석 및 대책 수립

가. 현장소장은 안전보건경영시스템의 “재해 재발방지절차서”에 따라 정확하고 객관적으로 원인분석 및 대책을 수립하여 이행해야 하고 재발방지를 위해 안전교육, 협의체 회의, 위험성평가, 합동점검, TBM 등을 통해 동종 및 유사재해를 예방하여야 한다.

나. 대표이사는 동종 및 유사한 재해가 재발하지 않도록 “재해 재발방지절차서”에 따라 회사시공 전 현장에 전파 교육하여야 한다.

7. 비상사태 대비 모의훈련 실시

7.1 모의훈련 계획수립

현장소장은 “비상사태 대비 대응 절차서”의 내용(8. 급박한 위험의 종류 등 포함)과 해당 현장의 특수성과 위험성 등을 추가 반영하여 모의훈련 계획을 수립하고 시행해야 한다.

7.2 실시주기 및 방법

현장소장은 비상사태에 체계적으로 대응할 수 있도록 종사자 전원에게 “비상사태 대비 대응 절차서”에서 정한 절차와 방법 및 자체 수립한 계획에 따라 반기(상반기 : 1.1～6.30까지, 하반기 : 7.1～12.31까지) 1회 이상 주기적으로 모의훈련을 실시하고 실시결과서[별지 제1호 서식]를 작성하여 현장에 보관해야 한다.

7.3 참석대상

모의훈련 참석대상은 원, 하수급인 모든 근로자, 특수형태근로자 등 모든 종사자를 대상으로 실시해야 하고, 누락 인원이 발생하지 않도록 실시 1주일 이전에 모든 종사자에게 알려줘야 한다.

7.4 모니터링

현장소장은 모의훈련 실시결과 훈련과정에서 발견된 문제점 발견 시 이에 대한 해결방안을 강구하여 차기 훈련계획에 반영·개선해야 한다.

7.5 실시결과의 보고

현장소장은 모의훈련 실시결과를 실시일로부터 일주일 이내에 대표이사에게 보고해야 한다. 다만 대표이사가 반기(상반기 : 1.1～6.30까지, 하반기 : 7.1～12.31까지) 1회 이상 점검과정에서 제출하는 경우는 보고하지 않을 수 있다.

8. 급박한 위험의 종류

8.1 추락

높이 2m이상 장소에서 작업발판, 안전난간, 추락방호망 미설치 및 안전대 미착용 등으로 추락 위험의 경우

8.2 낙하·비래

낙하물방지망, 방호선반, 수직보호망 등 안전시설물 미설치, 양중기 인양방법 불량으로 인한 중량물이 사람에게 떨어지거나 날아오는 위험의 경우

8.3 화재·폭발

가연성·인화성 물질 취급장소에서 화기작업으로 인한 화재·폭발 위험의 경우

8.4 붕괴

가. 구축물의 붕괴 : 비계, 거푸집, 동바리 등 가시설물 설치 부적합, 불량자재 사용, 구조검토 및 조립도 미작성, 타설시 구조물 거동발생, 해체건축물 붕괴 등으로 무너질 위험의 경우

나. 토사 붕괴 : 흙막이 가시설 등의 시공불량, 변형, 계측관리 불량, 안전경사각 미준수 굴착, 구조검토 미실시 등으로 무너질 위험의 경우

8.5 전도

통로나 작업장 주변에 정리정돈 등을 실시하지 않아 걸려 넘어짐 위험의 경우

8.6 감전

전선 피복노출, 접지 및 누전차단기 미설치로 인한 전기 접촉 위험의 경우

8.7 충돌·협착

건설기계, 하역운반기계, 양중기 등 방호장치 미작동, 작업계획서 미작성, 교육 불충분으로 인한 건설기계에 부딪히거나 끼임 위험의 경우

8.8 질식

밀폐공간 작업 전 산소농도 미측정, 환기 불충분으로 질식 위험의 경우

8.9 화학물질 누출

유해·위험 화학물질 취급 설비의 고장, 변형으로 화학물질의 누출 위험이 있는 경우

8.9 기타

발파작업이나 지진발생, 해빙기 붕괴, 장마철 풍수해로 인한 침수, 동절기 폭설에 의한 붕괴 위험 등이 있는 경우

9. 급박한 위험별 대응 시나리오

9.1 추락

구분	위험요인 예방 조치
비상상황 사전 대비	- 교육·주의 등 비재정적인 방법을 포함하여 가능한 방법을 선택적으로 활용하여 합리적으로 요구되는 수준으로 관리. - 설계·시공 시 작업 발판 설치, 개구부 최소화, 작업계획 수립단계에서 위험성평가 실시를 통한 추락위험 장소의 최소화, 제거, 대체, 통제 - 추락 위험장소에 안전난간, 덮개, 추락방호망(Safety net) 등 추락방지 설비를 설치, 시스템 비계 활용 - 작업 전 관리감독자의 안전대 부착 설비와 추락방호망 점검 및 작업자들의 안전대 착용 지시, 추락 위험 표지판 설치 - 개인보호구 : 모든 작업자는 언제나 안전모·안전대 등 보호구 착용

구분	비상 상황 진행 단계	세부 조치 사항
비상상황 발생 대응 시나리오	추락 비상 상황 발생 →	• 비상상황 인지 - 작업자 추락 확인, 사내방송 또는 비상경보로 비상상황을 전파하고 지원요청 - 작업자가 고소에서 추락 중 안전대에 매달려 있거나 방망에 걸쳐있는지 확인
	⬇ 작업 중지 및 대피, 상황 전파 →	• 작업 중지 및 대피 지시, 상황 전파(장소, 피해 상황) • 119 신고 : 추락사고 발생했으며, 외상 임시치료 및 심폐소생술 등 응급조치 시행했습니다. 등 • 중대재해 / 중대산업재해 시 지방고용노동청, 대표이사 등 유관기관 신고
	⬇ 2차 사고 예방 조치 주변 안전 확보 →	• 추가 추락 혹은 추락방지시설의 붕괴 우려 시 출입금지, 통제표지판 설치, 신호수 배치 등 2차 재해 예방 조치
	⬇ 피해자 구조 및 응급조치 →	• 구조 : 구조장비(이동식 크레인, 고소작업대 등) 투입, 신속한 구조 • 피해자의 상태에 따라 상응하는 응급조치 : 호흡정지 여부 확인, 심폐소생술, 지혈, 기도 및 안정 유지, 담요 등 보온조치, 골절 시 부목 고정
	⬇ 피해자 후송 외부기관 연계 →	• 외부구조기관(119) 피해자 인계 및 후송 : 사고자 상황 설명 • 재해자 가족에게 연락
	⬇ 현장 보존 →	• 작업장 통제(출입금지 조치) • 공식적인 사고조사가 시작되기 전까지 현장이 훼손되지 않도록 보존조치 • CCTV 확보, 사진 촬영 등을 통하여 증거 보존
	⬇ 위험요인 제거 및 추가피해 방지조치 →	• 지방고용노동청, 안전보건공단, 경찰 등 유관 조사 기관 적극 협조 • 사고조사 TFT 구성 및 원인분석 및 재발방지 대책 수립 • 위험성 평가 반영, 근로자 교육, 현장 안전보건 활동 수평 전개 • 타 현장 사고사례 전파 공유

9.2 낙하/비래

구분	위험요인 예방 조치	
비상 상황 사전 대비	- 교육·주의 등 비재정적인 방법을 포함하여 가능한 방법을 선택적으로 활용하여 합리적으로 요구되는 수준으로 관리. - 설계·시공 시 낙하위험 최소화, 작업계획 수립단계에서 위험성평가 실시를 통한 낙하위험 장소 최소화, 제거, 대체, 통제 - 낙하 위험장소에 낙하물방지망, 방호선반, 수직보호망, 낙하위험지역 출입금지 방지책 설치 등 낙하방지 설비를 설치 - 작업 전 관리감독자의 낙하방지시설 점검 및 작업자들의 안전모 착용 지시, 낙하위험 표지판 설치, 낙하위험지역 감시인 배치 - 개인보호구 : 모든 작업자는 언제나 안전모·안전대 등 보호구 착용	
	비상 상황 진행 단계	**세부 조치 사항**
비상 상황 발생 대응 시나리오	낙하/비래 비상 상황 발생 →	• 비상상황 인지 - 낙하·비래 피해 작업자 상태 확인 - 사내방송 또는 비상경보로 비상상황을 전파하고 지원요청 - 단순 낙하물에 의한 부딪힘인지 중량물에 깔린 상태 인지 확인
	⬇ 작업 중지 및 대피 상황 전파 →	• 작업중지 및 대피 지시, 상황 전파(장소, 피해 상황) • 119 신고 / 대표이사 보고 • 중대재해 / 중대산업재해 시 지방고용노동청 등 유관 기관 신고
	⬇ 2차 사고 예방 조치 주변 안전 확보 →	• 추가 낙하·비래 요소 발생 예상 시 출입금지, 통제 표지판 설치, 신호수 배치 등 보완조치 실시
	⬇ 피해자 구조 및 응급조치 →	• 구조 : 구조장비 투입 신속한 구조 • 피해자의 상태에 따라 상응하는 응급조치 : 심폐소생술, 지혈, 기도 및 안정 유지
	⬇ 피해자 후송 외부기관 연계 →	• 외부구조기관(119) 피해자 인계 및 후송 : 사고자 상황 설명 • 재해자 가족에게 연락
	⬇ 현장 보존 →	• 작업장 통제(출임금지 조치) • 공식적인 사고조사가 시작되기 전까지 현장이 훼손되지 않도록 보존조치 • CCTV 확보, 사진 촬영 등을 통하여 증거 보존
	⬇ 위험요인 제거 및 추가피해 방지조치 →	• 지방고용노동청, 안전보건공단, 경찰 등 유관 조사 기관 적극 협조 • 사고조사 TFT 구성 및 원인분석 및 재발방지 대책 수립 • 위험성 평가 반영, 근로자 교육, 현장 안전보건 활동 수평 전개 • 타 현장 사고사례 전파 공유

9.3 화재/폭발

구분	위험요인 예방 조치
비상 상황 사전 대비	- 교육·주의 등 비재정적인 방법을 포함하여 가능한 방법을 선택적으로 활용하여 합리적으로 요구되는 수준으로 관리 - 화기작업 시 내부 인화성 물질, 가연성 불질 제거, 건설공사 시 비가연성 자재로 대체 - 용접작업 시 용접불티 비산방지덮개 또는 용접 방화포 설치 - 화재·폭발 위험 상소에서 화기작업 시 작업장 내 위험물 현황을 파악하는 절차 수립, 화기작업 시 가스 및 분진 농도 측정 및 주기적 확인, 작업 중 화재감시인 배치 - 개인 보호구 착용 - 정기적인 소화 훈련, 폭발분위기 조성된 장소에서 인화성 가스 및 산소를 사용하여 용접·용단 또는 가열하는 작업을 하는 경우 주위 가연성물질 제거, 화재감시자 배치, 취업제한 확인 - 사용 물질의 MSDS 게시, 압력용기 충전 시한 준수 여부, 응급조치 장비 준비 및 사용법 교육 - 고압가스 용기 상태 점검, 연결부위 리트 여부(비누방울 검사), 전도 방지 고정, 압력게이지 설치 및 작동 여부, 용기의 충전시한 준수 및 변형 여부, 인화성 물질 취급 작업 등과 인접 여부

구분	비상 상황 진행 단계	세부 조치 사항
비상 상황 발생 대응 시나리오	화재/폭발 비상 상황 발생 →	• 비상상황 인지 및 사내방송 또는 비상경보로 비상상황을 전파하고 지원요청 - 인화성 물질에서 유증기 발생 또는 냄새 감지 - 인화성 물질 발화(연소시작)/폭발 - 화재경보기 동작
	⬇ 작업 중지 및 대피 상황 전파 →	• 작업중지 지시 및 상황 전파(장소, 피해 상황) - 초기 진화 실패의 경우 대피 • 119 신고 / 대표이사 보고 • 중대재해/중대산업재해 시 지방고용노동청 등 유관 기관 신고
	⬇ 2차 사고 예방 조치 주변 안전 확보 →	• 인화성 물질 공급 차단(용접용 압력용기 밸브 잠금, 인화성 물질 안전한 장소로 이동, 전기 차단) 및 출입금지, 통제 표지판 설치, 신호수 배치 등 보완조치 실시 등
	⬇ 화재 진화/피해자 구조 및 응급조치 →	• 진화 및 구조 : 관리감독자는 진화, 대피 여부 판단, 구조장비 투입, 피해자 구조 • 진화 가능한 경우 소화기/소화전 이용하여 진화 -> 진화 불가의 경우 신속히 대피 • 피해자의 상태에 따라 상응하는 응급조치 : 심폐소생술, 안정 유지, 불필요한 이동 금지(체내 열화상)
	⬇ 피해자 후송 외부기관 연계 →	• 외부구조기관(119) 피해자 인계 및 후송 : 사고자 상황 설명 • 재해자 가족에게 연락
	⬇ 현장 보존 →	• 작업장 통제(출입금지 조치) • 공식적인 사고조사가 시작되기 전까지 현장이 훼손되지 않도록 보존조치 • CCTV 확보, 사진 촬영 등을 통하여 증거 보존
	⬇ 위험요인 제거 및 추가피해 방지조치 →	• 지방고용노동청, 안전보건공단, 경찰 등 유관 조사 기관 적극 협조 • 사고조사 TFT 구성 및 원인분석 및 재발방지 대책 수립 • 위험성 평가 반영, 근로자 교육, 현장 안전보건 활동 수평 전개 • 타 현장 사고사례 전파 공유

9.4 토사 및 구축물의 붕괴

구분	위험요인 예방 조치
비상상황 사전대비	- 교육·주의 등 비재정적인 방법을 포함하여 가능한 방법을 선택적으로 활용하여 합리적으로 요구되는 수준으로 관리 - 지반굴착 시 안전경사각 준수, 낙하의 위험 토석을 제거, 2미터 이상 굴착 시 흙막이 설치, 차량계 건설기계작업계획서 작성 및 준수, 근로자 주지, 작업지휘자 및 신호수 배치 - 지반의 붕괴 또는 토석의 낙하 원인이 되는 빗물이나 지하수 등을 배제 - 낙반·측벽 붕괴의 위험이 있는 경우에는 흙막이를 설치하고 부석을 제거하는 등 필요한 조치 - 굴착 및 구축물 시공 시 설계도서에 따라 시공, 시방서 등 설계도서, 안전보건대장, 유해·위험 방지계획서, 안전관리계획서, 차량계건설기계작업계획서, 안전보건관계 법령 등 준수 - 붕괴, 도괴의 위험이 있는 지반 및 구축물에 대한 안전점검 및 안전성 평가(구조안전성 확보)

구분	비상 상황 진행 단계	세부 조치 사항
비상상황 발생 대응 시나리오	붕괴 비상 상황 발생 →	• 비상상황 인지 - 붕괴 위치 확인 및 근로자 매몰 여부 파악 - 사내방송 또는 비상경보로 비상상황을 전파하고 지원요청
	⬇ 작업 중지 및 대피 상황 전파 →	• 작업중지 및 대피 지시, 상황 전파(장소, 피해 상황) • 119 신고 / 대표이사 보고 • 중대재해/중대산업재해 시 지방고용노동청 등 유관 기관 신고
	⬇ 2차 사고 예방 조치 주변 안전 확보 →	• 붕괴 지점 종사자 접근 통제 및 주변 근로자 신속 안전한 장소 대피 - 안전휀스 등 출입금지 조치, 통제 표지판 설치, 신호수 배치 등 2차 사고예방 조치
	⬇ 피해자 구조 및 응급조치 →	• 굴착기 등 피해자 구출 장비 투입 및 구조 실시 • 피해자의 상태에 따라 상응하는 응급조치 : 심폐소생술, 안정 유지 등
	⬇ 피해자 후송 외부기관 연계 →	• 외부구조기관(119) 피해자 인계 및 후송 : 사고자 상황 설명 • 재해자 가족에게 연락
	⬇ 현장 보존 →	• 작업장 통제(출입금지 조치) • 공식적인 사고조사가 시작되기 전까지 현장이 훼손되지 않도록 보존조치 • CCTV 확보, 사진 촬영 등을 통하여 증거 보존
	⬇ 위험요인 제거 및 추가피해 방지조치 →	• 지방고용노동청, 안전보건공단, 경찰 등 유관 조사 기관 적극 협조 • 사고조사 TFT 구성 및 원인분석 및 재발방지 대책 수립 • 위험성 평가 반영, 근로자 교육, 현장 안전보건 활동 수평 전개 • 타 현장 사고사례 전파 공유

9.5 전도

구분	위험요인 예방 조치
비상상황 사전대비	- 교육·주의 등 비재정적인 방법을 포함하여 가능한 방법을 선택적으로 활용하여 합리적으로 요구되는 수준으로 관리. 중량물취급 작업계획서 작성 및 준수 - 작업 시 전도 위험이 없도록 이동방법 개선, 작업계획 수립단계에서 위험성평가 실시를 통한 전도 위험 장소 최소화, 이동통로 장애물 제거, 정리정돈, 운반방법 대체, 통제 - 안전한 이동통로(가설경사로, 가설계단, 안전사다리 등) 설치 - 작업 전 관리감독자의 전도방지시설 및 안전통로 확보상태 점검, 작업 후 정리정돈 생활화 이동통로 주변 개구부 추락예방 안전시설물(안전난간, 덮개 등) 설치 - 개인보호구 : 안전모(턱 끈 포함), 안전대 등 보호구 지급 및 철저한 착용작업

비상상황 발생 대응 시나리오

비상 상황 진행 단계	세부 조치 사항
전도 비상 상황 발생 →	• 비상상황 인지 - 전도 사고 발생 위치 및 피해자 상황 인지 - 사내방송 또는 비상경보로 비상상황을 전파하고 지원요청
작업 중지 및 대피 상황 전파 →	• 작업중지 및 대피 지시, 상황 전파(장소, 피해 상황) • 119 신고 / 대표이사 보고 • 중대재해/중대산업재해 시 지방고용노동청 등 유관 기관 신고
2차 사고 예방 조치 주변 안전 확보 →	• 전도사고 발생 지점 접근 통제 및 주변 근로자 신속 안전한 장소 대피 - 안전휀스 등 출입금지 조치, 통제 표지판 설치, 신호수 배치 등 2차 사고예방 조치
피해자 구조 및 응급조치 →	• 피해자 구조 및 응급조치 • 피해자의 상태에 따라 상응하는 응급조치 : 심폐소생술, 안정 유지 등
피해자 후송 외부기관 연계 →	• 외부구조기관(119) 피해자 인계 및 후송 : 사고자 상황 설명 • 재해자 가족에게 연락
현장 보존 →	• 작업장 통제(출입금지 조치) • 공식적인 사고조사가 시작되기 전까지 현장이 훼손되지 않도록 보존조치 • CCTV 확보, 사진 촬영 등을 통하여 증거 보존.
위험요인 제거 및 추가피해 방지조치 →	• 지방고용노동청, 안전보건공단, 경찰 등 유관 조사 기관 적극 협조 • 사고조사 TFT 구성 및 원인분석 및 재발방지 대책 수립 • 위험성 평가 반영, 근로자 교육, 현장 안전보건 활동 수평 전개 • 타 현장 사고사례 전파 공유

9.6 감전

구분	위험요인 예방 조치
비상상황 사전대비	- 교육·주의 등 비재정적인 방법을 포함하여 가능한 방법을 선택적으로 활용하여 합리적으로 요구되는 수준으로 관리. - 전기·기계기구 취급 시 감전 위험이 없도록 작업방법 개선, 전기기계기구 대체사용, 작업계획 수립단계에서 위험성평가 실시를 통한 감전위험 최소화, 제거, 대체, 통제 - 감전 예방위한 접지 설치 및 접지저항 측정, 누전차단기 설치 및 수시 작동여부 점검, 피복 절연조치, 습윤지역 제거, 가설전선 공중거치 설치 등 - 작업 전 관리감독자의 감전예방시설 점검 및 조치 - 개인보호구 : 감전방지용 안전화, 안전모, 절연장갑 등 보호구 지급 및 철저한 착용작업

구분	비상 상황 진행 단계	세부 조치 사항
비상상황 발생 대응 시나리오	감전 비상 상황 발생 →	• 비상상황 인지 - 누전, 잔류전기, 충전부 접촉으로 작업자 감전(상태) - 전기 충격으로 인해 작업자 부상 - 사내방송 또는 비상경보로 비상상황을 전파하고 지원요청
	⬇ 작업 중지 및 대피 상황 전파 →	• 작업중지 및 대피 지시, 상황 전파(장소, 피해 상황) • 119 신고 / 대표이사 보고 • 중대재해/중대산업재해 시 지방고용노동청 등 유관 기관 신고
	⬇ 2차 사고 예방 조치 주변 안전 확보 →	• 전원 차단 - 2차 감전 방지할 수 있는 방법으로 전원 공급 차단 - 필요한 경우 전원 차단 요청, 전도체 제거
	⬇ 피해자 구조 및 응급조치 →	• 피해자 구조 및 응급조치(전원이 차단되지 않은 상태에서 구조활동 금지) • 피해자의 상태에 따라 상응하는 응급조치 : 심폐소생술, 안정 유지, 불필요한 이동 금지(내부 화상)
	⬇ 피해자 후송 외부기관 연계 →	• 외부구조기관(119) 피해자 인계 및 후송 : 사고자 상황 설명 • 재해자 가족에게 연락
	⬇ 현장 보존 →	• 작업장 통제(출입금지 조치) • 공식적인 사고조사가 시작되기 전까지 현장이 훼손되지 않도록 보존조치 • CCTV 확보, 사진 촬영 등을 통하여 증거 보존
	⬇ 위험요인 제거 및 추가피해 방지조치 →	• 지방고용노동청, 안전보건공단, 경찰 등 유관 조사 기관 적극 협조 • 사고조사 TFT 구성 및 원인분석 및 재발방지 대책 수립 • 위험성 평가 반영, 근로자 교육, 현장 안전보건 활동 수평 전개 • 타 현장 사고사례 전파 공유

9.7 충돌/협착

구분	위험요인 예방 조치
비상 상황 사전 대비	- 교육·주의 등 비재정적인 방법을 포함하여 가능한 방법을 선택적으로 활용하여 합리적으로 요구되는 수준으로 관리. - 충돌 위험 관리 : 종사자가 걸려 넘어짐으로 충돌 가능한 위험지역 정리정돈, 계단참 노슬립 시공, 중량물 과적 금지 및 견고히 고정, 경고표지 부착 및 설치, 지게차 등 차량계 하역 운반 기계 통행로와 종사자 통행로 구분 및 신호수 배치, 차량 하역 운반기계 작업계획서 작성 및 준수, 무자격자 운전 금지 - 협착 위험 관리 : 기어, 롤더 등 물림점 방호덮개 설치, 회전체 취급 작업 시 면장갑 착용 금지, 차량계 하역 운반기계 고장 시 정차 후 전문가 연락, 작업 절차 준수

구분	비상 상황 진행 단계	세부 조치 사항
비상 상황 발생 대응 시나리오	충돌/협착 비상 상황 발생 →	• 비상상황 인지 - 충돌 혹은 협착 사고 상황 인지 - 사내방송 또는 비상경보로 비상상황을 전파하고 지원요청 - 해당 설비 운전 정지 및 피해자 구조
	⬇ 작업 중지 및 대피 상황 전파 →	• 작업 중지 및 대피 지시, 상황 전파(장소, 피해 상황), 종사자 의식 상태 확인 • 119 신고 / 대표이사 보고 • 중대재해/중대산업재해 시 지방고용노동청 등 유관 기관 신고
	⬇ 2차 사고 예방 조치 주변 안전 확보 →	• 전원 차단 - 2차 가해 방지를 위한 대상 기계 전원 공급 차단 - 안전휀스 등 출입금지 조치, 통제표지판 설치, 신호수 배치 등 2차 사고예방 조치
	⬇ 피해자 구조 및 응급조치 →	• 피해자 구조 및 응급조치(전원이 차단되지 않은 상태에서 구조활동 금지) • 피해자의 상태에 따라 상응하는 응급조치 : 심폐소생술, 안정 유지, 지혈
	⬇ 피해자 후송 외부기관 연계 →	• 외부구조기관(119) 피해자 인계 및 후송 : 사고자 상황 설명 • 재해자 가족에게 연락
	⬇ 현장 보존 →	• 작업장 통제(출입금지 조치) • 공식적인 사고조사가 시작되기 전까지 현장이 훼손되지 않도록 보존조치 • CCTV 확보, 사진 촬영 등을 통하여 증거 보존
	⬇ 위험요인 제거 및 추가피해 방지조치 →	• 지방고용노동청, 안전보건공단, 경찰 등 유관 조사 기관 적극 협조 • 사고조사 TFT 구성 및 원인분석 및 재발방지 대책 수립 • 위험성 평가 반영, 근로자 교육, 현장 안전보건 활동 수평 전개 • 타 현장 사고사례 전파 공유

9.8 질식

<table>
<tr><th>구분</th><th colspan="2">위험요인 예방 조치</th></tr>
<tr><td>비상
상황
사전
대비</td><td colspan="2">- 밀폐공간 작업에 관한 특별교육 실시, 작업허가제도 시행
- 밀폐공간 용접작업 가능한 금지, 부득하게 작업 시 산소농도 측정, 소화기, 유도등, 불꽃비산 방지 커버 등 시설물 설치, 가연성물질 제거조치
- 구조장비 비치 확인, 비상 연락망 게시
- 산소농도 및 유해가스 농도 측정기 비치 및 작업 전 반드시 측정 후 작업
- 밀폐작업 공간 내 조명 설치, 관계인 외 출입금지 표지
- 보호구(공기호흡기 또는 송기마스크) 착용 및 상태 점검, 경보기 설치
- 진입 시 출입 명판에 진입 표시(출입 인원 확인)
- 2인 1조 작업, 외부에 감시인 배치 및 직무수행</td></tr>
<tr><td rowspan="8">비상
상황
발생
대응
시나
리오</td><th>비상 상황 진행 단계</th><th>세부 조치 사항</th></tr>
<tr><td>질식 비상 상황 발생 →</td><td>• 비상상황 인지
- 질식사고 발생, 산소농도측정기의 지속적인 부적합 발생
- 사내방송 또는 비상경보로 비상상황을 전파하고 지원요청</td></tr>
<tr><td>↓
작업 중지 및 대피 상황 전파 →</td><td>• 작업중지 및 대피 지시, 상황 전파(장소, 피해 상황)
• 119 신고 / 대표이사 보고
• 중대재해/중대산업재해 시 지방고용노동청 등 유관 기관 신고</td></tr>
<tr><td>↓
2차 사고 예방 조치 주변 안전 확보 →</td><td>• 2차 재해가 발생하지 않도록 현장에 출입통제하고 표지판을 게시, 신호수 배치
- 가스유입차단(밸브)</td></tr>
<tr><td>↓
피해자 구조 및 응급조치 →</td><td>• 피해자 구조 및 응급조치(동료가 공기호흡기를 반드시 착용하고 재해자 구조)
• 보호구 착용, 통신수단 확보, 밀폐공간 내 잔류 인원 확인(출입자 명단 확인)
• 피해자의 상태에 따라 상응하는 응급조치 : 심폐소생술, 안정 유지, 산소 공급</td></tr>
<tr><td>↓
피해자 후송 외부기관 연계 →</td><td>• 외부구조기관(119) 피해자 인계 및 후송 : 사고자 상황 설명
• 재해자 가족에게 연락</td></tr>
<tr><td>↓
현장 보존 →</td><td>• 작업장 통제(출입금지 조치)
• 공식적인 사고조사가 시작되기 전까지 현장이 훼손되지 않도록 보존조치
• CCTV 확보, 사진 촬영 등을 통하여 증거 보존</td></tr>
<tr><td>↓
위험요인 제거 및 추가피해 방지조치 →</td><td>• 지방고용노동청, 안전보건공단, 경찰 등 유관 조사 기관 적극 협조
• 사고조사 TFT 구성 및 원인분석 및 재발방지 대책 수립
• 위험성 평가 반영, 근로자 교육, 현장 안전보건 활동 수평 전개
• 타 현장 사고사례 전파 공유</td></tr>
</table>

9.9 화학물질 누출

구분	위험요인 예방 조치
비상 상황 사전 대비	- 인화성 가스 취급지역은 열적·기계적 점화원 제거하고, 인화성 가스 이송배관은 접지 실시 - 인화성 가스 취급지역은 폭발위험지역으로 지정하고, 전기설비는 취급 물질 및 위험지역에 적합한 방폭형을 사용 - 인화성 가스 공급 실린더는 옥외 별도장소에 저장 - 인화성 가스가 누출될 경우 가스공급이 자동 중단되도록 인터록을 구성해야 함 - 각종 밸브, 퍼지배관과 물질배관은 상호구분이 쉽도록 표시해야 함 - 세부적인 용기교체 절차를 마련하고 절차에 따라 교체작업을 실시 해야 - 가스감지기 및 자동소화설비를 설치해야 함 - 폭발 또는 화재 등의 예방을 위한 환기를 실해야 함 - 인화성 가스 취급 장소에서 화기 등 사용을 금지해야 함 - 폭발이나 화재가 발생할 우려가 있는 장소 또는 그 주변에는 용접이나 화기작업을 금지함 - 개인보호구 착용

구분	비상 상황 진행 단계	세부 조치 사항
비상 상황 발생 대응 시나 리오	화학물질 누출 비상 상황 발생 →	• 비상상황 인지 - 사내방송 또는 비상경보로 비상상황을 전파하고 지원요청 - 화학물질 누출 혹은 종사자 화학물질 중독/노출 여부 파악
	⬇ 작업 중지 및 대피 상황 전파 →	• 작업 중지 및 대피 지시, 상황 전파(장소, 피해 상황) • 119 신고 / 대표이사 보고 • 중대재해/중대산업재해 시 지방고용노동청 등 유관 기관 신고
	⬇ 2차 사고 예방 조치 주변 안전 확보 →	• 차단 : 가스유입차단(밸브), 확재/폭발 점화원 차단 - 안전휀스 등 출입금지 조치, 통제표지판 설치, 신호수 배치 등 2차 사고예방 조치
	⬇ 피해자 구조 및 응급조치 →	• 피해자 구조 및 응급조치(전원이 차단되지 않은 상태에서 구조활동 금지) • 보호구 착용 • 피해자의 상태에 따라 상응하는 응급조치 : 심폐소생술, 안정 유지, 세척
	⬇ 피해자 후송 외부기관 연계 →	• 외부구조기관(119) 피해자 인계 및 후송 : 사고자 상황 설명 • 재해자 가족에게 연락
	⬇ 현장 보존 →	• 작업장 통제(출입금지 조치) • 공식적인 사고조사가 시작되기 전까지 현장이 훼손되지 않도록 보존조치 • CCTV 확보, 사진 촬영 등을 통하여 증거 보존
	⬇ 위험요인 제거 및 추가피해 방지조치 →	• 지방고용노동청, 안전보건공단, 경찰 등 유관 조사 기관 적극 협조 • 사고조사 TFT 구성 및 원인분석 및 재발방지 대책 수립 • 위험성 평가 반영, 근로자 교육, 현장 안전보건 활동 수행 전개 • 타 현장 사고사례 전파 공유

9.10 발파위험

구분	위험요인 예방 조치
비상상황 사전대비	- 발파 시방서 및 산업안전보건법령 등 안전보건관계 법령 준수 시공 - 발파 계획서 작성 및 작업 전 관계 근로자 교육 - 화약류 관리 철저, 흡연이나 용접, 고속절단기 등 불티 발생행위 금지 - 발파 작업 전 점검 철저 - 개인보호구 착용

비상상황 발생 대응 시나리오

비상 상황 진행 단계	세부 조치 사항
발파로 인한 붕괴, 비산 등 위험요인 발생	• 비상상황 인지 - 사내방송 또는 비상경보로 비상상황을 전파하고 지원요청 - 피해여부 파악
작업 중지 및 대피 상황 전파	• 작업 중지 및 대피 지시, 상황 전파(장소, 피해 상황) • 119 신고 / 대표이사 보고 • 중대재해/중대산업재해 시 지방고용노동청 등 유관 기관 신고
2차 사고 예방 조치 주변 안전 확보	• 2차 재해 예방을 위해 안전휀스 등 출입금지 조치, 통제표지판 설치, 신호수 배치 등 주변 안전성 확보
피해자 구조 및 응급조치	• 피해자 구조 및 응급조치(필요시 굴착기 등 장비 사용) • 보호구 착용 • 피해자의 상태에 따라 상응하는 응급조치 : 심폐소생술, 지혈, 안정 유지, 보온조치
피해자 후송 외부기관 연계	• 외부구조기관(119) 피해자 인계 및 후송 : 사고자 상황 설명 • 재해자 가족에게 연락
현장 보존	• 작업장 통제(출입금지 조치) • 공식적인 사고조사가 시작되기 전까지 현장이 훼손되지 않도록 보존조치 • CCTV 확보, 사진 촬영 등을 통하여 증거 보존
위험요인 제거 및 추가피해 방지조치	• 지방고용노동청, 안전보건공단, 경찰 등 유관 조사 기관 적극 협조 • 사고조사 TFT 구성 및 원인분석 및 재발방지 대책 수립 • 위험성 평가 반영, 근로자 교육, 현장 안전보건 활동 수평 전개 • 타 현장 사고사례 전파 공유

9.11 지진 발생 위험

<table>
<tr><th>구분</th><th colspan="2">위험요인 예방 조치</th></tr>
<tr><td>비상
상황
사전
대비</td><td colspan="2">- 지진 발생 시 흔들리는 동안 탁자 아래로 들어가 몸을 보호하고, 탁자 다리를 잡는 등의 조치
- 흔들림이 멈추면 전기와 가스를 차단하고 문을 열러 출구를 확보
- 건축물 현장 밖으로 나갈 때에는 계단을 이용하여 신속하게 이동
- 건물 밖에서는 반드시 안전모 턱끈을 조인 상태에서 착용
- 대피 시 현장 건축물과 일정한 거리를 두고 주위를 살피면서 넓은 공간으로 대피
- 인터넷 뉴스나 안전안내문자, 공공기관의 안내방송 등 알려준 정보에 따라 행동</td></tr>
<tr><td rowspan="8">비상
상황
발생
대응
시나
리오</td><th>비상 상황 진행 단계</th><th>세부 조치 사항</th></tr>
<tr><td>지진에 의한 붕괴,
낙하위험 발생 →</td><td>• 비상상황 인지
- 사내방송 또는 비상경보로 비상상황을 전파하고 지원요청
- 피해 여부 파악</td></tr>
<tr><td>⬇ 작업 중지 및 대피
상황 전파 →</td><td>• 작업중지 및 신속히 대피 지시, 상황 전파(장소, 피해 상황)
• 119 신고 / 대표이사 보고
• 중대재해/중대산업재해 시 지방고용노동청 등 유관 기관 신고</td></tr>
<tr><td>⬇ 2차 사고 예방 조치
주변 안전 확보 →</td><td>• 2차 재해 예방 위해 붕괴 및 낙하위험지역 안전휀스 설치 등 출입금지 조치, 통제 표지판 설치, 신호수 배치 등 주변 안전성 확보, 가능한 넓고 안전한 장소 지정하여 전원 대피 조치</td></tr>
<tr><td>⬇ 피해자 구조 및
응급조치 →</td><td>• 피해자 구조 및 응급조치(필요시 굴착기 등 장비 사용)
• 보호구 착용
• 피해자의 상태에 따라 상응하는 응급조치 : 심폐소생술, 지혈, 안정 유지, 보온조치</td></tr>
<tr><td>⬇ 피해자 후송
외부기관 연계 →</td><td>• 외부구조기관(119) 피해자 인계 및 후송 : 사고자 상황 설명
• 재해자 가족에게 연락</td></tr>
<tr><td>⬇ 현장 보존 →</td><td>• 작업장 통제(출입금지 조치)
• 공식적인 사고조사가 시작되기 전까지 현장이 훼손되지 않도록 보존조치
• CCTV 확보, 사진 촬영 등을 통하여 증거 보존</td></tr>
<tr><td>⬇ 위험요인 제거 및
추가피해 방지조치 →</td><td>• 지방고용노동청, 안전보건공단, 경찰 등 유관 조사 기관 적극 협조
• 사고조사 TFT 구성 및 원인분석 및 재발방지 대책 수립
• 위험성 평가 반영, 근로자 교육, 현장 안전보건 활동 수평 전개
• 타 현장 사고사례 전파 공유</td></tr>
</table>

9.12 해빙기 흙막이 및 굴착사면 붕괴위험

비상사태 시나리오		
구 분	시간	행동 요령
동결 융해시 토압증가로 인한 흙막이 지보공 및 굴착사면 붕괴	AM05:30	1) 비상사태 내용
	AM05:40	-굴착 배면 지반의 동결 융해 시 토압 및 수압증가로 흙막이지보공 및 굴착사면 붕괴위험 붕괴
		-붕괴된 흙막이지보공 및 굴착사면 주변 협력업체 컨테이너 설치
		-출근시간 이전에 발생되어 인명피해는 없음
	AM06:20	2) 상황 접수
	AM06:25	-최초 발견자는 즉시 통제반에 연락
	AM06:40	-상황 접수 후 통제반장은 현장 비상연락망을 통한 상황 전파
		-전 직원 비상소집으로 현장사무실 집결
		3) 예상 피해 내용
		-매립된 3EA(6M X 12M) 협력업체 콘테이너 사용 불가
		-붕괴된 흙막이지보공 복구를 위한 시간 투입으로 공사 중지사태 발생
		-언론매체 노출 시 회사 이미지 손상
	AM06:40	4) 비상 대응 계획
	 AM06:50	-통제반은 전 직원 비상집결 후 상황의 진전에 따라 유관기관에 연락하고 필요 시 본사 해당 공사담당부서 및 안전환경담당 부서로 통보
	AM06:55	-통제반 반원은 언론매체의 접근을 예방하기 위해 즉시 현장 출입문 통제
	AM07:00	-현장소장 지휘하에 각 비상대응 반원별 활동 개시
	 AM07:00	-복구반은 붕괴지역 주변 작업자 출입통제를 위한 가드 설치 및 감시자 배치 추가 붕괴사고를 예방하기 위해 접근금지 조치
	AM07:00	-안전팀 피해 원인 및 상황 파악을 위해 붕괴발생 장소 확인
	AM07:30	-복구반 주관하에 붕괴부분 상부 자재 등을 안전한 곳으로 운반
	 AM07:30	-인적, 물적 피해 발생 여부 확인하고, 2차 위험 발생 여부 신속히 파악하여 현장소장에게 보고
	이후	-피해 및 복구 상황 본사 보고 및 언론매체 접근을 예의 주시하고 상황 종료 시까지 비상 대기반 운영

9.13 장마철 풍수해로 인한 침수위험

비상사태 시나리오		
구 분	시간	행동 요령
장마철 풍수해로 인한 침수	AM11:00	1) 비상사태 내용
	AM11:00	- 장마전선의 북상으로 호우경보 발령
	PM13:00	- 집중호우로 강우량이 시간당 30mm ~ 50mm 이상 예보
		- 집중호우로 빗물이 지하층으로 유입되어 지하실 침수
	PM13:15	2) 상황 접수
	PM13:20	- 최초 발견자는 즉시 통제반에 연락
	PM13:35	- 상황 접수 후 통제반장은 현장 비상연락망을 통한 상황 전파
		- 전 직원 비상소집으로 현장사무실 집결
		3) 예상 피해 내용
		- 지하층에 보관되어 있는 시멘트 및 모래 등 자재 사용 불가
		- 피해 복구를 위한 시간 투입으로 공사 중지사태 발생
	PM13:35	4) 비상 대응 계획
	PM13:40	- 통제반은 전직원 비상집결 후 상황의 진전에 따라 유관기관에 연락하고 필요시 본사 해당 공사담당부서 및 안전담당 부서로 통보
	PM13:45	- 현장소장 지휘하에 각 비상대응 반원별 활동 개시
	PM13:45	- 복구반은 침수 지역 주변 작업자 출입 통제를 위한 가드 설치 및 감시자 배치 감전사고 예방을 위해 메인 전원차단
	PM13:45	- 안전팀 피해상황 파악을 위해 침수지역 확인
	PM13:45	- 지원반은 지하실 내 작업자 유무 확인 후 안전한 곳으로 대피 실시
	PM14:30	- 복구반 주관 침수 지역 복구를 위한 비상 장비 수급, 침수지역 내 배수 조치 및 복구 작업 개시
	PM14:30	- 인적, 물적 피해 발생 여부 확인하고, 2차 위험 발생여부 신속히 파악하여 현장소장에게 보고
	이후	- 피해 및 복구 상황 본사 보고 및 기상예보를 예의 주시하고 상황 해제 시까지 비상 대기반 운영

9.14 동절기 폭설로 인한 붕괴위험

비상사태 시나리오		
구 분	시간	행동 요령
동절기 폭설로 인한 붕괴 발생	AM04:30	1) 비상사태 내용 - 전일부터 계속된 적설로 인하여 밤사이 적설량이 최대 25cm 발생 - 당일 출근 후 현장순찰 중 A 구조물 상부 보양을 위해 덮어놓은 보양재가 눈에 눌려 붕괴된 상태
	AM04:35	2) 상황 접수 - 최초 발견자는 즉시 통제반에 연락 - 상황 접수 후 통제반은 현장 비상연락망을 통한 상황 전파
	AM05:00 AM05:05 AM05:05 AM05:05 AM05:05	3) 예상 피해 내용 - 인명피해 없음 - 보양재 해체 및 정리를 위한 인원 투입 - 재설치를 위한 자재비 및 인건비 발생 - 건립된 철근파손으로 해체 후 재작업 - 해당 동 작업지연(3일)
	AM05:30 AM05:30 이후	4) 비상 대응 계획 - 통제반은 전 직원 비상집결 - 현장소장 지휘하에 각 비상대응 반원별 활동 개시 - 복구반은 주변 작업자 출입 통제를 위한 가드 설치 및 감시자 배치 - 지원반은 추가 위험이 발생할 수 있는 지역 근로자 안전한 곳으로 대피 - 복구반장 주관 복구작업 진행 - 안전팀장 피해상황 파악 후 현장소장에게 보고 및 기상상태 파악 - 피해 및 복구 상황 본사 보고 및 기상예보를 예의 주시하고 상황 해제 시까지 비상 대기반 운영

10. 현장소장의 절차서 이행 여부 점검

10.1 점검주체 및 방법

가. 대표이사는 현장소장이 "비상사태 대비 대응 절차서"에 따라 조치하는지의 여부를 직접 방문하여 점검[별지 제2호 서식]하여야 한다. 다만, 경영상의 일정 등으로 점검할 수 없을 경우에는 본사 안전보건담당자 등에게 위임하여 점검하게 할 수 있으며, 대표이사가 직접 점검하지 않는 경우에는 점검이 끝난 후 지체 없이 점검 결과를 보고 받아야 한다.

나. 현장소장이 동 절차서의 조치의무를 이행하지 않은 사실이 확인되는 경우에는 그 이행의 지시와 충분한 개선기간, 자원(인력의 추가배치, 예산 추가편성, 시설지원, 기타) 등을 제공하여 실효성 있는 개선이 이루어지도록 하여야 한다.

다. 현장소장은 미이행 사항에 대한 개선결과에 대해서는 개선즉시 대표이사에게 보고해야 하고, 보고받은 대표이사는 개선의 적절성 등을 확인하여 필요한 조치를 하여야 한다.

라. 대표이사는 점검의 실효성과 전문성의 확보를 위하여 산업안전보건법 제73조에 따른 건설재해예방전문지도기관 등에 위탁하여 점검을 실시할 수 있으며, 위탁 점검 시 본사 안전보건담당자와 동행하여 점검을 실시해야 한다.

10.2 점검주기

대표이사는 반기(상반기 : 1.1～6.30.까지, 하반기 : 7.1～12.31.까지) 1회 이상 점검해야 하고, 필요시 수시로 점검할 수 있다.

10.3 평가 및 개선활동

가. 대표이사는 현장소장이 "비상사태 대비 대응 절차서"에 따른 조치를 지속 반복적으로 이행하지 않은 경우 그 원인과 근본적 개선방안을 강구하기 위해 다음 관리항목에 대하여 "시스템 평가 및 개선 절차서"에 의거 매년 반영하여야 한다.

1) 현장소장이 기준과 절차에 따라 이행하는지의 여부와 지속 반복적으로 이행하지 않은 경우 그 원인 및 개선방안

11. 문서 및 기록보관

업무수행 문서 및 기록에 관하여 5년간 보관한다.

12. 관련 시스템

가. [6] 예산편성 및 집행 절차서

나. [7] 안전보건관리책임자 등 업무수행 및 평가 절차서

다. [12] 재해 재발방지 절차서

라. [13] 안전보건 관계 법령 등 이행관리 절차서

마. [14] 현장 안전보건업무 수행 절차서

바. [15] 시스템 평가 및 개선 절차서

별지 제1호 서식 모의훈련 실시 결과서

<table>
<tr><td>현장명</td><td></td><td>훈련일시</td><td></td></tr>
<tr><td>참석대상</td><td></td><td>참석인원</td><td></td></tr>
<tr><td>담당자
(안전관리자)</td><td>(서명)</td><td>현장소장</td><td>(서명)</td></tr>
<tr><td>훈련내용</td><td colspan="3"></td></tr>
<tr><td>미흡사항</td><td colspan="3"></td></tr>
<tr><td>개선방안</td><td colspan="3"></td></tr>
<tr><td>기타</td><td colspan="3"></td></tr>
<tr><td>사진</td><td colspan="2"></td><td></td></tr>
</table>

별지 제2호 서식 비상사태 현장소장 이행 여부 점검표

현장명		현장소장	(서명)

점검 종류	이행 여부	미이행 시 미이행 내용 및 원인	이행에 필요한 개선방안	비고
비상연락 체계의 구성				
대응조직 구성 및 구성원 역할 부여				
시나리오별 모의훈련 실시				
비상사태(중대산업재해 발생 및 급박한 위험) 발생했을 경우 작업중지 및 대피 여부				
비상사태(중대산업재해 발생 및 급박한 위험) 발생했을 경우 위험요인 제거 여부				
재해 발생했을 경우 피재자에 대한 구호조치				
재해 발생했을 경우 추가피해 방지를 위한 조치 (원인 및 대책 수립, 사고조사 등)				
기타				

점검일자		점검자	(서명)

적격 하수급인 관리 절차서

■ 관리본(CONTROLLED)

□ 비관리본(UNCONTROLLED)

◈ 업종 분야 : 건설업

㈜ ○○건설

목차

1. 목적

본 절차는 하수급인 등 제3자에게 업무의 도급, 용역, 위탁 등을 받는 자의 산업재해 예방을 위한 조치능력과 기술에 관한 평가기준·절차를 마련하고, 안전보건을 위한 관리비용에 관한 기준 및 적절한 공사기간에 관한 기준을 마련하여 시행함으로써, 안전보건에 관한 역량이 우수한 업체를 선정하여 산업재해를 사전에 예방하는 데 그 목적이 있다.

2. 적용범위

건설공사와 관련하여 도급, 용역, 위탁 등을 제3자에게 맡겨 계약하는 모든 하수급 업체 등에 적용한다.

3. 용어의 정의

3.1 도급

원도급, 하도급, 위탁 등 명칭과 관계없이 건설공사를 완성할 것을 약정하고, 상대방이 그 공사의 결과에 대하여 대가를 지급할 것을 약정하는 계약을 말한다.

3.2 하도급

도급받은 건설공사의 전부 또는 일부를 다시 도급하기 위하여 수급인이 제3자와 체결하는 계약을 말한다.

3.3 수급인

발주자로부터 건설공사를 도급받은 건설사업자(원도급)를 말하고, 하도급의 경우 하도급하는 건설사업자를 포함한다.

3.4 하수급인

수급인(원도급)으로부터 건설공사 등을 도급. 용역, 위탁 등을 하도급받은 자를 말한다.

3.5 용역

건설공사에 관한 조사, 설계, 감리, 사업관리, 유지관리, 계측관리, 안전보건진단 등 건설공사와 관련된 노무를 말한다.

3.6 위탁

건설공사에 관한 업무 등의 수행을 위하여 다른 사람에게 의뢰하는 일을 말한다.

4. 책임과 권한

4.1 대표이사

가. 적격 하수급인의 재해예방을 위한 조치능력과 기술에 관한 평기기준 및 절차마련
나. 효율적 업무수행을 위한 관계자에게 권한의 부여
다. 인력, 예산 등 자원의 지원
라. 적격 하수급인 선정을 위한 평가 및 관리
마. 안전관리비용의 지급 및 사용 확인
바. 충분한 공사기간의 제공
사. 기준과 절차의 이행 여부 점검 및 모니터링

4.2. 본사 안전보건담당자

가. 적격 하수급인 관리 절차서의 제·개정 실무
나. 대표이사 보좌 및 대표이사 위임업무의 수행
다. 현장소장의 이행 여부 점검 및 보고
라. 관계자에 대한 지도, 조언, 권고
마. 평가결과 취합 및 점수, 등급산출
바. 평가점수 및 등급의 계약부서 통보
사. 평가 및 개선활동

4.3. 하수급인 계약담당 부서장

가. 적격 하수급인 선정 및 관리
나. 하수급인의 안전보건관리비용 편성지급
다. 적정 공사기간 제공
라. 적격 하수급인 관리 절차서, 설계도서 등 안전보건 정보의 제공
마. 안전보건 관계자에 대한 적극적인 협조

4.4. 현장소장

가. 적격 하수급인 관리 절차서의 적극적인 이행 및 보고
나. 하수급인의 안전보건 수준평가 및 평가 결과의 보고
다. 하수급인의 안전보건관리비용의 사용실태 확인감독
라. 하수급인의 적정 공사기간 보장
마. 하수급인 및 종사자에 대한 지도 감독
바. 안전보건 관계자에 대한 적극적인 협조
사. 발주자에 대한 설계변경의 요청
아. 하수급인에 대한 안전보건 정보의 제공
 1) 설계도서, 공정표
 2) 해당 공종 관련 안전관리계획서, 유해 위험방지계획서 등 안전보건 관계법령에 의한 각종 인허가 서류 등

4.5 안전보건관리자(안전보건담당자)

가. 하수급인 안전보건 수준평가 관련 실무
나. 하수급인의 안전보건 수준평가 실시 및 취합·보고 실무
다. 하수급인의 안전보건관리비용의 사용실태 확인·정산 실무
라. 현장소장 보좌 및 관리감독자, 하수급인, 종사자에 대한 지도·조언
마. 적격 하수급인 관리에 관한 기록의 유지 및 보존

4.6 관리감독자

가. 하수급인 등에게 설계도서, 공사기간 등 정보의 제공 실무
나. 하수급인의 공사·공정관리 실무

다. 하수급인의 일괄 하도급 및 재 하도급 여부 검증

라. 설계변경 요청 등의 실무

마. 현장소장 보좌 및 안전보건관리자의 지도·조언에 대한 협조

5. 적격 하수급인 등의 평가기준·절차 및 등급 관리기준

5.1 적격 하수급인 선정 절차

5.1.1 등록되어 수행 중인 하수급인

① 등급 및 관리기준 검토 → ② 적격성 여부 결정 → ③ 입찰참여 기회 부여 또는 제외 → ④ 입찰 → ⑤ 선정 계약 → ⑥ 완료 → ⑦ 완료(준공) 후 등록된 하수급인 평가기준에 의한 수준평가 → ⑧ 평가결과 취합 및 평균점수, 등급 산출 → ⑨ 계약 관련부서 통보 → ⑩ 입찰 시 활용 → ⑪ 지속적 관리

5.1.2 신규등록 하수급인

① 등록업체 추천 및 접수 → ② 신규 등록예정 하수급인 평가기준에 의한 자체평가 → ③ 적격성 여부 결정 → ④ 입찰참여 기회 부여 또는 제외 → ⑤ 입찰 → ⑥ 선정 계약 → ⑦ 완료 → ⑧ 완료(준공) 후 등록된 하수급인 평가기준에 의한 수준평가 → ⑨ 평가결과 취합 및 평균점수, 등급 산출 → ⑩ 계약 관련부서 통보 → ⑪ 입찰 시 활용 → ⑫ 지속적 관리

5.2 적격 하수급인 평가기준 및 절차

5.2.1 평가대상

가. 건설공사 하수급인(하도급 업체 등)

나. 용역기관(용역제공 업체 등)

다. 기타 위탁업체 등

5.2.2 평가 주체

가. 현장소장 및 안전관리자 각각은 해당 하수급인이 계약 목적물을 완료(준공)하였을 때 지체없이 [별지 제1호 서식]의 하수급인 평가표를 이용하여, 해당 현장에 대한 산재예방

을 위한 조치 능력과 기술에 관한 사항을 성실하게 평가해야 하고, 그 평가결과를 즉시 본사 안전보건담당자에게 통보해야 한다.

평가절차	① 공사 또는 용역 완료 → ② 완료(준공) 후 등록된 하수급인 평가기준에 의한 수준평가 → ③ 평가결과 취합 및 평균점수, 등급산출 → ④ 계약 관련 부서 통보 → ⑤ 입찰 시 활용 → ⑥ 지속적인 관리

나. 현장으로부터 통보받은 본사 안전보건담당자는 하수급인이 1년(1월 1일 ~ 12월 31일) 동안에 여러 현장에서 평가받은 결과를 모두 취합하여 평균점수와 등급을 산출한 후 계약담당 부서장에게 그 결과를 통보해야 하고, 계약담당 부서장은 입찰 시 이를 반드시 반영하여 입찰참가 자격을 부여해야 한다.

다. 신규등록 예정인 하수급인에 대한 평가 관련, 본사 계약부서장은 [별지 제2호 서식]의 신규등록 예정 하수급인 평가표를 이용하여 평가한 후 적격업체(A, B등급)에 대해서만 등록하여 입찰참가자격을 부여해야 한다.

라. 본사 계약부서장은 산업안전보건법 제58조의 유해한 도급금지 작업, 제59조의 도급승인, 제60조의 도급의 승인 시 하도급 금지 등의 작업에 대해서는 관련법을 준수하여 하도급 계약을 해서는 안 된다.

5.2.3 평가 시기

가. 등록되어 공사를 수행하고 있는 등록 하수급인에 대한 평가 시기는 1년(1월 1일~12월 31일) 동안의 기한 내에서 각 현장 단위별 계약 목적물을 완료(준공)한 직후에 실시한다.

나. 신규등록 예정 하수급인에 대한 평가 시기는 입찰참가 자격을 부여하기 전(협력업체 등록 전)에 실시한다.

5.2.4 하수급인 평가기준

가. 신규 등록예정 하수급인 평가기준

구분	평가항목	배점 기준					비고
		최우수	우수	보통	미흡	불량	
안전보건 관리 체계	본사 안전보건조직(겸직포함)의 구성 및 안전보건업무 분장상태	10	8	5	3	1	
	인력, 시설, 장비 등 자원의 확보상태	10	8	5	3	1	
	경영자의 안전보건 경영의 의지 (방침 및 목표 수립 여부 및 원도급 업체 방침목표 인지상태)	10	8	5	3	1	
	근로자 의견청취 계획, 비상대응조치 계획의 수립 및 충실성	10	8	5	3	1	
	위험성평가 절차의 마련 및 충실성	10	8	5	3	1	
안전보건 관리 계획서	해당공종 안전보건 확보내용의 충실성 및 이행 가능성	10	8	5	3	1	
	유해·위험요인에 파악 및 제거·대체, 통제방법의 적정성	10	8	5	3	1	
	안전교육 실시계획의 적정성	10	8	5	3	1	
	순회점검 및 보호구 지급계획의 적정성	10	8	5	3	1	
	최근 3년간의 동종공사 수행실적	10	8	5	3	1	
소계							
가·감점 (최근 3년간)	무재해	20					
	중대재해 발생	-30 (건당)					
	3일 이상의 휴업 부상재해 발생	-10 (건당)					
취득 점수(소계+가·감점)							
등급 판단		( ) 등급					

나. 등록되어 수행중인 하수급인 평가기준

구분	평가항목	배점 기준					비고
		최우수	우수	보통	미흡	불량	
안전보건관리체계	안전보건 조직의 구성 및 구성원 상주 여부	10	8	5	3	1	
	해당 작업에 대한 안전작업계획서 작성 및 준수 여부	10	8	5	3	1	
	안전보건관리체계의 구축 및 충실성	10	8	5	3	1	
실행수준	위험성평가 절차 마련 및 실시수준	10	8	5	3	1	
	안전작업계획서 내용 충실성 및 이행상태	10	8	5	3	1	
	종사자의 의견청취의 반영, 개선상태	5	4	2.5	1.5	0.5	
	안전점검 실시 및 개선 수준	5	4	2.5	1.5	0.5	
	법정 안전보건교육 실시의 충실성	5	4	2.5	1.5	0.5	
	비상대응훈련 실시 및 참여수준	5	4	2.5	1.5	0.5	
	산업안전보건법 등 안전법령 이해 및 준수상태 수준	5	4	2.5	1.5	0.5	
	원도급업체의 지시사항에 대한 개선 수준	5	4	2.5	1.5	0.5	
	적정 공사금액 확보 및 이행상태	5	4	2.5	1.5	0.5	
	적정 공사기간의 확보 및 준수상태	5	4	2.5	1.5	0.5	
	안전보건담당자 선임(겸직포함), 업무분장 및 직무수행 상태	5	4	2.5	1.5	0.5	
	산업안전보건관리비 집행의 충실성	5	4	2.5	1.5	0.5	
소계							
가·감점	무재해	20					
	중대재해 발생	-30 (건당)					
	3일 이상의 휴업 부상재해 발생	-10 (건당)					
취득 점수(소계+가·감점)							
등급 판단		( ) 등급					

5.3 평가 결과에 따른 등급 분류 및 관리기준

등급	취득 점수 (평가 결과)	관리기준
A등급	90점 이상	인센티브 제공 및 입찰참가 자격 부여
B등급	70～89점	입찰참가 자격 부여
C등급	69점 이하	입찰참가 자격 제외 또는 안전보건 수준 확보방안 제출 요구, 재평가

가. 대표이사는 평가결과가 A, B등급인 하수급인에 대해서만 입찰참가 자격의 기회를 지속적으로 부여해야 하며, A등급인 하수급인에 대해서는 수의계약 기회 제공, 대표이사 명의 표창 수여, 기타 동기부여를 할 수 있는 추가적인 인센티브를 제공할 수 있다,

나. 평가결과가 C등급의 하수급인 등에 대해서는 평가 해당연도의 다음 연도부터 입찰참가 자격 기회를 제공해서는 안 된다. 다만 안전보건 수준 확보방안을 제출하게 하여 [별지 제2호 서식]에 의해 재평가한 후 적절하다고 판단 시 입찰참가 자격 기회를 줄 수 있다.

5.4 계약 체결 시 준수사항

가. 계약담당 부서장은 계약체결 시 "적격 하수급인 관리 절차서"의 내용을 하수급인 등에게 제공해야 한다.

나. 건설산업기본법 제29조 하도급 금지규정에 따른 일괄 하도급 및 재 하도급은 절대금지해야 하고, 일괄 하도급 및 재 하도급 적발 시 하수급인에게 그 사유를 분명하게 밝혀 변경이나 해지를 요구해야 한다.

다. 입찰 시 해당 공종 도급금액 대비 82% 이하 견적 제출 시 저가에 의한 안전사고 우려가 있으므로 하도급계약 저가심사기준 등을 통해 검토 후 결정한다.

라. 하수급 계약 시 안전보건 확보를 위하여 다음과 같은 내용을 포함한 각서를 첨부하여 계약한다.

1) 안전보건경영방침 및 목표를 충분히 이해하고 이행한다.
2) 해당 공종 안전작업계획서를 작성하여 제출하고 준수한다.
3) 작업 시방서, 기계·기구의 안전사용방법 등 작업절차를 반드시 준수한다.
4) 매일 순회점검하고 유해·위험요인 발견 시 즉시 개선조치한다.

5) 비상훈련 참여, 보호구 지급 및 착용한 상태에서 작업한다.
6) 위험성평가를 성실하게 실시하여 안전사고를 미연에 방지한다.
7) 원도급 관계자의 정당한 지시, 감독에 대한 성실한 이행과 협조에 최선을 다한다.
8) 재 하도급이나 일괄 하도급은 절대로 하지 않는다.
9) 소속 근로자에 대한 법정 교육을 빠짐없이 내실 있게 실시한다.
10) 작업 전 매일 TBM을 실시한다.
11) 위와 같은 사항 미이행 시 계약 해제·해지 등 어떠한 불이익에도 이의를 제기하지 않는다.

6. 하수급인 등에 대한 안전보건관리비용에 관한 기준

6.1 지급목적

선정된 하수급인 등이 작업의 수행과정에서 발생되는 유해·위험요인을 제거하기 위한 충분한 비용을 책정하여 사용하게 함으로써, 그들이 속한 종사자들의 안전보건을 확보·유지 및 증진한다.

6.2 사용용도

안전보건관리비는 하수급인이 사용하는 시설, 설비, 장비 등에 대한 안전보건 조치비용, 종사자의 개인보호구 구입 등 안전보건 확보를 위한 비용 등으로써, 구체적인 사용 용도는 다음과 같다.

사용 용도	사용예정금액	비고
1. 안전보건관계자(신호수 등) 인건비		
2. 안전보건 시설비		
3. 개인보호구 등 구입비		
4. 안전보건 진단비		
5. 안전보건교육 및 행사비		
6. 근로자 건강관리비		
7. 기타 안전보건 확보비용		위험성평가 개선비용 등
총계		

6.3 계상기준

가. 하수급인에게 지급할 안전보건관리비용은 산업안전보건법 시행규칙 제89조 제1항에 따라 도급금액 또는 사업비에 계상된 산업안전보건관리비의 범위에서 하수급인 해당 사업의 위험도 등을 고려하여 적정하게 계상하여 지급해야 한다.

나. 하수급인의 안전보건관리비용은 하수급인 소속 종사자 등에 대한 안전보건을 확보하는데 충분한 비용이 반영되도록 하여야 한다.

6.4 반영절차 및 지급방법

가. 본사 계약담당부서장은 하수급인 업체 선정을 위한 현장설명 시 하수급인에게 지급해야 할 안전보건관리비용에 대해 상호 충분히 협의하여 확정하고, 확정된 금액 이상으로 투찰할 수 있도록 조치하여야 한다.

나. 하수급인이 확정된 안전보건관리비용 미만으로 반영하여 투찰할 경우에는 그 하수급인의 입찰은 무효로 할 수 있다.

다. 안전보건관리비용의 구체적인 사용 용도를 하수급인에게 알려주어 목적 외 사용하지 않도록 조치하여야 한다.

라. 투찰한 안전보건관리비는 선정된 하수급인의 하도급계약 금액에 포함하여 계약하여야 하고, 증감사유 발생 시 하도급 변경계약을 체결하는 방식으로 변경하여야 한다.

6.5 하수급인 사용의 적절성 확인

가. 현장소장은 하수급인의 안전보건관리비 사용 내역에 대하여 매월별로 사용 증빙을 제출받아 적절성 확인하고 현장에 보관해야 한다. 또한, 목적 외 사용 시에나 미사용 금액 등이 발견 시에는 즉시 시정조치 하는 등 필요한 조치를 하여야 한다.

나. 하수급인의 계약 종료(준공) 시 사용금액에 대한 정산과정을 반드시 거쳐야 하고, 증감사유 발생 시 본사 계약담당부서장에게 통보하여 즉시 변경계약이 체결될 수 있도록 조치하여야 한다.

6.6 예외조치

가. 회사는 하수급인 등에게 상기 6.3 계상기준, 6.4 반영절차 및 지급방법, 6.5 하수급인 사용의 적절성 확인 등의 규정에도 불구하고, 건설현장의 특수성이나 하수급인의 관리

능력, 관리의 복잡성 등을 고려하여 안전보건관리비용을 계약금액에 반영하여 지급하지 않고 하수급인이 자기의 예산으로 우선 사용하게 할 수 있다. 이때 하수급인이 사용한 안전보건관리비용은 반드시 사후정산하여 지급해야 한다.

나. 하수급인 등이 계약 목적물 수행도중 종사자 등의 재해예방을 위해 추가 지급을 요청하는 경우에는 적절성과 합리성 등을 면밀하게 검토하여 적절하다고 판단될 시 안전보건 확보에 필요한 비용을 반드시 지급하여야 한다.

7. 하수급인 등에 대한 공사기간에 관한 기준

7.1 정보의 제공

가. 본사 계약담당부서장은 하수급인 업체 등이 안전하게 작업할 수 있는 충분한 공사기간이 확보될 수 있도록 설계도서에 반영된 공사기간이나 작업시방서, 설계도서, 계약조건, 현장여건, 공사물량, 기타 관련 정보를 충분하게 제공하여 입찰할 수 있도록 조치해야 한다.

나. 본사 계약담당부서장은 현장설명 시 설계도서에 반영된 공사기간의 적정성, 공법의 적합성, 예정금액의 적정성, 기타 안전보건에 관한 사항에 대해서도 충분히 소통을 하여야 하고, 충분한 검토시간 제공하여 입찰에 참여할 수 있도록 하여야 한다.

7.2 충분한 공사기간의 제공

가. 본사 계약담당부서장 및 현장소장은 비용절감 등을 목적으로 무리하게 짧은 공사기간의 일방적인 결정이나 단축, 공법의 변경 등의 불안전한 조건을 제시해서는 안 되며, 공사기간 중 기상 상황의 악화(천재지변)나 재해 발생의 급박한 위험 상황, 돌발 사태 등이 발생 시에는 발주자와 협의하여 그 기간만큼 공사기간을 충분히 연장해 주어야 한다.

나. 현장소장은 하수급인 등이 정당한 사유 없이 미착공이나 공사 지연 등으로 인하여 공사기간 내에 계약 목적물의 달성이 어렵다고 판단 시, 즉시 본사 계약담당부서장에게 통보하고 본사 계약담당부서장의 지시에 따르는 등 이에 대한 필요한 조치를 신속히 진행하여 공사 시급성에 따른 안전성을 확보해야 한다.

다. 설계도서 검토결과 공사기간이 현저히 짧게 산정되있을 경우에는 발주사에게 공사기간 연장 사유를 충분히 설명하여 설계변경(공기연장)을 요청하는 등 안전성이 확보될 수 있도록 조치해야 하고, 공사기간이 연장될 경우는 즉시 본사 계약담당부서장에게 통보하여 하수급인과의 변경계약을 신속하게 체결해야 한다.

7.3 설계변경

가. 현장소장은 하수급인이 시공하는 다음 공사에 대하여 가설구조물 등의 붕괴 등으로 산업재해가 발생할 위험이 있다고 판단되면 건축·토목 분야의 전문가(산업안전보건공단, 구조기술사 등)의 의견을 들어 건설공사 발주자에게 해당 건설공사의 설계변경을 요청해야 한다.

1) 높이 31 m 이상인 비계

2) 작업발판 일체형 거푸집 또는 높이 5 m 이상인 거푸집 동바리

3) 터널의 지보공 또는 높이 2 m 이상인 흙막이 지보공

4) 동력을 이용하여 움직이는 가설구조물

5) 기타 재해발생 가능성이 크다고 판단되는 공종

나. 발주자로부터 해당 공사에 대하여 설계변경이 승인된 경우 즉시 본사 계약담당부서장에게 통보하여 하수급인과의 변경계약을 신속하게 체결해야 한다.

8. 이행 여부 점검 및 조치

8.1 점검주체 및 방법

가. 대표이사는 현장소장 및 본사 하수급 계약부서장이 "적격 하수급인 관리 절차서"의 기준과 절차에 따라 하수급인 등 제3자에게 업무의 도급, 용역, 위탁 등이 적절하게 이루어지는지의 여부를 [별지 제3호 서식, 현장소장 점검표]와 [별지 제4호서식, 본사 하수급인 계약부서장]의 점검표를 이용하여 직접 점검해야 한다. 다만, 경영상의 일정 등으로 점검할 수 없을 경우는 본사 안전보건담당자에게 위임하여 점검하게 할 수 있다.

나. 대표이사는 점검의 실효성과 객관성의 확보를 위하여 산업안전보건법 제73조에 따른 건설재해예방 전문지도기관 등에 위탁하여 점검을 실시할 수 있으며, 위탁 점검 시 본사 안전보건담당자와 동행하여 점검을 실시해야 한다.

다. 대표이사가 직접 점검하지 않는 경우에는 점검이 끝난 후 지체없이 점검 결과를 보고받아야 하고, 미이행 시 동 절차서 8.4에 따라 이에 대한 적절한 조치를 취해야 한다.

8.2 점검주기

대표이사는 반기(상반기 : 1.1～6.30까지, 하반기 : 7.1～12.31까지) 1회 이상 점검하여 이행 여부를 체계적으로 관리하여야 하고, 필요하다고 판단 시 수시로 점검할 수 있다.

8.3 점검내용

가. 하수급인 등의 평가기준·절차 준수 및 평가 상태
  1) 평가기준과 절차에 따른 평가 실시 여부
  2) 평가 시기의 적절성(공사완료 직후)
  3) 평가결과의 입찰 반영 여부(계약담당 부서)

나. 안전보건관리비용에 관한 기준 준수 여부
  1) 안전보건관리비용 계상기준의 적절성
  2) 안전보건관리비용의 지급 여부
  3) 안전보건관리비용의 적절한 사용 확인 여부 및 보관의 적절성

다. 공사기간에 관한 기준 준수 여부
  1) 충분한 공사기간의 반영 여부
  2) 비용절감 목적 등으로 공사기간의 일방적 결정 및 단축여부
  3) 공사기간의 연장 여부(기상악화, 재해발생 급박한 위험, 돌발상황 발생 시)
  4) 하수급인의 정당한 사유 없이 미착공 또는 공사지연 여부

8.4 미이행시 조치

가. 대표이사는 점검과정을 통해 현장소장 및 본사 계약부서장이 기준과 절차에 따라 이행을 하지 않은 사실이 확인된 경우는 이행에 필요한 다음과 같은 개선조치를 하여야 한다.
  1) 이행의 지시
  2) 이행에 필요한 자원의 제공
  3) 교육훈련 실시
  4) 관계자 인사고과 반영
  5) 기타 이행과 관련한 필요한 조치

나. 현장소장 및 본사 계약부서장은 미이행 사항에 대한 개선결과에 대해서는 개선 즉시 대표이사에게 보고해야 하고, 보고받은 대표이사는 개선의 적절성 등을 확인하여 필요한 조치를 하여야 한다.

8.5 평가 및 개선활동 반영

대표이사는 본사 계약부서장 및 현장소장이 기준과 절차에 따른 이행을 지속 반복적으로 이행하지 않은 경우, 근본적 해결책을 강구하기 위하여 다음 사항에 대하여 "시스템 평가 및 개선 절차서"에 의거 매년 반영하여야 한다.

가. 계약부서장이 기준과 절차에 따라 이행하는지의 여부와 지속 반복적으로 이행하지 않은 경우는 그 원인 및 개선방안

나. 현장소장이 기준과 절차에 따라 이행하는지의 여부와 지속 반복적으로 이행하지 않은 경우는 그 원인 및 개선방안

9. 문서 및 기록보관

업무수행 문서 및 기록에 관하여 5년간 보관한다.

10. 관련 절차서

가. [1] 안전보건경영 매뉴얼

나. [3] 본사 안전보건담당자 업무수행 절차서

다. [4] 유해·위험요인 확인 및 개선 절차서

라. [6] 예산편성 및 집행 절차서

마. [14] 현장 안전보건업무 수행 절차서

바. [15] 시스템 평가 및 개선 절차서

별지 제1호 서식 등록되어 수행 중인 하수급인 평가표

원도급 현장명		현장소장(평가자)	(서명)
하수급 현장명		하수급 업체 및 대표자 (피 평가자)	
하수급 계약금액		하수급 계약기간	
해당 공종		평가일자	

구분	평가항목	배점 기준					비고
		최우수	우수	보통	미흡	불량	
안전보건 관리체계	안전보건 조직의 구성 및 구성원 상주 여부	10	8	5	3	1	
	해당 작업에 대한 안전작업계획서 작성 및 준수 여부	10	8	5	3	1	
	안전보건관리체계의 구축 및 충실성	10	8	5	3	1	
실행수준	위험성평가 절차 마련 및 실시수준	10	8	5	3	1	
	안전작업계획서 내용 충실성 및 이행상태	10	8	5	3	1	
	종사자의 의견청취의 반영, 개선상태	5	4	2.5	1.5	0.5	
	안전점검 실시 및 개선 수준	5	4	2.5	1.5	0.5	
	법정 안전보건교육 실시의 충실성	5	4	2.5	1.5	0.5	
	비상대응훈련 실시 및 참여수준	5	4	2.5	1.5	0.5	
	산업안전보건법 등 안전법령 이해 및 준수 상태 수준	5	4	2.5	1.5	0.5	
	원도급업체의 지시사항에 대한 개선 수준	5	4	2.5	1.5	0.5	
	적정 공사금액 확보 및 이행상태	5	4	2.5	1.5	0.5	
	적정 공사기간의 확보 및 준수상태	5	4	2.5	1.5	0.5	
	안전보건담당자 선임(겸직포함), 업무분장 및 직무수행 상태	5	4	2.5	1.5	0.5	
	산업안전보건관리비 집행의 충실성	5	4	2.5	1.5	0.5	

구분	항목	점수
소계		
가·감점	무재해	20
	중대재해 발생	-30 (건당)
	3일 이상의 휴업 부상재해 발생	-10 (건당)
취득 점수(소계+가·감점)		
등급 판단		( ) 등급

별지 제2호 서식 신규 등록예정 하수급인 평가표

<table>
<tr><td>하수급 업체명</td><td colspan="2"></td><td colspan="4">대표자</td><td colspan="2"></td></tr>
<tr><td>공종</td><td colspan="2"></td><td colspan="4">평가자</td><td colspan="2"></td></tr>
<tr><td rowspan="2">구분</td><td rowspan="2">평가항목</td><td colspan="5">배점 기준</td><td rowspan="2">비고</td></tr>
<tr><td>최우수</td><td>우수</td><td>보통</td><td>미흡</td><td>불량</td></tr>
<tr><td rowspan="5">안전보건
관리체계</td><td>본사 안전보건조직(겸직포함)의 구성 및 안전보건업무 분장상태</td><td>10</td><td>8</td><td>5</td><td>3</td><td>1</td><td></td></tr>
<tr><td>인력, 시설, 장비 등 자원의 확보상태</td><td>10</td><td>8</td><td>5</td><td>3</td><td>1</td><td></td></tr>
<tr><td>경영자의 안전보건 경영의 의지
(방침 및 목표 수립여부 및 원도급 업체 방침목표 인지상태)</td><td>10</td><td>8</td><td>5</td><td>3</td><td>1</td><td></td></tr>
<tr><td>근로자 의견청취 계획, 비상대응조치 계획의 수립 및 충실성</td><td>10</td><td>8</td><td>5</td><td>3</td><td>1</td><td></td></tr>
<tr><td>위험성평가 절차의 마련 및 충실성</td><td>10</td><td>8</td><td>5</td><td>3</td><td>1</td><td></td></tr>
<tr><td rowspan="5">안전보건
관리
계획서</td><td>해당공종 안전보건 확보내용의 충실성 및 이행 가능성</td><td>10</td><td>8</td><td>5</td><td>3</td><td>1</td><td></td></tr>
<tr><td>유해·위험요인에 파악 및 제거·대체, 통제방법의 적정성</td><td>10</td><td>8</td><td>5</td><td>3</td><td>1</td><td></td></tr>
<tr><td>안전교육 실시계획의 적정성</td><td>10</td><td>8</td><td>5</td><td>3</td><td>1</td><td></td></tr>
<tr><td>순회점검 및 보호구 지급계획의 적정성</td><td>10</td><td>8</td><td>5</td><td>3</td><td>1</td><td></td></tr>
<tr><td>최근 3년간의 동종공사 수행실적</td><td>10</td><td>8</td><td>5</td><td>3</td><td>1</td><td></td></tr>
<tr><td colspan="2">소계</td><td colspan="6"></td></tr>
<tr><td rowspan="3">가·감점
(최근
3년간)</td><td>무재해</td><td colspan="6">20</td></tr>
<tr><td>중대재해 발생</td><td colspan="6">-30 (건당)</td></tr>
<tr><td>3일 이상의 휴업 부상재해 발생</td><td colspan="6">-10 (건당)</td></tr>
<tr><td colspan="2">취득 점수(소계+가·감점)</td><td colspan="6"></td></tr>
<tr><td colspan="2">등급판단</td><td colspan="6">(　　) 등급</td></tr>
</table>

별지 제3호 서식 현장소장 이행 여부 점검표

현장명		점검일시			
하수급인 명		현장소장	(서명)		
점검자 1	(서명)	점검자 2	(서명)		
구분	점검항목	이행 여부	미이행 시 원인(이유)	이행에 필요한 개선방안	비고
하수급인 등의 평가기준·절차 준수 및 평가상태	평가기준과 절차에 따른 평가 실시 여부(공사 수행업체)				
	평가 시기의 적절성(준공 후)				
안전보건관리 비용에 관한 기준 준수 여부	안전보건관리비용 계상기준의 적절성				
	안전보건관리비용 지급 여부				
	안전보건관리비용의 적절한 사용 확인 및 보관의 적절성				
공사기간에 관한 기준 준수 여부	충분한 공사기간의 반영 여부				
	비용절감 목적 등으로 공사기간의 일방적 결정 및 단축여부				
	공사기간의 연장 여부(설계변경, 기상악화, 재해발생 급박위험 등 돌발상황 발생 시)				
	하수급인의 정당한 사유 없이 미착공, 공사지연 여부				
의견청취					
기타					

별지 제4호 서식 본사 하수급 계약부서장 이행 여부 점검표

<table>
<tr><td>계약부서 명</td><td></td><td colspan="2">점검일시</td><td colspan="2"></td></tr>
<tr><td>하수급인 명</td><td></td><td colspan="2">본사 계약부서장</td><td colspan="2">(서명)</td></tr>
<tr><td>점검자 1</td><td>(서명)</td><td colspan="2">점검자 2</td><td colspan="2">(서명)</td></tr>
<tr><th>구분</th><th>점검항목</th><th>이행
여부</th><th>미이행 시
원인(이유)</th><th>이행에 필요한
개선방안</th><th>비고</th></tr>
<tr><td rowspan="3">하수급인 등의 평가기준·절차 준수 및 평가상태</td><td>평가기준과 절차에 따른 평가 실시 여부(신규 등록업체)</td><td></td><td></td><td></td><td></td></tr>
<tr><td>평가 시기의 적절성(신규 등록업체)</td><td></td><td></td><td></td><td></td></tr>
<tr><td>평가 결과의 입찰 반영 여부
(신규 및 기존 등록업체)</td><td></td><td></td><td></td><td></td></tr>
<tr><td rowspan="2">안전보건관리비용에 관한 기준 준수 여부</td><td>안전보건관리비용 계상기준의 적절성</td><td></td><td></td><td></td><td></td></tr>
<tr><td>안전보건관리비용 지급 여부</td><td></td><td></td><td></td><td></td></tr>
<tr><td rowspan="3">공사기간에 관한 기준 준수 여부</td><td>충분한 공사기간의 반영 여부</td><td></td><td></td><td></td><td></td></tr>
<tr><td>비용절감 목적 등으로 공사기간의 일방적 결정 및 단축여부</td><td></td><td></td><td></td><td></td></tr>
<tr><td>공사기간의 연장 여부(설계변경, 기상악화, 재해발생 급박위험 등 돌발상황 발생 시)</td><td></td><td></td><td></td><td></td></tr>
<tr><td>의견청취</td><td colspan="5"></td></tr>
<tr><td>기타</td><td colspan="5"></td></tr>
</table>

재해 재발방지 절차서

■ 관리본(CONTROLLED)

□ 비관리본(UNCONTROLLED)

◈ 업종 분야 : 건설업

㈜ ○○건설

목차

1. 목적

본 절차서는 재해 발생 시 유해·위험요인과 발생 원인을 파악 분석하고 파악된 유해·위험요인별 제거·대체 및 통제 방안 등 종합적인 개선대책을 수립하여 이행함으로써, 건설현장에서 동일·유사한 재해가 재발하지 않도록 하는 데 그 목적이 있다.

2. 적용범위

본 절차서는 회사시공 전 현장에 적용한다.

3. 용어의 정의

3.1 산업재해

노무를 제공하는 사람이 업무에 관계되는 건설물·설비·원재료·가스·증기·분진 등에 의하거나 작업 또는 그 밖의 업무로 인하여 사망 또는 부상하거나 질병에 걸리는 것을 말한다.

3.2 중대재해

가. 사망자가 1명 이상 발생한 재해
나. 3개월 이상의 요양이 필요한 부상자가 동시에 2명 이상 발생한 재해
다. 부상자 또는 직업성 질병자가 동시에 10명 이상 발생한 재해

3.3 중대산업재해

가. 사망자가 1명 이상 발생
나. 동일한 사고로 6개월 이상 치료가 필요한 부상자가 2명 이상 발생
다. 동일한 유해요인으로 급성중독 등 대통령령으로 정하는 직업성 질병자가 1년 이내에 3명 이상 발생

3.4 아차사고

유해·위험요인의 자극에 의하여 사고로 발전되었거나 사고로 이어질 뻔했던 원하지 않는 사건(Event)으로써 인적·물적 손실인 상해·질병 및 재산적 손실이 발생되지 않은 사고를 포함한 것을 말한다.

4. 책임과 권한

4.1 대표이사

가. 재해 원인조사 및 재발방지 대책의 수립
나. 재발방지 대책의 이행 및 이행에 필요한 자원의 제공
다. 이행상태 및 은폐 사실의 확인점검 및 조치
라. 재해발생 사실의 관계기관 보고
마. 관계자 등에게 권한의 부여

4.2 본사 안전보건담당자

가. 대표이사 보좌 및 위임 권한의 행사
나. 재해조사 및 재발방지 대책의 수립의 지원, 이행 확인
다. 재해발생 사실의 보고
라. 재발방지를 위한 재해사례 전 현장 전파교육
마. 건설현장 이행상태 및 은폐 사실의 확인점검 및 대표이사 보고

4.3 현장소장

가. 산업재해 예방계획의 수립 및 이행
나. 산업재해의 원인조사 및 재발 방지대책의 수립, 이행, 기록의 보관
다. 재해발생 또는 급박한 위험 발생 시 작업의 중지, 대피, 구호, 추가피해 방지조치
라. 안전보건관리자, 관리감독자, 종사자 등에 대한 업무 분담 및 감독
마. 재해발생 시 유관기관(고용노동부, 인허가기관, 국토안전관리원, 경찰서 등) 및 대표이사 기한 내 보고

바. 재발 방지를 위한 전문가 및 종사자의 의견수렴
사. 산업재해에 관한 통계의 기록 및 유지

4.4 안전보건관리자(안전보건담당자)

가. 산업재해 발생의 원인조사·분석 및 재발 방지를 위한 기술적 보좌 및 지도·조언
나. 산업재해에 관한 통계의 유지·관리·분석을 위한 보좌 및 지도·조언
나. 산재처리 및 관계기관에의 산재발생 신고(산업재해조사표 등)
다. 재해발생 또는 급박한 위험 발생 시 작업의 중지, 대피, 구호, 추가피해 방지조치
라. 관리감독자, 종사자 등에 대한 지도·조언
마. 재해발생 관련 기록·유지

4.5 관리감독자

가. 산업재해에 관한 보고 및 이에 대한 응급조치, 구호조치
나. 작업 중지, 근로자 대피, 119 신고, 위험요인 제거, 출입금지 등 대응 조치 실행
다. 안전보건관리자의 지도 조언에 대한 협조
라. 추가피해 방지를 위한 조치
마. 증거자료의 확보

5. 재해 발생 시 처리 절차

재해발생	• 가급적 아차사고도 관리에 포함
↓ 재해발생 보고	• 고용노동부 보고재해 • 보고비대상 재해 포함
↓ 재해원인 조사	• 재해의 정도, 기계 · 설비 문제점, 작업환경, 관리상 문제점 등 조사
↓ 재해원인 분석 및 대책마련	• 관리적, 기술적, 인적오류 등을 다각도로 분석하여 동일한 재해가 재발하지 않도록 근본적인 대책 강구
↓ 개선활동	• 시설적, 관리적, 교육적 개선사항에 따라 개선활동 • 타 사업장에서 발생한 재해일지라도 유사한 공정, 기계설비, 작업이 있는 경우 적용
↓ 교육 · 전파	• 발생 작업과 유사작업공정 전직원 교육 • 타 사업장도 교육 및 전파

6. 재해발생 보고

현장소장은 다음과 같은 재해 발생 시 반드시 보고기한 내에 관계기관 및 대표이사에게 보고하여야 하고, 재해조사 기록 등은 현장에 보관해야 한다.

재해유형	근거	보고기관	보고기한	보고내용 및 방법
중대재해	산업안전보건법 시행령 제67조	현장 소재지 관할 지방노동관서	지체없이 전화 팩스 등의 방법으로 보고	발생개요 및 피해상황, 조치 및 전망, 그 밖의 중요한 사항 등
3일 이상의 휴업 부상 및 질병	산업안전보건법 시행령 제73조	현장 소재지 관할 지방노동관서	발생일로부터 1개월 이내	[별지 제1호 서식]의 산업재해 조사표에 의거 팩스, 우편, 직접방문 등의 방법으로 보고
재해발생	건설기술진흥법 제67조	발주청 및 인허가 기관	지체없이 전화 팩스 등의 방법으로 보고	사고발생 일시 및 장소, 사고발생 경위, 조치사항, 향후 조치계획 등
재해발생 (앗차사고 포함)	재해 재발방지 절차서 5.2	본사 대표이사	즉시	[별지 제2호 서식]을 이용하여 팩스, 메일 등의 방법으로 보고

7. 재해 원인조사 및 분석

가. 현장소장은 업무수행 중 발생된 산업재해(경미한 반복적 재해, 아차사고 포함)에 대해서 다음 사항을 포함하여 재해발생 원인을 철저히 조사하여 분석해야 한다.

1) 재해발생 개요
2) 피재자 인적사항
3) 피해상황(재해의 정도 등) 및 전망
4) 목격자 진술서 및 증빙사진
5) 재해발생 원인(기계설비의 문제점, 작업환경, 관리상의 문제점 등)

나. 재해 원인조사 방법은 4M 분석방법과 6하원칙(5W1H) 등을 포함하여 다양한 방법으로 조사할 수 있다.

1) Man(인적) 원인 : 근로자의 위험장소 접근 등 불안전한 행동, 작업자세 및 동작의 결함, 작업정보의 부적절, 성별, 고령자, 외국인, 비정규직, 개인적 질병, 잘못된 습관, 실수, 오조작, 망각, 착오, 생략행위, 피로, 수면부족, 심리적 원인, 생리적 원인 등
2) Machine(기계적) 원인 : 기계설비의 설계상의 결함, 고장, 덮개 등 방호장치의 불량 등
3) Media(작업, 환경적) 원인 : 작업공간의 불량, 가스 발생이나 산소결핍, 분진발생, 저온, 고온다습, 소음, 진동, MSDS자료 미비, 작업환경 불량, 작업정보의 부족 등
4) Management(관리적) 원인 : 안전보건 조직의 결함, 관리감독 및 지도 결여, 교육훈련 미흡, 각종 규정 및 안전작업 계획서 미작성, 안전수칙 및 각종 표지판 미게시,

절차서 등 시스템 결함, 의사소통 결여, 안전보건관련법령 미확보 등

8. 대책 마련

가. 현장소장은 재해발생 원인을 4M의 방법 등으로 철저히 조사, 분석한 후 그 원인의 제거를 위한 근본적 대책을 수립해야 하며, 대책수립에는 유해·위험요인의 제거·대체, 통제(공학적, 행정적), 보호구 착용의 순서로 수립해야 한다.

1) 제거 : 설계변경 방법 등으로 유해·위험작업이 필요 없게 하거나 유해·위험요인을 물리적으로 완전히 없애버리는 것(예시 : 밀폐공간이 없도록 구조변경 등)

2) 대체 : 안전한 작업방법으로 변경하는 등 유해·위험요인의 위험성을 보다 낮고 안전한 유해·위험요인으로 대신 바꾸어 하는 것(예시 : 접이형 사다리 사용에서 시저형 고소작업대 사용)

3) 공학적 통제 : 안전시설물 설치, 방호장치 설치 등 기술적인 방법을 동원하여 유해·위험요인와 작업자를 격리하는 것(예시 : 추락 위험지역 안전난간 설치, 접지 및 누전차단기 설치, 회전체 덮개 설치 등)

4) 행정적 통제 : 관리적 수단 등을 통해 유해·위험요인을 통제하는 것(예시 : 안전보건경영시스템의 제·개정, 안전교육 실시, 작업계획서 작성, 순회점검 및 조치, 신호수 배치, 표지판 설치, 작업허가제 등)

5) 개인 보호구의 지급 및 착용

나. 현장소장은 재해 원인조사 및 대책 마련 시 원인의 근본적 해소와 객관성 확보를 위하여 현장 실무자와 종사자 및 건설안전기술사 등 안전보건에 관한 전문가의 의견을 수렴하여 마련해야 한다.

9. 개선활동

9.1 대책의 이행

가. 현장소장은 대책에 따른 개선사항을 성실하게 이행하여 동종 및 유사재해를 예방해야 한다.

나. 현장소장은 타 건설현장에서 발생한 재해[별지 제2호 서식, 재해조사보고서]일지라도 유사한 공정이나 기계설비, 동일한 작업이 있을 경우는 해당 건설현장에 별지 제2호 서식

의 재해조사보고서를 활용하여 성실하게 이행해야 한다.

9.2 전파교육

가. 대표이사는 재해 발생 현장에 대한 재해조사보고서 [별지 제2호 서식]을 활용하여 회사 시공 전 건설현장에 전파 교육하여야 한다.

나. 현장소장은 재해조사보고서를 활용하여 위험성평가, 순회점검, 종사자 교육, 유해·위험 요인의 확인 및 개선 질차 등에 반영하어 재발방지를 위해 노력하여야 한나.

10. 현장소장 대책의 이행 및 은폐 여부 점검

10.1 점검주체 및 방법

가. 대표이사는 산재를 발생시킨 현장소장이 산재의 재발방지 대책의 마련 및 이행 여부, 은폐 여부의 확인을 위하여 반기(상반기 : 1.1～6.30까지, 하반기 : 7.1～12.31까지) 1회 이상 직접 점검[별지 제3호 서식]을 하여야 한다. 다만, 경영상의 일정 등으로 점검할 수 없을 경우는 본사 안전보건담당자 등에게 위임하여 점검하게 할 수 있다.

나. 대표이사가 직접 점검하지 않는 경우는 점검이 끝난 후 지체없이 점검 결과를 보고 받아야 하고, 그에 따른 적절한 조치를 하여야 한다.

10.2 평가 및 개선활동 반영

대표이사는 건설현장에서 동일 및 유사재해가 반복적으로 발생할 경우나 은폐 시 그 근본적인 원인과 개선방안 수립을 위하여 “시스템 평가 및 개선 절차서”에 의거 매년 반영하여 개선해야 한다.

가. 동일 및 유사재해가 반복적으로 발생하는지의 여부와 반복적 발생 시 그 원인 및 개선방안

나. 은폐 발생의 여부와 은폐 발생 시 그 원인 및 개선방안

11. 문서 및 기록보관

업무수행 문서 및 기록에 관하여 5년간 보관한다.

12. 관련 시스템

가. [1] 안전보건경영 매뉴얼

나. [4] 유해·위험요인 확인 및 개선 절차서

다. [5] 위험성 평가 절차서

라. [7] 안전보건관리책임자 등 업무수행 및 평가 절차서

마. [9] 종사자 의견청취 절차서

바. [13] 안전보건 관계 법령 등 이행관리 절차서

사. [14] 현장 안전보건업무 수행 절차서

아. [15] 시스템 평가 및 개선 절차서

별지 제1호 서식 산업재해조사표

산업재해조사표

※ 뒤쪽의 작성방법을 읽고 작성하시기 바라며, [ ]에는 해당하는 곳에 √ 표시를 합니다. (앞쪽)

Ⅰ. 사업장 정보	①산재관리번호(사업개시번호)			사업자등록번호			
	②사업장명			③근로자 수			
	④업종			소재지	(-)		
	⑤재해자가 사내 수급인 소속인 경우(건설업 제외)	원도급인 사업장명		⑥재해자가 파견근로자인 경우	파견사업주 사업장명		
		사업장 산재관리번호(사업개시번호)			사업장 산재관리번호(사업개시번호)		
	건설업만 작성	발주자		[ ]민간 [ ]국가·지방자치단체 [ ]공공기관			
		⑦원수급 사업장명		공사현장 명			
		⑧원수급 사업장 산재관리번호(사업개시번호)					
		⑨공사종류		공정률	%	공사금액	백만원

※ 아래 항목은 재해자별로 각각 작성하되, 같은 재해로 재해자가 여러 명이 발생한 경우에는 별지에 추가로 적습니다.

Ⅱ. 재해 정보	성명		주민등록번호(외국인등록번호)		성별	[ ]남 [ ]여	
	주소				휴대전화	- -	
	국적	[ ]내국인 [ ]외국인 [국적: ⑩체류자격:]			⑪직업		
	입사일	년 월 일	⑫같은 종류업무 근속기간		년 월		
	⑬고용형태	[ ]상용 [ ]임시 [ ]일용 [ ]무급가족종사자 [ ]자영업자 [ ] 그 밖의 사항 [ ]					
	⑭근무형태	[ ]정상 [ ]2교대 [ ]3교대 [ ]4교대 [ ]시간제 [ ] 그 밖의 사항 [ ]					
	⑮상해종류(질병명)		⑯상해부위(질병부위)		⑰휴업 예상일수	휴업 [ ]일	
					사망 여부	[ ] 사망	

Ⅲ. 재해발생 개요 및 원인	⑱ 재해 발생 개요	발생일시	[ ]년 [ ]월 [ ]일 [ ]요일 [ ]시 [ ]분
		발생장소	
		재해관련 작업유형	
		재해발생 당시 상황	
	⑲재해발생원인		
Ⅳ. ⑳재발 방지 계획			

※ ⑳재발방지 계획 이행을 위한 안전보건교육 및 기술지도 등을 한국산업안전보건공단에서 무료로 제공하고 있으니 즉시 기술지원 서비스를 받으려는 경우 오른쪽에 √ 표시를 하시기 바랍니다.	즉시 기술지원 서비스 요청 [ ]
※ 근로복지공단은 재해자의 개인정보를 활용하는 것에 동의하는 사람에 한정하여 해당 재해자에게 산재보험급여의 신청방법을 안내하고 있으니 관련 안내를 받으려는 재해자는 오른쪽에 √ 표시를 하시기 바랍니다.	산재보험급여 신청방법 안내를 위한 재해자의 개인정보 활용 동의 [ ]

작성자 성명

작성자 전화번호 작성일 년 월 일

사업주 (서명 또는 인)

근로자대표(재해자) (서명 또는 인)

( )지방고용노동청장(지청장) 귀하

별지 제2호 서식 재해조사 보고서

<table>
<tr><td>현장명</td><td colspan="2"></td><td>현장소장</td><td>(서명)</td></tr>
<tr><td rowspan="2">피재자
인적사항</td><td>성명</td><td></td><td>소속 및 직종</td><td></td></tr>
<tr><td>생년월일</td><td></td><td>건설업 경력</td><td></td></tr>
<tr><td>재해발생 개요
(6하원칙)</td><td colspan="4"></td></tr>
<tr><td>피해 상황
(재해의 정도)</td><td colspan="4"></td></tr>
<tr><td>조치 및 전망</td><td colspan="4"></td></tr>
<tr><td rowspan="5">재해발생 원인</td><td colspan="2">Man(인적) 원인</td><td colspan="2"></td></tr>
<tr><td colspan="2">Machine(기계적) 원인</td><td colspan="2"></td></tr>
<tr><td colspan="2">Media(물질환경적) 원인</td><td colspan="2"></td></tr>
<tr><td colspan="2">Management(관리적) 원인</td><td colspan="2"></td></tr>
<tr><td colspan="2">기타의 원인</td><td colspan="2"></td></tr>
<tr><td rowspan="5">재발방지 대책
(제거·대체 및 통제방안 순서로 수립)</td><td colspan="2">Man(인적) 대책</td><td colspan="2"></td></tr>
<tr><td colspan="2">Machine(기계적) 대책</td><td colspan="2"></td></tr>
<tr><td colspan="2">Media(물질환경적) 대책</td><td colspan="2"></td></tr>
<tr><td colspan="2">Management(관리적) 대책</td><td colspan="2"></td></tr>
<tr><td colspan="2">기타의 대책</td><td colspan="2"></td></tr>
<tr><td>기타</td><td colspan="4"></td></tr>
</table>

별지 제3호 서식 재발방지 대책 및 은폐여부 점검표

<table>
<tr><td>현장명</td><td colspan="2"></td><td>현장소장</td><td>(서명)</td></tr>
<tr><td colspan="2">구분</td><td>여부</td><td>미이행, 은폐 시 원인
(이유)</td><td>개선방안</td></tr>
<tr><td rowspan="2">산업재해 발생
(아차사고 포함)
하였을 경우</td><td>발생의 원인 및
대책 마련 여부</td><td></td><td></td><td></td></tr>
<tr><td>은폐 여부
(은폐 건수)</td><td></td><td></td><td></td></tr>
<tr><td>발생 건수</td><td colspan="4">-. 중대재해 : 건(방생일시 :)
-. 3일 이상의 휴업재해 : 건(발생일시 :)
-. 아차사고 : 건(발생일시 :)</td></tr>
<tr><td>비고</td><td colspan="4"></td></tr>
<tr><td>짐검일사</td><td colspan="2"></td><td>점검자</td><td>(서명)</td></tr>
</table>

안전보건 관계 법령 등 이행관리 절차서

■ 관리본(CONTROLLED)

□ 비관리본(UNCONTROLLED)

◈ 업종 분야 : 건설업

㈜ ○○건설

목차

1. 목적

본 절차서는 건설현장의 안전보건 관계 법령상의 의무이행, 유해·위험 작업에 관한 안전보건에 관한 교육, 행정기관의 개선·시정명령 사항에 대하여 효율적으로 관리하는 절차를 마련하여 이행함으로써, 근로자 등 노무를 제공하는 모든 종사자들의 안전 및 보건을 확보·유지·증진함을 목적으로 한다.

2. 적용범위

본 절차서는 회사시공 모든 건설현장 및 본사에 적용한다.

3. 책임과 권한

3.1 대표이사

가. 안전보건관련 법령 등 이행관리 절차의 마련 및 제·개정
나. 관계자 등에게 권한의 부여
다. 이행에 필요한 자원의 제공
라. 건설현장 안전보건 관계 법령 이행 여부 주기적 점검
마. 평가 및 개선활동

3.2 본사 안전보건담당자

가. 대표이사의 권한대행 및 보좌
나. 현장소장의 안전보건 관계 법령 이행상태 점검(반기 1회 이상) 및 대표이사 보고
다. 현장 관계자에 대한 권고, 지도, 조언
라. “안전보건 관계 법령 등 이행관리 절차서” 제·개정관리 실무
마. 중대재해처벌법, 산업안전보건법 등 안전관련 법령 개정내용 현장 전파 및 교육
바. 안전관리계획서 및 유해·위험방지계획서 작성 등

3.3 현장소장

가. "안전보건관계 법령 등 이행관리 절차서" 및 안전보건관계 법령에서 정한 업무의 성실한 이행

나. 이행에 필요한 자원의 추가요청 및 집행

다. 법령의 최신본 유지 및 게시

라. 안전보건교육 계획의 수립 및 행정기관의 시정명령에 따른 조치 결과의 보고

마. 예산편성 및 집행

바. 본사 안전보건담당자의 권고, 지도, 조언 및 점검에 대한 협조

3.4 안전보건관리자(안전보건담당자)

가. "안전보건관계 법령 등 이행관리 절차서" 및 안전보건관계 법령에서 정한 업무의 성실한 이행

나. 안전보건법령 이행, 안전보건교육, 행정기관의 시정명령 등에 관하여 현장소장 보좌 및 관리감독자, 종사자 등에게 지도 조언

다. 법령의 최신본 유지 및 게시, 이행기록의 보관 실무

라. 안전보건교육 계획의 수립 및 이행 실무

마. 행정기관의 시정명령에 따른 조치 실무

바. 본사 안전보건담당자의 권고, 지도, 조언 및 점검에 대한 협조

3.5 관리감독자

가. "안전보건관계 법령 등 이행관리 절차서" 및 안전보건관계 법령에서 정한 업무의 성실한 이행

나. 안전보건관리자의 지도 조언에 대한 성실한 협조

다. 위험성평가의 참여 및 실무 주관

라. 본사 안전보건담당자의 권고, 지도, 조언 및 점검에 대한 협조

4. 안전보건 관계 법령의 의무이행

4.1 법령 이행의 종류 및 내용

번호	법령 이행의 종류	근거	실시방법·내용
1	1. 안전보건관리책임자 선임 2. 안전보건총괄책임자 선임 3. 관리감독자 선임	1. 산업안전보건법 제15조 2. 산업안전보건법 제62조 3. 산업안전보건법 제16조	"현장 안전보건업무 수행 절차서"참고
2	1. 안전관리자 선임 2. 보건관리자 선임	1. 산업안전보건법 제17조 2. 산업안전보건법 제18조	"현장 안전보건업무 수행 절차서" 참고
3	위험성 평가 실시	산업안전보건법 제36조	"위험성평가 절차서" 참고
4	산업안전보건관리비 적법사용 및 명세서 보관	산업안전보건법 제72조	"현장 안전보건업무 수행 절차서" 참고
5	안전·보건 교육 실시	산업안전보건법 제29조, 30조, 31조, 32조	"현장 안전보건업무 수행 절차서" 참고
6	보호구 지급	산업안전보건기준에 관한 규칙 제32조	"현장 안전보건업무 수행 절차서" 참고
7	순회 점검 및 도급사업 합동점검 실시	산업안전보건법 제64조 제1항 2호, 7호	"현장 안전보건업무 수행 절차서" 참고
8	건설기술진흥법상 점검 등	건설기술진흥법 제62조 등	"현장 안전보건업무 수행 절차서" 참고
9	안전보건에 관한 협의체 구성 및 운영	산업안전보건법 제64조 제1항 1호	"현장 안전보건업무 수행 절차서" 참고
10	산업안전보건위원회 구성 및 운영	산업안전보건법 제24조	"현장 안전보건업무 수행 절차서"참고
11	노사협의체 구성 및 운영	산업안전보건법 제75조	"현장 안전보건업무 수행 절차서" 참고
12	건강진단 및 건강관리	산업안전보건법 제129조~141조	"현장 안전보건업무 수행 절차서" 참고
13	작업환경측정	산업안전보건법 제125조	"현장 안전보건업무 수행 절차서" 참고
14	재해예방 기술지도	산업안전보건법 제73조	"현장 안전보건업무 수행 절차서" 참고
15	사전조사 및 작업계획서 작성, 작업시작 전 점검 작업	산업안전보건기준에관한 규칙 제35조, 제38조	"현장 안전보건업무 수행 절차서" 참고
16	유해·위험 방지계획서 작성 및 준수	산업안전보건법 제42조	"현장 안전보건업무 수행 절차서" 참고
17	안전관리계획서 등 건설기술진흥법상 안전관리	건설기술진흥법 제62조~65조의2	"현장 안전보건업무 수행 절차서" 참고
18	유해·위험 기계기구 방호조치	산업안전보건법 제80조~제81조	"현장 안전보건업무 수행 절차서" 참고
19	물질안전보건자료 게시, 경	산업안전보건법 제110조~	"현장 안전보건업무 수행 절차서" 참고

번호	법령 이행의 종류	근거	실시방법·내용
	고표시, 관계자 교육	제116조	
20	안전 및 보건 조치	산업안전보건법 제38조, 제39조	"현장 안전보건업무 수행 절차서" 참고
21	경보체계 운영과 대피방법 등 훈련	산업안전보건법 제64조 제1항 5호	발파작업, 화재·폭발, 토사·구축물의 붕괴 발생 우려나 지진 등이 발생할 경우 절차서에 따라 훈련 실시
22	위생시설 등의 설치	산업안전보건법 제64조 제1항 6호	하수급인이 휴게시설, 세면목욕시설, 세탁시설, 탈의시설, 수면시설 등의 설치 협조 시 필요한 장소 제공 또는 원도급인이 설치한 이용시설의 사용 협조
23	휴게시설 설치	산업안전보건법 제128조의 2	신체적 피로와 정신적 스트레스 해소할 수 있는 휴게시설 설치 및 관리
24	산업안전보건법령 게시	산업안전보건법 제34조	근로자가 보기쉬운 장소(휴게실등)에 게시
25	안전보건표지의 설치 및 부착	산업안전보건법 제37조	유해·위험장소 등에 안전보건표지(금지, 경고, 지시, 안내 등)를 설치, 부착
26	작업중지 및 대피	산업안전보건법 제51조, 제52조, 제54조	1. 중대재해발생 및 산재발생 급박한 위험이 있을 때에는 중지하고 근로자를 안전한 곳으로 대피 2. 근로자로부터 작업중지 보고를 받은 경우에도 작업중지 및 대피
27	산업재해 발생 보고의 의무 이행	산업안전보건법 제54조제2항, 제57조	1. 중대재해 발생 시 : 지체없이 관할노동관서에 보고(발생개요 및 피해상황, 조치 및 전망, 그 밖의 중요한 사항 등) 2. 3일 이상의 휴업 : 발생일로부터 1개월 이내에 산업재해조사표 작성하여 관할노동관서에 제출 3. 발주처 보고
28	산재 발생원인 및 대책 등의 기록보존	산업안전보건법 제57조	1. 사업장의 개요 및 근로자의 인적사항 2. 재해 발생의 일시 및 장소 3. 재해 발생의 원인 및 과정 4. 재해 재발방지 계획 등
29	하수급인의 작업시기, 내용, 안전보건조치 등의 확인 및 조정	산업안전보건법 제64조제1항 7호, 8호	확인 및 화재폭발, 기계설비에 끼임, 건설기계 및 하역운반기계, 양중기 등에 충돌, 추락, 낙하비래, 붕괴도괴, 산소결핍 가스질식 중독 등 우려가 있는 경우는 하수급인과 작업시기나 작업내용 등을 조정
30	원도급인의 하수급인에게	산업안전보건법 제65조	폭발성, 발화성, 인화성, 독성 등의 화학물질 및

번호	법령 이행의 종류	근거	실시방법·내용
	안전보건 정보를 작업 시작 전에 제공		내부작업, 산소결핍, 유해가스 등 질식위험작업, 토사구축물 인공주조물 등의 붕괴 우려 작업 등에 대한 정보제공
31	공사안전보건대장 작성 및 이행	1.산업안전보건법 제67조 2.건설공사 안전보건대장의 작성 등에관한고시(제 2020-22호)	공사금액 50억 원 이상의 경우 발주자로부터 제공 받은 설계안전보건대장을 반영하여 공사안전보건대장을(등록서식) 반드시 작성한 후 이행 ※공사안전보건대장 작성상태 고용노동부 확인 및 과태료 부과, 이행 여부는 발주자가 3월마다 1회 이상 확인
32	산업안전보건법령	산업안전보건법, 시행령, 시행규칙	관련 조문 참고
33	산업안전보건법령	산업안전보건기준에 관한 규칙	관련 조문 참고
34	산업안전보건법령	유해·위험작업의 취업제한에 관한 규칙	관련 조문 참고
35	공사의 전부, 대부분, 재하도급 금지 및 조치(불법 하도급에 따른 재해다발) ※ 현장에서 불법 하도급 적발시 반드시 불법사유를 분명하게 밝히고, 하도급계약 내용의 변경이나 해지를 요구해야 하며, 불응시에는 본사 대표이사에게 반드시 보고하여 근본적 개선.	건설산업기본법 제29조 ※ 불법 하도급 적발방법 계약업체 상주직원 확인 거래내역 확인 점검 근로자 등 종사자 면담 기타의 방법 ※ 하도급 계약시 불법하도급 금지용 각서 첨부	1. 도급공사의 전부 또는 부대공사에 해당하는 부분을 제외한 주된 공사의 대부분을 다른 건설사업자에게 하도급 금지(법제29조제1항 단서는 예외) 2. 하수급인은 그가 도급받은 전문공사를 다시 다른건설업자에게 하도급 금지(법제29조제2항 단서 조항은 예외) 3. 하수급인은 하도급받은 건설공사를 다른 사람에게 다시 하도급 금지 (법제29조제3항 단서조항 예외)
36	안전보건경영 시스템	중대재해 처벌법	"안전보건경영매뉴얼 및 관련 절차서" 준수
37	기타 안전보건관련 법령		

4.2 법령의 이행

4.2.1 이행의무 주체

대표이사 및 현장소장은 법령에서 정한 의무사항에 대해 성실하게 이행해야 하고, 법령 이행을 위하여 적절한 자원을 확보하여 집행해야 한다.

4.2.2 이행에 필요한 예산의 추가확보

가. 현장소장은 법령의 이행에 필요한 실행예산을 "예산편성 및 집행 절차서"에 따라 편성하고 집행하되, 편성된 예산의 초과가 예상되는 경우는 대표이사에게 추가로 요청하여 승인받아야 한다.

나. 대표이사는 현장소장으로부터 추가예산을 요청받을 경우 이에 대한 적절성을 검토하여 승인하여야 한다. 다만 지나치게 과다하거나 사용 목적에 적합하기 않다고 판단할 경우는 일부 삭감을 지시할 수 있다.

4.2.3 외주 협력업체에 대한 법령 이행 여부 확인 및 지도

가. 현장소장은 하수급인 등 외주 협력업체가 안전보건 관계 법령에 따른 의무를 이행하고 있는지의 여부를 순회점검 등을 통하여 주기적으로 점검해야 하고, 의무를 이행하지 않은 사실이 확인되는 경우는 이행의 지시, 예산의 지원 등 해당 의무 이행에 필요한 조치를 가능한 서면으로 하여야 한다.

나. 현장소장은 하수급인의 안전보건 관계 법령 의무 이행상태 수준과 관련하여 회사 "적격하수급인 관리 절차서"에 의거 평가에 반영해야 한다.

4.2.3 법령의 최신본 유지 및 게시

가. 현장소장은 산업안전보건법령, 건설기술진흥법, 건설산업기본법 등 안전보건 관계 법령을 상시 최신본으로 유지해야 하며, 최신본 유지를 위한 방법으로 법제처의 "국가법령정보센터(www.law.go.kr/)"를 이용하여 관리할 수 있다.

나. 현장소장은 산업안전보건법령(법, 시행령, 시행규칙, 안전보건기준에관한 규칙 등)을 현장사무실, 휴게실, 교육장 등 종사자가 쉽게 볼 수 있는 장소에 게시하여야 한다.

4.3 현장소장의 법령 이행 여부 점검 및 평가

4.3.1 점검주체 및 방법

가. 대표이사는 현장소장이 안전보건 관계 법령에 따른 의무를 성실히 이행하는지의 여부를 [별지 제1호 서식]을 이용하여 점검해야 한다. 다만, 경영상의 일정 등으로 점검할 수 없을 경우는 본사 안전보건담당자에게 위임하여 점검하게 할 수 있다.

나. 대표이사는 점검의 실효성과 전문성의 확보를 위하여 산업안전보건법 제73조에 따른 건

설재해예방 전문지도기관에 위탁하여 점검을 실시할 수 있으며, 위탁 점검 시 본사 안전보건담당자와 동행하여 점검을 실시해야 한다.

다. 대표이사가 직접 점검하지 않는 경우는 점검이 끝난 후 지체없이 점검 결과를 보고 받아야 하고, 현장소장이 법령 의무를 미이행하는 경우는 동 절차서 4.4 미이행 시 조치에 따른 필요한 조치를 하여야 한다.

4.3.3 점검주기

대표이사는 반기(상반기 : 1.1~6.30까지, 하반기 : 7.1~12.3.까지) 1회 이상 점검[별지 제1호 서식]하여 이행 여부를 체계적으로 관리하여야 하고, 필요하다고 판단 시 수시로 점검할 수 있다.

4.4 미이행 시 조치

가. 대표이사는 현장소장이 안전보건 관계 법령상의 의무를 이행하지 않은 사실이 확인된 경우는 다음과 같은 개선조치를 하여야 한다.

1) 이행의 지시
2) 법령 이행에 필요한 인력의 추가배치
3) 안전보건 확보를 위한 추가예산의 지원
4) 기계·기구, 설비, 장비 등 시설의 지원
5) 현장 관계자 인사고과 반영
6) 안전보건관련 전문가 컨설팅 지원
7) 기타 법령 이행과 관련한 필요한 조치

나. 현장소장은 미이행 사항에 대한 개선결과에 대해서는 개선 즉시 대표이사에게 보고해야 하고, 보고받은 대표이사는 개선의 적절성 등을 확인하여 필요한 조치를 하여야 한다.

다. 대표이사는 현장소장이 법령 의무이행을 지속적이고 반복적으로 이행하지 않는 경우는 다음 사항에 대하여 "시스템 평가 및 개선 절차서"에 매년 반영하여 근본적인 원인과 개선방안을 강구하여 시행해야 한다.

- 현장소장이 법령 의무를 이행하는지의 여부와 지속 반복적으로 이행하지 않는 경우 그 원인 및 개선방안

5. 안전보건에 관한 교육

5.1 교육의 계획수립

가. 현장소장은 관계 법령에 따라 안전보건교육이 적절히 실시될 수 있도록 해당 현장 모든 종사자에 대한 교육계획을 다음과 같이 수립해야 하고, "현장 안전보건업무 수행 절차서"에 의해 성실하게 실시해야 한다.

교육종류	교육대상	강사자격	교육시간	
			신규교육	보수교육
1. 안전보건책임자 직무교육	안전보건관리책임자 (현장소장)	전문교육기관	6시간 이상	6시간 이상
2. 안전관리자 직무교육	안전관리자	〃	34시간 이상	24시간 이상
3. 보건관리자 직무교육	보건관리자	〃	34시간 이상	24시간 이상
4. 정기교육	건설현장 근로자	안전보건관리책임자, 안전보건관리자, 관리감독자	매분기 6시간 이상	
	관리감독자의 지위에 있는 사람	안전보건관리책임자, 전문교육기관	연간 16시간 이상	
5. 채용 시 교육 (기초안전보건교육 이수 시 면제)	일용근로자	안전보건관리책임자, 안전보건관리자, 관리감독자	1시간 이상	
6. 작업내용 변경 시 교육 (기초안전보건교육 이수 시 면제)	일용근로자	〃	1시간 이상	
	일용근로자를 제외한 근로자	〃	2시간 이상	
7. 특별교육	산업안전보건법 시행규칙 별표 5 제1호라목 각 호(제40호는 제외한다)의 어느 하나에 해당하는 작업에 종사하는 일용근로자	〃	2시간 이상	
	산업안전보건법 시행규칙 별표 5 제1호라목제40호의 타워크레인 신호작업에 종사하는 일용근로자	〃	8시간 이상	
	산업안전보건법 시행규칙별표 5 제1호라목 각 호의 어느 하나에 해당하는 작업에 종사하는 일용근로자를 제외한 근로자	〃	단기간 작업 또는 간헐적 작업인 경우 2시간 이상	

교육종류	교육대상	강사자격	교육시간	
			신규교육	보수교육
8. 건설업 기초안전·보건교육	건설 일용근로자	전문교육기관	4시간 이상	
9. 특수형태 근로종사자 교육	특고자 최초 노무제공 시	안전보건관리책임자, 안전보건관리자, 관리감독자	• 2시간 이상(단기간 작업 또는 간헐적 작업에 노무를 제공하는 경우는 1시간 이상 실시하고, 특별교육을 실시한 경우는 면제)	
	특고자 특별교육	"	• 16시간 이상(최초 작업에 종사하기 전 4시간 이상 실시하고 12시간은 3개월 이내에서 분할하여 실시가능) • 단기간 작업 또는 간헐적 작업인 경우는 2시간 이상	
10. 화학물질 취급 근로자(MSDS 취급 근로자)	화학물질 취급 근로자	"	1시간 이상	
11. 위험성 평가교육	위험성평가 참여자	전문교육기관 안전보건전문가 등	4시간 이상	
12. 건설기술관리법시행령 103조에 따른 안전 교육	해당 작업근로자	안전보건관리책임자, 안전보건관리자, 관리감독자	공사시작 전 20분 (TBM 병행)	

※ 특별교육의 경우, 산업안전보건법에서 정하는 대상 작업인지의 여부를 사전에 확인("현장 안전보건업무 수행 절차서" 참고)하고, 대상 작업에 해당되는 경우는 반드시 해당작업 시작 전에 실시하여 안전성을 확보해야 한다.

5.2 주요 교육 종류별 교육내용

1. 근로자 정기교육 내용
• 산업안전 및 사고 예방에 관한 사항 • 산업보건 및 직업병 예방에 관한 사항 • 건강증진 및 질병 예방에 관한 사항 • 유해·위험 작업환경 관리에 관한 사항 • 산업안전보건법령 및 산업재해보상보험 제도에 관한 사항 • 직무스트레스 예방 및 관리에 관한 사항 • 직장 내 괴롭힘, 고객의 폭언 등으로 인한 건강장해 예방 및 관리
2. 관리감독자 교육내용
• 산업안전 및 사고 예방에 관한 사항 • 산업보건 및 직업병 예방에 관한 사항 • 유해·위험 작업환경 관리에 관한 사항 • 산업안전보건법령 및 산업재해보상보험 제도에 관한 사항 • 직무스트레스 예방 및 관리에 관한 사항 • 직장 내 괴롭힘, 고객의 폭언 등으로 인한 건강장해 예방 및 관리 • 작업공정의 유해·위험과 재해 예방대책에 관한 사항 • 표준안전 작업방법 및 지도 요령에 관한 사항 • 관리감독자의 역할과 임무에 관한 사항 • 안전보건교육 능력 배양에 관한 사항 - 현장근로자와의 의사소통능력 향상, 강의능력 향상 및 그 밖에 안전보건교육 능력 배양 등에 관한 사항. 이 경우 안전보건교육 능력 배양 교육은 별표 4에 따라 관리감독자가 받아야 하는 전체 교육시간의 3분의 1 범위에서 할 수 있다.
3. 채용 시 및 작업내용 변경 시 교육내용
• 산업안전 및 사고 예방에 관한 사항 • 산업보건 및 직업병 예방에 관한 사항 • 산업안전보건법령 및 산업재해보상보험 제도에 관한 사항 • 직무스트레스 예방 및 관리에 관한 사항 • 직장 내 괴롭힘, 고객의 폭언 등으로 인한 건강장해 예방 및 관리 • 기계·기구의 위험성과 작업의 순서 및 동선에 관한 사항 • 작업 개시 전 점검에 관한 사항 • 정리정돈 및 청소에 관한 사항 • 사고 발생 시 긴급조치에 관한 사항 • 물질안전보건자료에 관한 사항
4. 물질안전보건자료에 관한 교육내용
• 대상 화학물질의 명칭(또는 제품명) • 물리적 위험성 및 건강 유해성 • 취급상의 주의사항 • 적절한 보호구 • 응급조치 요령 및 사고 시 대처방법 • 물질안전보건자료 및 경고표지를 이해하는 방법

5. 특별교육 대상 작업별 교육

• 산업안전보건법 시행규칙 별표 5 참고

6. 건설업 기초안전보건교육에 대한 내용

구분	교육 내용
공통	산업안전보건법령 주요 내용(건설 일용근로자 관련 부분)
	안전의식 제고에 관한 사항
교육 대상별	작업별 위험요인과 안전작업 방법(재해사례 및 예방대책)
	건설 직종별 건강장해 위험요인과 건강관리

7. 특수형태근로종사자에 대한 안전보건교육

가. 최초 노무제공 시
- 산업안전 및 사고 예방에 관한 사항
- 산업보건 및 직업병 예방에 관한 사항
- 건강증진 및 질병 예방에 관한 사항
- 유해·위험 작업환경 관리에 관한 사항
- 산업안전보건법령 및 산업재해보상보험 제도에 관한 사항
- 직무스트레스 예방 및 관리에 관한 사항
- 직장 내 괴롭힘, 고객의 폭언 등으로 인한 건강장해 예방 및 관리
- 기계·기구의 위험성과 작업의 순서 및 동선에 관한 사항
- 작업 개시 전 점검에 관한 사항
- 정리정돈 및 청소에 관한 사항
- 사고 발생 시 긴급조치에 관한 사항
- 물질안전보건자료에 관한 사항
- 교통안전 및 운전안전에 관한 사항
- 보호구 착용에 관한 사항

나. 특별교육 대상 작업별 교육
- 산업안전보건법 시행규칙 별표 5 참고

8. 위험성평가 교육

- 위험성평가 종류 및 절차
- 위험성평가 진행방법 및 위험성 결정
- 감소대책의 수립 방법 등

9. 건설기술관리법시행령 103조에 따른 안전교육

- 당일 작업의 공법 이해
- 시공상세도면에 따른 세부 시공순서 및 시공기술상의 주의사항
- 안전보건에 관한 사항 등

5.3 교육의 실시 주체

5.3.1 실시 주체

가. 대표이사 및 현장소장은 법령에서 정한 안전보건에 관한 교육을 성실히 실시하여 종사자의 안전의식 및 문화 향상을 위해 노력해야 한다.

나. 관리감독자에 대한 교육은 안전보건 역량 강화를 위해 외부 전문교육기관에 위탁하여 실시할 수 있다.

다. 현장소장 등은 교육실시 후 실시결과를 반드시 기록(사진, 서명날인, 교육일지 등)으로 유지관리, 보관해야 한다.

5.3.2 하수급인의 교육 실시여부 확인

가. 현장소장은 하수급인의 안전보건교육 실시 여부를 수시로 확인해야 하며, 실시하지 않은 경우에는 즉시 실시하도록 하는 등 필요한 조치를 하여야 한다.

나. 현장소장은 하수급인 등 협력업체가 그들 소속 종사자에 대한 교육을 실시하고자 할 경우는 교육장소, 자료의 제공, 교육시간의 보장 등 교육에 필요한 지원을 최대한 협조하여 주어야 한다.

다. 현장소장은 하수급인의 교육 실시상태 수준과 관련하여 회사 "적격 하수급인 관리 절차서"에 의거 평가에 반영해야 한다.

5.3.3 교육 미실시 종사자

가. 현장소장은 교육을 미실시한 종사자(하수급인 종사자 포함) 발견 시 반드시 교육을 받도록 요구해야 하고, 이에 응하지 않은 종사자나 하수급인에 대해서는 해당 작업에서 배제하는 등 이에 필요한 조치를 강력하게 시행해야 한다.

5.4 교육실시 방법

가. 건설현장의 특성에 맞게 교육계획을 적법하게 수립하고 실시해야 한다.

나. 현장의 하수급인, 종사자, 외국인 근로자 등이 교육내용 등을 완전히 이해할 수 있도록 교육해야 한다.

다. 기초안전보건교육 등 법령에 따른 필수적인 교육을 이수하지 못하거나 자격이 없는 종사자가 현장에서 작업할 수 없도록 관리해야 한다.

라. 작업허가제, 위험요인 통제 방안, 개인보호구 활용 등을 제대로 숙지하지 못한 자에 대해서는 별도의 교육을 실시해야 한다.

마. 작업 전 안전미팅(TBM) 등을 통해 현장의 모든 작업자가 위험성평가 내용 및 유해·위험요인을 충분히 인식하고 작업을 할 수 있도록 해야 한다.

바. 하수급인 소속 근로자가 우리 회사의 안전보건경영 시스템을 충분히 이해할 수 있도록 교육해야 한다.

사. 하수급인이 법적 안전보건교육을 제대로 실시하도록 교육자료와 교육장비 시설 등을 지원하고 적절하게 실시하였는지 확인해야 한다.

아. 산업안전보건법령에 따른 교육은 빠짐없이 철저히 실시하고 관리해야 한다.

자. 교육실시 강사의 자격을 갖춘 자가 실시해야 한다.

1) 근로자 정기교육, 특별교육 : 현장소장, 관리감독자, 안전관리자 등

2) 관리감독자 : 현장소장, 외부 전문교육기관

3) 현장소장(안전보건관리책임자), 안전보건관리자 : 외부 전문교육기관

4) 기초안전보건교육 : 외부 전문교육기관 등

5.5 현장소장의 교육 실시여부 점검 및 평가

5.5.1 점검주체 및 방법

가. 대표이사는 현장소장이 안전보건 관계 법령에 따른 의무교육을 성실히 실시하는지의 여부를 [별지 제2호 서식]을 이용하여 반기 1회 이상 정기적으로 점검해야 한다. 다만, 경영상의 일정 등으로 점검할 수 없을 경우는 본사 안전보건담당자에게 위임하여 점검하게 할 수 있다.

다. 대표이사가 직접 점검하지 않는 경우는 점검이 끝난 후 지체없이 점검 결과를 보고 받아야 하고, 미실시한 사실의 발견 시 동 절차서 5.5.3에 따른 적절한 개선조치를 하야여 한다.

5.5.2 점검주기

대표이사는 반기(상반기 : 1.1～6.30까지, 하반기 : 7.1～12.31까지) 1회 이상 점검해야 한다. 다만, 필요하다고 판단 시 수시로 점검할 수 있다.

5.5.3 미실시 시 이행에 필요한 조치

가. 대표이사는 현장 점검과정을 통해 안전보건 관련 교육이 실시되지 않은 사실이 확인된 경우는 이행에 필요한 다음과 같은 개선조치를 하여야 한다.

1) 교육 실시의 지시
2) 교육 실시에 필요한 인력 및 예산의 추가 지원
3) 교육 미실시 근로자에 대한 작업 배제 조치
4) 현장 관계자 인사고과 반영
5) 안전보건관련 전문가 초빙 교육 지원
6) 협력업체 등 제3자에 대한 교육 실시의 요청 및 외주 협력업체 평가 반영
7) 기타 교육 실시와 관련한 필요한 조치

나. 현장소장은 미이행 사항에 대한 개선 결과에 대해서는 개선 즉시 대표이사에게 보고해야 하고, 보고받은 대표이사는 개선의 적절성 등을 확인하여 필요한 조치를 하여야 한다.

다. 대표이사는 현장소장이 실시하는 교육과 관련하여, 지속적이고 반복적으로 실시하지 않은 사실의 발견 시 다음 사항에 대해 회사 "시스템 평가 및 개선 절차서"에 의거 매년 반영하여 근본적인 원인과 개선방안을 강구하여 시행해야 한다.

- 현장소장이 교육을 실시하는지의 여부와 지속 반복적으로 실시하지 않은 경우 그 원인 및 개선방안

6. 행정기관 시정명령에 따른 이행

6.1 행정기관의 종류

가. 중앙행정기관

1) 고용노동부
2) 국토교통부
3) 발주기관
4) 기타 중앙행정기관 등

나. 지방자치단체

1) 광역자치단체
2) 기초자치단체

3) 발주기관 등

다. 공공기관

1) 산업안전보건공단

2) 국토관리원

3) 기타 공공기관 등

6.2 개선·시정 명령 형태

가. 해당 기계 설비 등의 사용중지

나. 유해·위험 작업의 전부 또는 일부의 작업 중지

다. 유해·위험요인에 대한 개선•시정조치

라. 안전보건개선 계획의 수립 및 시행

마. 기타 필요한 조치

6.3 개선·시정명령에 대한 조치

6.3.1 절차

① 점검 → ② 개선·시정명령(행정처분) → ③ 대표이사 보고 → ④ 게시 → ⑤ 개선·시정조치 → ⑥ 조치 결과보고(처분청 및 대표이사) → ⑦ 재발방지 노력 → ⑧ 기록보관

6.3.2 조치방법

가. 현장소장은 행정기관 등으로부터 안전보건에 관한 개선·시정명령(행정처분)을 받은 경우는 즉시 그 내용에 대해서 대표이사에게 보고해야 한다.

나. 현장소장은 개선·시정 명령사항에 대하여 자체적으로 적절한 개선계획을 수립하고 가능한 빠른 시일 내에 개선해야 하며, 그 개선·시정조치를 완료할 때까지 현장사무실, 휴게실, 현장 내부, 교육장 등 종사자가 쉽게 볼 수 있는 장소에 명령 사항을 게시하여야 한다.

다. 개선조치 방법은 유해·위험요인의 제거와 대체, 공학적 및 행정적 통제, 보호구 착용 등의 순서로 이루어질 수 있도록 하여야 한다.

라. 현장소장은 개선·시정조치 완료 후 개선 전, 후 사진 및 내용 등 결과에 대해서 해당 행정처분기관 및 대표이사에게 반드시 보고(보고기한 내)해야 한다.

마. 현장소장은 개선에 필요한 안전보건 예산이나 인력의 추가지원이 필요할 경우 대표이사

에게 이를 요청할 수 있고, 요청받은 대표이사는 적절성 검토 후 특별한 사정이 없는 한 자원의 제공 등 필요한 지원을 하여야 한다.

6.3.3 현장소장의 조치 이행 여부의 확인

가. 확인방법 및 주기

대표이사는 현장소장이 행정기관 등의 개선·시정명령(행정처분) 사항에 대한 개선조치를 적절하게 이행하였는지의 여부를 반기(상반기 : 1.1 ~ 6.30까지, 하반기 : 7.1 ~ 12.31까지) 1회 이상 점검[별지 제3호 서식]해야 하고, 점검결과 그에 따른 필요한 조치를 하여야 한다.

나. 대표이사는 개선·시정명령을 받은 내용과 조치 결과에 대해서 우리 회사 전체 현장에 전파 교육하여 동종 및 유사사례가 발생하지 않도록 노력해야 한다.

7. 문서 및 기록보관

업무수행 문서 및 기록에 관하여 5년간 보관한다.

8. 관련 시스템

가. [1] 안전보건경영 매뉴얼

나. [3] 본사 안전보건담당자 업무수행 절차서

다. [4] 유해·위험요인 확인 및 개선 절차서

라. [14] 현장 안전보건업무 수행 절차서

마. [15] 시스템 평가 및 개선 절차서

별지 제1호 서식 현장소장의 안전보건관계 법령 이행상태 점검표

현장명		현장소장	(서명)

NO	법령 이행의 종류	이행 여부	미이행 내용 및 원인(이유)	이행에 필요한 개선 및 지원방안	비고 (의견청취 등)
1	안전보건관리책임자 선임				
	안전보건총괄책임자 선임				
	관리감독자 선임				
2	안전관리자 선임				
	보건관리자 선임				
3	위험성 평가 실시				
4	산업안전보건관리비 적법사용 및 보관				
5	안전·보건 교육 실시				
6	보호구 지급				
7	순회 점검 및 도급사업 합동점검 실시				
8	건설기술진흥법 제62조의 점검 실시				
9	안전보건에 관한 협의체 구성 및 운영				
10	산업안전보건위원회 구성 및 운영				
11	노사협의체 구성 및 운영				
12	건강진단 및 건강관리				
13	작업환경측정				
14	사전조사 및 작업계획서 작성, 작업시작 전 점검 작업				
15	안전보건관리규정 작성 120억(토목150억)이상				

NO	법령 이행의 종류	이행 여부	미이행 내용 및 원인(이유)	이행에 필요한 개선 및 지원방안	비고 (의견청취 등)
16	유해·위험 방지계획서 작성 및 준수				
17	안전관리계획서 작성, 정기점검 등 안전관리(건설기술진흥법)				
18	유해·위험 기계기구 방호조치				
19	물질안전보건자료 게시, 경고표시, 관계자 교육				
20	경보체계 운영과 대피방법 등 훈련				
21	위생시설 등의 설치				
22	휴게시설 설치				
23	산업안전보건법령 게시				
24	안전보건표지 설치 및 부착				
25	작업중지 및 대피				
26	산업재해 발생 보고 의무 이행 (중대재해, 3일 이상 휴업 부상재해)				
27	산재 발생원인 및 대책 등의 기록보존				
28	하수급인의 작업시기, 내용, 안전보건조치 등의 확인 및 조정				
29	원도급인의 하수급인에게 안전보건 정보를 작업 시작전에 제공				
30	공사안전보건대장 작성 및 준수(50억 원 이상)				
31	기타 산업안전보건법, 시행령, 시행규칙				
32	유해·위험작업의 취업제한에 관한 규칙(해당작업 준수여부)				
33	하도급 중 전부, 대부분, 재하도급 금지 여부(건설산업기본법 제29조)				
34	안전보건경영 시스템 준수(중대재해처벌법)				
35	기타 안전보건관계 법령				

산업안전보건기준에 관한 규칙					
	법령 이행의 종류	이행 여부	미이행 내용/원인	개선 및 지원방안	비고(규칙)
1	전도 방지조치, 조도 확보, 작업발판, 출입구				3조~ 11조
2	안전난간 구조 및 안전설치				11조
3	낙하물에 의한 위험방지				14조
4	출입의 금지				20조
5	통로 조명, 설치, 구조, 사다리식 통로 구조 등				21조~ 24조
6	보호구 지급 및 관리				31조~34조
7	방호장치, 보호구 사용 제한				36조
8	악천후 및 강풍 시 작업중지				37조
9	사전조사 및 작업계획서 작성				38조
10	작업지휘자 지정, 신호				39조~ 40조
11	운전위치 이탈금지				41조
12	추락방지, 개구부 방호조치, 안전대 부착설비 설치				42조~ 45조
13	지반붕괴, 낙하 등에 의한 위험방지				50조~ 53조
14	작업발판 구조 및 설치 등				55조~ 56조
15	각종 비계 등의 조립, 해체, 변경 시 준수사항 등				57조~ 70조
16	크레인 등 탑승의 제한				86조
17	기계 운전시작 전 조치, 운전위치 이탈 시 조치 등				89조~ 99조
18	양중기 등의 각종 안전조치				132조~170조
19	차량계 하역운반기계 등의 안전조치				171조~190조
20	건설기계 등의 안전조치				196조~221조
21	위험물 등의 취급 안전조치				225조~238조
22	화기, 화재 등의 안전조치				239조~246조
23	폭발 화재 및 위험물 누출에 의한 위험방지 조치				296조~300조

	법령 이행의 종류	이행 여부	미이행 내용/원인	개선 및 지원방안	비고(규칙)
24	전기로 인한 위험 방지 조치(감전 등)				301조~327조
25	거푸집동바리 및 거푸집 안전조치				328조~337조
26	굴착작업 등의 붕괴 등 위험방지 조치				338조~347조
27	발파작업의 위험방지 조치				348조~349조
28	터널작업의 위험방지 조치				350조~368조
29	교량작업의 위험방지 조치				369조
30	잠함 내 작업 등의 위험방지 조치				376조~378조
31	가설도로 위험방지 조치				379조
32	철골작업 및 해체작업 시의 위험방지 조치				380조~384조
33	중량물 취급 시의 위험방지 조치				385조~386조
34	하역작업 등에 의한 위험방지 조치				387조~404조
35	벌목작업에 의한 위험방지 조치				405조~406조
36	이상기압에 의한 건강장해의 예방				522조~557조
37	밀폐공간 작업으로 인한 건강장해 예방				618조~644조
38	특수형태근로종사자 등에 대한 안전보건 조치				672조~673조
39	기타 안전보건조치				

점검일자		점검자	(서명)

별지 제2호 서식 현장소장의 안전보건교육 실시상태 점검표

현장명			현장소장	(서명)

교육의 종류	이행 여부	미이행 시 원인(이유)	실시에 필요한 개선방안	비고 (의견청취 등)
근로자 정기교육				
근로자 특별교육				
기초안전보건교육				
특수형태 종사자교육				
물질안전보건교육				
위험성평가 교육				
작업내용 변경시 교육				
건설기술진흥법 시행령 103조 교육				
관리책임자 신규 및 보수교육				
안전보건관리자 신규 및 보수교육				
관리감독자 교육				
기타교육				

점검일자		점검자	(서명)

별지 제3호 서식 행정기관 등의 개선·시정명령(행정처분) 이행상태 점검표

<table>
<tr><td>현장명</td><td colspan="3"></td><td>현장소장</td><td>(서명)</td></tr>
<tr><td colspan="6"></td></tr>
<tr><td>점검일</td><td>행정기관명</td><td>개선·시정내용</td><td>조치내용 및 적절성</td><td>행정기관 보고일자</td><td>비고</td></tr>
<tr><td></td><td></td><td></td><td></td><td></td><td></td></tr>
<tr><td></td><td></td><td></td><td></td><td></td><td></td></tr>
<tr><td></td><td></td><td></td><td></td><td></td><td></td></tr>
<tr><td colspan="6"></td></tr>
<tr><td>점검일자</td><td colspan="2"></td><td>점검자</td><td colspan="2">(서명)</td></tr>
</table>

현장 안전보건 업무 수행 절차서

■ 관리본(CONTROLLED)

□ 비관리본(UNCONTROLLED)

◈ 업종 분야 : 건설업

㈜ ○○건설

목차

1. 목적

건설현장에서 안전보건 관계 법령 등에서 정한 각종 안전보건 업무를 효율적으로 수행하여 쾌적하고 안락한 작업환경을 조성함으로써, 근로자 등 노무를 제공하는 종사자들의 산업재해를 예방하는 데 그 목적이 있다.

2. 적용범위

본 절차서는 유해·위험요인에 직접적으로 노출되어 산업재해를 유발할 수 있는 전 건설현장에 적용한다.

3. 용어의 정의

3.1 안전보건관리책임자

산업안전보건법 제15조의 규정에 의거 건설현장을 실질적으로 총관하여 관리하는 사람으로서, "현장소장"을 말한다.

3.2 안전보건총괄책임자

산업안전보건법 제62조의 규정에 의거 하수급인 근로자가 원도급인의 건설현장에서 작업을 하는 경우는 그 건설현장 원도급인의 근로자와 하수급인 근로자의 산업재해를 예방하기 위한 업무를 총괄하여 관리하는 사람으로서, 원도급인의 "현장소장"을 말한다.

3.3 관리감독자

산업안전보건법 제16조의 규정에 의거 건설현장의 시공 등 생산과 관련되는 업무와 그 소속 직원을 직접 지휘·감독하는 직위에 있는 사람으로서, "공사팀장" 및 "반장" 등을 말한다.

3.4 안전관리자

산업안전보건법 제17조의 규정에 의거 안전에 관한 기술적인 사항에 관하여 현장소장(안전보건관리책임자)를 보좌하고 관리감독자에게 지도·조언하는 업무를 수행하는 사람으로서 산업안전보건법 시행령 별표4의 자격을 갖춘자를 말한다.

3.5 보건관리자

산업안전보건법 제18조의 규정에 의거 보건에 관한 기술적인 사항에 관하여 현장소장(안전보건관리책임자)를 보좌하고 관리감독자에게 지도·조언하는 업무를 수행하는 사람으로서 산업안전보건법 시행령 별표6의 자격을 갖춘 자를 말한다.

3.6 근로자 등 종사자

건설회사에서 직접 고용한 근로자뿐만 아니라 도급, 용역, 위탁 등 계약의 형식에 관계없이 대가를 목적으로 노무를 제공하는 자와 하도급 단계별 수급인, 수급인의 근로자와 수급인에게 대가를 목적으로 노무를 제공하는 자 모두를 포함하는 사람을 말한다.

3.7 위험성 평가

산업안전보건법 제36조의 규정에 의거 건설현장에서 작업으로부터 발생되는 유해·위험요인을 파악하고 해당 유해·위험요인에 의한 부상 또는 질병의 발생 가능성(빈도)과 중대성(강도)을 추정·결정하고 감소대책을 수립하여 실행하는 일련의 과정을 말한다.

4. 책임과 권한

4.1 대표이사

가. 안전보건 업무에 관한 관계자 등에게 권한 부여

나. 효율적 업무수행을 위한 인력, 예산 등 자원의 지원

다. 건설현장의 안전관련 법규준수 등 안전보건 업무수행 현황파악 및 모니터링

4.2. 본사 안전보건담당자

가. 대표이사 보좌 및 위임권한의 행사

나. 건설현장 안전보건 업무 이행상태 확인 및 조치

다. 순회점검 및 관계자 교육

라. "현장 안전보건업무 수행 절차서" 제·개정
마. 현장관계자에 대한 지도 조언
바. 대내외기관 행정업무 등

4.3. 공사담당부서장

가. 대표이사 보좌 및 건설현장 지원
나. 본사 안전보건담당자의 안전보건 시책에 관한 협조

4.4. 현장소장(안전보건관리책임자, 안전보건총괄책임자)

가. 해당 건설현장에 대한 안전보건 업무의 이행 및 총괄관리
나. 해당 건설현장 안전보건방침 및 목표 설정
다. 안전보건 관계자 및 외주 협력업체 지휘 감독
라. 중대재해처벌법, 산업안전보건법, 건설기술진흥법, 건설산업기본법 등 안전보건 관련 법령 준수
마. 안전보건 관련 업무분장 및 조정, 안전관리비 예산 승인 및 집행
바. 안전보건관리책임자 직무수행(산업안전보건법 제15조)
  1) 사업장의 산업재해 예방계획의 수립에 관한 사항
  2) 안전보건관리규정의 작성 및 변경에 관한 사항
  3) 안전보건교육에 관한 사항
  4) 작업환경측정 등 작업환경의 점검 및 개선에 관한 사항
  5) 근로자의 건강진단 등 건강관리에 관한 사항
  6) 산업재해의 원인조사 및 재발 방지대책 수립에 관한 사항
  7) 산업재해에 관한 통계의 기록 및 유지에 관한 사항
  8) 안전장치 및 보호구 구입 시 적격품 여부 확인에 관한 사항
  9) 위험성평가의 실시에 관한 사항과 안전보건규칙에서 정하는 근로자의 위험 또는 건강장해의 방지에 관한 사항
  10) "현장 안전보건업무 수행절차서" 3(안전보건업무 종류 및 내용)의 이행 및 확인
사. 안전보건총괄책임자 직무수행(산업안전보건법 제62조)
  1) 법 제36조에 따른 위험성평가의 실시에 관한 사항
  2) 법 제51조 및 제54조에 따른 작업의 중지

3) 법 제64조에 따른 도급 시 산업재해 예방조치

4) 산업안전보건관리비의 관계수급인 간의 사용에 관한 협의조정 및 그 집행 감독

5) 안전인증 대상기계 등과 자율안전확인 대상기계 등의 사용 여부 확인

아. 건설기술진흥법시행령 제102조2항에 의한 총괄책임자 직무수행

1) 안전관리계획서의 작성 및 제출

2) 안전관리 관계자의 업무 분담 및 직무 감독

3) 안전사고가 발생할 우려가 있거나 안전사고가 발생한 경우의 비상동원 및 응급조치

4) 안전관리비의 집행 및 확인

5) 협의체의 운영

6) 안전관리에 필요한 시설 및 장비 등의 지원

7) 자체안전점검의 실시 및 점검 결과에 따른 조치에 대한 지휘·감독

8) 안전교육의 지휘·감독

4.5. 관리감독자(공사팀장, 공사담당 부서원, 협력사 담당팀장, 반장 등)

가. 현장소장 보좌 및 안전보건관리자, 재해예방기관의 지도·조언에 대한 협조

나. 위험성평가(유해·위험요인 파악 및 개선조치, 계획수립 등) 실무 진행 및 보고

다. 소속 근로자 등 관계자 직접 지휘 감독

라. 관리감독자 직무수행(산업안전보건법 제16조)

1) 지휘·감독하는 작업과 관련 기계·기구 및 설비의 안전·보건 점검 및 이상 유무의 확인

2) 관리감독자에게 소속된 근로자의 작업복·보호구 및 방호장치의 점검과 그 착용·사용에 관한 교육·지도

3) 해당 작업에서 발생한 산업재해에 관한 보고 및 이에 대한 응급조치

4) 해당 작업의 작업장 정리·정돈 및 통로 확보에 대한 확인·감독

5) 안전보건관리자, 재해예방기관의 지도 조언에 대한 협조

6) 위험성평가에 관한 유해·위험요인 파악에 대한 참여 및 개선조치 시행 참여

7) 산업안전보건기준에 관한 규칙 별표2, 별표3의 업무

마. 건설기술진흥법시행령 제102조3항에 따른 직무수행

1) 공사 분야별 안전관리 및 안전관리계획서의 검토·이행

2) 각종 자재 등의 적격품 사용 여부 확인

3) 자체안전점검 실시의 확인 및 점검 결과에 따른 조치

4) 건설공사현장에서 발생한 안전사고의 보고

5) 안전교육의 실시

6) 작업 진행 상황의 관찰 및 지도

4.6. 안전관리자(안전담당자)

가. 현장소장 보좌, 방침 및 목표, 계획의 실무수립 및 이행

나. 관리감독자 및 근로자 등 종사자에 대한 협조 및 지도, 조언

다. 위험성 평가 관련 자료확보 및 정보제공, 참여 및 Feed-Back 협조

마. 순회점검 및 개선 이행 여부 확인

바. 안전보건교육 실시, 안전보건협의회, 위원회, 노사협의체 등 회의진행

사. 산업안전보건관리비 예산집행

아. 안전관련 업무 중 타 부서에 속하지 않는 사항

자. 안전관리자 직무수행(산업안전보건법 제17조)

1) 산업안전보건위원회, 안전보건에 관한 노사협의체에서 심의 의결한 업무, 안전보건관리규정 및 취업규칙에서 정한 업무

2) 위험성평가에 관한 보좌 및 지도·조언

3) 안전인증대상기계 등과 자율안전확인대상기계 등 구입 시 적격품의 선정에 관한 보좌 및 지도·조언

4) 해당 사업장 안전교육계획의 수립 및 안전교육 실시에 관한 보좌 및 지도·조언

5) 사업장 순회점검, 지도 및 조치 건의

6) 산업재해 발생의 원인 조사분석 및 재발방지를 위한 기술적 보좌 및 지도·조언

7) 산업재해에 관한 통계의 유지·관리·분석을 위한 보좌 및 지도·조언

8) 법에 정한 안전에 관한 사항의 이행에 관한 보좌 및 지도·조언

9) 업무수행 내용의 기록·유지

10) 그 밖에 안전에 관한 사항으로서 고용노동부 장관이 정하는 사항

차. 건설기술진흥법 시행령 제102조 4항에 따른 직무수행

1) 분야별 안전관리책임자의 직무 보조

2) 자체안전점검의 실시

3) 안전교육의 실시

4.7. 보건관리자(보건담당자)

가. 현장소장 보좌, 방침 및 목표, 계획의 실무수립 및 이행

나. 관리감독자 및 근로자 등 종사자에 대한 협조 및 지도·조언

다. 보건관리자 직무수행(산업안전보건법 제18조)

1) 산업안전보건위원회, 노사협의체에서 심의·의결한 업무와 안전보건관리규정 및 취업규칙에서 정한 업무

2) 안전인증대상기계 등과 자율안전확인대상기계 등 중 보건과 관련된 보호구 구입 시 적격품 선정에 관한 보좌 및 지도·조언

3) 위험성평가에 관한 보좌 및 지도·조언

4) 물질안전보건자료의 게시 또는 비치에 관한 보좌 및 지도·조언

5) 해당 사업장 보건교육계획의 수립 및 보건교육 실시에 관한 보좌 및 지도·조언

6) 해당 사업장의 근로자를 보호하기 위한 다음 각 목의 조치에 해당하는 의료행위(보건관리자가 별표 6 제2호 또는 제3호에 해당하는 경우로 한정)

① 자주 발생하는 가벼운 부상에 대한 치료

② 응급처치가 필요한 사람에 대한 처치

③ 부상·질병의 악화를 방지하기 위한 처치

④ 건강진단 결과 발견된 질병자의 요양 지도 및 관리

⑤ 위 의료행위에 따르는 의약품의 투여

7) 환기장치 및 국소 배기장치 등에 관한 설비의 점검과 작업방법의 공학적 개선에 관한 보좌 및 지도·조언

8) 사업장 순회점검, 지도 및 조치 건의

9) 산업재해 발생의 원인조사·분석 및 재발 방지를 위한 기술적 보좌 및 지도·조언

10) 산업재해에 관한 통계의 유지·관리·분석을 위한 보좌 및 지도·조언

11) 보건에 관한 사항의 이행에 관한 보좌 및 지도·조언

12) 업무수행 내용의 기록·유지

13) 그 밖에 보건과 관련된 작업관리 및 작업환경관리에 관한 사항으로서 고용노동부 장관이 정하는 사항

4.8. 근로자 등 종사자

가. 근로감독관, 산업안전보건공단, 현장소장, 안전보건관리자, 관리감독자 등 관계인이 실시하는 산재예방에 관한 조치 준수

나. 당해현장 유해·위험요인 색출 및 개선 요청

다. 위험성 평가 참여(유해·위험요인 파악 및 감소대책, 이행 여부 확인 등)

라. 개인보호구 착용 등 산업안전보건법령에서 정하는 산재예방에 관한 기준 준수

마. 재해 발생 시나 급박한 위험 발견 시 119 신고 및 응급조치, 작업중지 요청

바. 기타 안전보건 확보 및 재해예방에 관한 사항

5. 안전보건업무 종류 및 내용

번호	종류	근거	실시방법·내용	벌칙
1	1. 안전보건관리책임자 선임 2. 안전보건총괄책임자 선임 3. 관리감독자 선임	1. 산업안전보건법 제15조 2. 산업안전보건법 제62조 3. 산업안전보건법 제16조	별표 1 참고	각각 500만 원 이하 과태료
2	1. 안전관리자 선임 2. 보건관리자 선임	1. 산업안전보건법 제17조 2. 산업안전보건법 제18조	별표 2~6 참고	각각 500만원 이하 과태료
3	위험성 평가	산업안전보건법 제36조	"위험성평가 절차서" 참고	1,000만 원 이하 과태료
4	산업안전보건관리비 적법사용 및 명세서 보관	산업안전보건법 제72조	별표 7 참고	1,000만 원 이하 과태료
5	안전·보건 교육	산업안전보건법 제29조, 30조, 31조, 32조	별표 8 참고	50만 원 이하 과태료(관리책임자, 안전관리자, 관리감독자는 500만 원 이하)
6	보호구 지급	산업안전보건기준에 관한 규칙 제32조	별표 9 참고	5년 이하의 징역 또는 5천만 원 이하 벌금
7	순회 점검, 도급사업 합동점검	산업안전보건법 제64조 제1항 2호, 7호, 64조 제2항	별표 10 참고	500백만 원 이하 벌금

번호	종류	근거	실시방법·내용	벌칙
8	건설기술진흥법상 점검 등	건설기술진흥법 제62조 등	별표 10 참고	500백만 원 이하 벌금
9	안전보건에 관한 협의체 구성 및 운영	산업안전보건법 제64조 제1항 1호	별표 11 참고	500만 원 이하 벌금
10	산업안전보건위원회 구성 및 운영	산업안전보건법 제24조	별표 11~12 참고	500만 원 이하 과태료
11	노사협의체 구성 및 운영	산업안전보건법 제75조	별표 11 참고	500만 원 이하 벌금
12	건강진단 및 건강관리	산업안전보건법 제129조~ 141조	별표 13 참조	1명당 30만 원 이하 과태료
13	작업환경측정	산업안전보건법 제125조	별표 14 참조	근로자 1명당 100만 원 이하 과태료
14	재해예방 기술지도	산업안전보건법 제73조	별표 15 참조	300만 원 이하 과태료
15	사전조사 및 작업계획서 작성, 작업시작 전 점검 작업	산업안전보건기준에관한 규칙 제35조, 제38조	별표 16 참조	5년 이하의 징역 또는 5천만 원 이하 벌금
16	유해·위험 방지계획서	산업안전보건법 제42조	별표 17 참조	1,000만 원 이하 과태료
17	안전관리계획서 등 건설기술진흥법상 안전관리	건설기술진흥법 제62조~65조의2	별표 17 참조	2년 이하의 징역 또는 2천만 원 이하의 벌금, 과태료 등
18	유해·위험, 기계·기구 방호조치	산업안전보건법 제80조~제81조	별표 18 참조	1년 이하 징역, 1천만 원 이하 벌금
19	물질안전보건자료 게시, 경고표시, 교육	산업안전보건법 제110조~제116조	별표 19 참조	300만 원 이하 과태료
20	안전 및 보건 조치	산업안전보건법 제38조, 제39조	별표 20 참조 "산업안전보건기준에 관한 규칙" 중 건설현장 주요 해당항목 반드시 준수	5년 이하의 징역 또는 5천만 원 이하 벌금(사망은 7년, 1억)
21	작업허가제		별표 21 작업허가지침 참조	
22	경보체계 운영과 대피방법 등 훈련	산업안전보건법 제64조 제1항 5호	발파작업, 화재·폭발, 토사·구축물의 붕괴 발생 우려나 지진 등이 발생할 경우 절차서에 따라 훈련실시	500만 원 이하 벌금

번호	종류	근거	실시방법·내용	벌칙
23	위생시설 등의 설치	산업안전보건법 제64조 제1항 6호	하수급인이 휴게시설, 세면목욕시설, 세탁시설, 탈의시설, 수면시설 등의 설치 협조 시 필요한 장소 제공 또는 원도급인이 설치한 이용시설의 협조	1,500만 원 이하 과태료
24	휴게시설 설치	산업안전보건법 제128조의 2, 동법 시행령	신체적 피로와 정신적 스트레스 해소할 수 있는 휴게시설 설치 및 관리	2022.08.18 이후 시행
25	산업안전보건법령 게시	산업안전보건법 제34조	근로자가 보기쉬운 장소(휴게실등)에 게시	500만 원 이하 과태료
26	안전보건표지의 설치 및 부착	산업안전보건법 제37조	유해·위험장소 등에 안전보건표지(금지, 경고, 지시, 안내 등)를 설치, 부착	50만 원 이하 과태료
27	작업중지 및 대피	산업안전보건법 제51조, 제52조, 제54조	1. 중대재해발생 및 산재발생 급박한 위험이 있을 때에는 중지하고 근로자를 안전한 곳으로 대피 2. 근로자로부터 작업중지 보고를 받은 경우에도 작업중지 및 대피	5년 이하의 징역 또는 5천만 원 이하 벌금
28	산업재해 발생 보고의 의무	1.산업안전보건법 제54조 제2항, 제57조	1. 중대재해 발생시: 지체없이 관할노동관서에 보고(발생개요 및 피해상황, 조치 및 전망, 그 밖의 중요한 사항 등) 2. 3일 이상의 휴업 : 발생일로부터 1개월 이내에 산업재해조사표 작성하여 관할노동관서에 제출 3. 발주처에도 보고	1,500만 원 이하 과태료(중대재해는 3,000만 원)
29	산재 발생원인 및 대책 등의 기록보존	산업안전보건법 제57조	1. 사업장의 개요 및 근로자의 인적사항 2. 재해 발생의 일시 및 장소 3. 재해 발생의 원인 및 과정 4. 재해 재발방지 계획 등	300만 원 이하 과태료
30	하수급인의 작업시기, 내용, 안전보건 조치 등의 확인 및 조정	산업안전보건법 제64조제1항 7호, 8호	확인 및 화재폭발, 기계설비에 끼임, 건설기계 및 하역운반기계, 양중기 등에 충돌, 추락, 낙하비래, 붕괴도괴, 산소결핍 가스질식 중독 등 우려가 있는 경우에는 하수급인과 작업시기나 작업내용 등을 조정할 것	5백만 원 이하 벌금
31	원도급인의 하수급인에게 안전보건 정보를 작업 시작전에 제공	산업안전보건법 제65조	폭발성, 발화성, 인화성, 독성 등의 화학물질 및 내부작업, 산소결핍, 유해가스 등 질식위험작업, 토사구축물 인공주조물 등의 붕괴 우려 작업 등	5백만 원 이하 벌금

번호	종류	근거	실시방법·내용	벌칙
32	공사안전보건대장	1.산업안전보건법 제67조 2.건설공사 안전보건대장의 작성 등에관한고시(제2020-22호)	공사금액 50억 원 이상의 경우 발주자로부터 제공 받은 설계안전보건대장을 반영하여 공사안전보건대장을(등록서식) 반드시 작성한 후 이행 ※ 공사안전보건대장 작성상태 고용노동부 확인 및 과태료 부과, 이행 여부는 발주자가 3월마다 1회 이상 확인	500만 원 이하 과태료
33	산업안전보건법령	산업안전보건법, 시행령, 시행규칙	관련조문 참고	징역 또는 벌금 등 형사처벌 과태료 등
34	산업안전보건법령	산업안전보건기준에 관한 규칙	관련조문 참고	징역 또는 벌금 등 형사처벌
35	산업안전보건법령	유해·위험작업의 취업제한에 관한 규칙	관련조문 참고	징역 또는 벌금 등 형사처벌
36	공사의 전부, 대부분, 재하도급 금지 및 조치 ※ 현장에서 불법 하도급 적발시 반드시 불법 사유를 분명하게 밝히고, 하도급계약 내용의 변경이나 해지를 요구해야 하며 불응 시에는 본사 대표이사에게 반드시 보고하여 근본적으로 개선해야 함	건설산업기본법 제29조	1. 도급공사의 전부 또는 부대공사에 해당하는 부분을 제외한 주된 공사의 대부분을 다른 건설사업자에게 하도급 금지(법제29조제1항 단서는 예외) 2. 하수급인은 그가 도급받은 전문공사를 다시 다른 건설업자에게 하도급 금지(법제29조제2항 단서조항은 예외) 3. 하수급인은 하도급받은 건설공사를 다른 사람에게 다시 하도급 금지 (법제29조제3항 단서조항 예외)	3년 이하의 징역 또는 3천만 원 이하의 벌금, 행정처분(영업정지)
37	선박 소유자의 의무준수 독려	선원법 제82조	1. 선박 소유자는 선원에게 보호장구와 방호장치 등을 제공하여야 하며, 방호장치가 없는 기계의 사용을 금지 2. 선박 소유자는 선원의 안전 및 위생에 관한 규칙 제3조제1항의 위험한 선내 작업에는 일정한 경험이나 기능을 가진 선원을 채용 3. 선박 소유자는 감염병, 정신질환, 그 밖의 질병을 가진 사람 중에서 승무가 곤란하다고 해양수산부령으로 정하는 선원을 승무 금지 4. 선박 소유자는 선원의 직무상 사고 등이 발생하였을 때는 즉시 해양항만관청에 보고 5. 선박 소유자는 선내 작업 시의 위험방	

번호	종류	근거	실시방법·내용	벌칙
			지, 의약품의 비치와 선내위생의 유지 및 이에 관한 교육의 시행 등에 관하여 선원법 시행규칙 제47조의8에서 정한 사항 준수	
38	선박 소유자의 의무 준수 독려	선원법 제82조	6. 선장은 특별한 사유가 없으면 선박이 기항하고 있는 항구에서 선원이 의료기관에서 부상이나 질병의 치료를 받기를 요구하는 경우 거절 금지 7. 대통령령으로 정하는 선박소유자는 선박에 승선하는 선원에게 제복을 제공 ※선원의 의무사항 준수 1. 선내 안전·보건 및 사고예방 기준을 숙지하고 준수할 것 2. 선내 위험장소임을 알리거나 선원의 접근이 금지·제한되는 장소임을 알리는 표지에 표시된 지시에 따를 것 3. 화물창 안에서의 작업, 용접작업, 도료작업, 무거운 물건을 취급하는 작업, 전기를 사용하는 작업, 어로작업, 높은 곳에서의 작업, 선체 외부작업 및 얼음을 제거하는 작업 등 위험한 작업을 하는 경우 안전벨트, 안전그물망 및 구명의 등의 보호기구나 장비를 사용할 것	
39	선박 소유자의 의무 준수 독려	선원법 제82조	4. 거주환경의 청결유지 등 개인의 위생관리를 철저히 할 것 5. 선원은 방호시설이 없거나 제대로 작동하지 아니하는 기계의 사용을 거부할 것 6. 선원은 선박 소유자가 제공한 제복을 입고 근무할 것	
40	안전보건경영 시스템	중대재해 처벌법	"안전보건경영매뉴얼 및 관련 절차서" 준수	대표이사 등 경영책임자 1년 이상 징역, 10억 원 이하 벌금, 법인 50억 원 이하 벌금, 징벌적 손해배상 5배 등
41	기타 안전보건관련 법령			

6. 문서 및 기록보관

업무수행 문서 및 기록에 관하여 5년간 보존한다.

7. 관련 시스템

가. [1] 안전보건경영 매뉴얼

나. [2] 안전보건경영 방침 및 목표관리 절차서

다. [3] 본사 안전보건담당자 업무수행 절차서

라. [4] 유해·위험요인 확인 및 개선 절차서

마. [5] 위험성 평가 절차서

바. [6] 예산편성 및 집행 절차서

사. [7] 안전보건관리책임자 등 업무수행 및 평가 절차서

아. [8] 안전보건관리자 등 배치 절차서

자. [9] 종사자 의견청취절차서

차. [10] 비상사태 대비 대응 절차서

카. [11] 적격 하수급인 관리 절차서

타. [12] 재해 재발방지 절차서

파. [13] 안전보건 관계 법령 등 이행관리 절차서

하. [15] 시스템 평가 및 개선 절차서

별표 1 안전보건관리책임자, 총괄책임자, 관리감독자 선임

가. 안전보건관리책임자(현장소장)

법적근거	산업안전보건법 제15조
역할	안전 및 보건관리자 지휘 감독
선임대상	공사금액 20억 원 이상
선임시기	공사 착공 전일까지
선임방법	자체 선임 후 선임증명서류 자체 보관
선임 증명서류	별지 제1호 서식 참조
직무내용	1. 사업장의 산업재해 예방계획의 수립에 관한 사항 2. 제25조 및 제26조에 따른 안전보건관리규정의 작성 및 변경에 관한 사항 3. 제29조에 따른 안전보건교육에 관한 사항 4. 작업환경측정 등 작업환경의 점검 및 개선에 관한 사항 5. 제129조부터 제132조까지에 따른 근로자의 건강진단 등 건강관리에 관한 사항 6. 산업재해의 원인 조사 및 재발 방지대책 수립에 관한 사항 7. 산업재해에 관한 통계의 기록 및 유지에 관한 사항 8. 안전장치 및 보호구 구입 시 적격품 여부 확인에 관한 사항 9. 법 제36조에 따른 위험성평가의 실시에 관한 사항 10. 안전보건규칙에서 정하는 근로자의 위험 또는 건강장해의 방지에 관한 사항 등을 총괄 관리
사업주 지원내용	권한·시설·장비·예산, 그 밖에 필요한 지원
교육	1. 신규교육 : 선임일로부터 3개월 이내 6시간 이상 실시 2. 보수교육 : 신규교육을 이수한 후 매 2년이 되는 날을 기준으로 전후 3개월 사이에 6시간 이상 실시
기타	하도급 계약금액 20억 원 이상일 경우 하수급인도 선임

나. 안전보건총괄책임자(현장소장)

구분	안전보건총괄책임자
법적근거	산업안전보건법 제62조
역할	안전보건업무 총괄관리
선임대상	원도급 현장(공사금액 규모와 관계없이 원도급 전 현장)
선임시기	공사 착공 전일까지
선임방법	자체 선임 후 선임증명서류 자체 보관
선임 증명서류	별지 제2호 서식 참조
직무내용	1. 법 제36조에 따른 위험성평가의 실시에 관한 사항 2. 법 제51조 및 제54조에 따른 작업의 중지 3. 법 제64조에 따른 도급 시 산업재해 예방조치 4. 법 제72조제1항에 따른 산업안전보건관리비의 관계수급인 간의 사용에 관한 협의·조정 및 그 집행의 감독 5. 안전인증대상기계등과 자율안전확인대상기계등의 사용여부 확인 6. 법 제64조에 따른 도급 시 산업재해 예방조치 ※ 건설기술진흥법시행령 제102조2항에 따른 직무수행(추가) 1. 안전관리계획서의 작성 및 제출 2. 안전관리 관계자의 업무 분담 및 직무 감독 3. 안전사고가 발생할 우려가 있거나 안전사고가 발생한 경우의 비상동원 및 응급조치 4. 안전관리비의 집행 및 확인 5. 협의체의 운영 6. 안전관리에 필요한 시설 및 장비 등의 지원 7. 자체안전점검의 실시 및 점검 결과에 따른 조치에대한 지휘감독 8. 안전교육의 지휘·감독
사업주 지원내용	권한·시설·장비·예산, 그 밖에 필요한 지원
기타	안전보건총괄책임자를 선임한 경우는 「건설기술 진흥법」 제64조제1항제1호에 따른 안전총괄책임자를 선임한 것으로 인정

다. 관리감독자

법적근거	산업안전보건법 제16조
역할	소속 직원을 직접 지휘·감독 및 안전보건관리자 협조
선임대상	공사팀장, 반장 등
선임시기	공사 착공 전일까지
선임방법	자체 선임 후 선임증명서류 자체 보관
선임 증명서류	별지 제3호 서식 참조
직무내용	1. 지휘·감독하는 작업과 관련 기계·기구 및 설비의 안전·보건 점검 및 이상 유무의 확인 2. 관리감독자에게 소속된 근로자의 작업복·보호구 및 방호장치의 점검과 그 작용·사용에 관한 교육·지도 3. 해당 작업에서 발생한 산업재해에 관한 보고 및 이에 대한 응급조치 4. 해당 작업의 작업장 정리정돈 및 통로 확보에 대한 확인·감독 5. 안전보건관리자, 재해예방기관의 지도 조언에 대한 협조 6. 위험성평가에 관한 유해·위험요인 파악에 대한 참여 및 개선조치 시행 참여 7. 산업안전보건기준에 관한 규칙 별표2, 별표3의 업무 ※건설기술진흥법시행령 제102조3항에 따른 직무수행(추가) 1. 공사 분야별 안전관리 및 안전관리계획서의 검토·이행 2. 각종 자재 등의 적격품 사용 여부 확인 3. 자체안전점검 실시의 확인 및 점검 결과에 따른 조치 4. 건설공사현장에서 발생한 안전사고의 보고 5. 안전교육의 실시 6. 작업 진행 상황의 관찰 및 지도
사업주 지원내용	권한·시설·장비·예산, 그 밖에 필요한 지원
기타	관리감독자를 선임한 경우는 「건설기술 진흥법」 제64조제1항제2호에 따른 분야별 안전관리책임자 및 같은 항 제3호에 따른 안전관리담당자를 선임한 것으로 인정

별지 제1호 서식 안전보건관리책임자 선임서류

안전보건관리책임자 선임계

본사	사업장명 :	대표이사 :
	소 재 지 :	
	근로자 수 :	전화번호 :
현장	현 장 명 :	공사금액 :
	소 재 지 :	
	공사기간 :	발 주 자 :
안전보건 관리책임자	성 명 :	직위 / 직책 :
	선임연월일 :	역할 : 안전 및 보건관리자 지휘 감독
직무내용 (총괄관리)	1. 사업장의 산업재해 예방계획의 수립에 관한 사항 2. 제25조 및 제26조에 따른 안전보건관리규정의 작성 및 변경에 관한 사항 3. 제29조에 따른 안전보건교육에 관한 사항 4. 작업환경측정 등 작업환경의 점검 및 개선에 관한 사항 5. 제129조부터 제132조까지에 따른 근로자의 건강진단 등 건강관리에 관한 사항 6. 산업재해의 원인 조사 및 재발 방지대책 수립에 관한 사항 7. 산업재해에 관한 통계의 기록 및 유지에 관한 사항 8. 안전장치 및 보호구 구입 시 적격품 여부 확인에 관한 사항 9. 법 제36조에 따른 위험성평가의 실시에 관한 사항 10. 안전보건규칙에서 정하는 근로자의 위험 또는 건강장해의 방지에 관한 사항	

「산업안전보건법」 제15조에 따라 위와 같이 선임합니다.

년 월 일

○○회사 주식회사 대표이사 (서명 또는 인)

별지 제2호 서식 안전보건총괄책임자 선임서류

안전보건총괄책임자 선임계

구분		
본사	사업장명 :	대표이사 :
	소 재 지 :	
	근로자 수 :	전화번호 :
현장	현 장 명 :	공사금액 :
	소 재 지 :	
	공사기간 :	발 주 자 :
안전보건 총괄책임자	성 명 :	직위 / 직책 :
	선임연월일 :	역할 : 안전보건업무 총괄관리
직무내용	1. 법 제36조에 따른 위험성평가의 실시에 관한 사항 2. 법 제51조 및 제54조에 따른 작업의 중지 3. 법 제64조에 따른 도급 시 산업재해 예방조치 4. 법 제72조제1항에 따른 산업안전보건관리비의 관계수급인 간의 사용에 관한 협의·조정 및 그 집행의 감독 5. 안전인증대상기계등과 자율안전확인대상기계등의 사용 여부 확인	

「산업안전보건법」 제62조에 따라 위와 같이 선임합니다.

년 월 일

○○회사 주식회사 대표이사 (서명 또는 인)

별지 제3호 서식 관리감독자 선임서류

관리감독자 선임계

본사	사업장명 :	대표이사 :
	소 재 지 :	
	근로자 수 :	전화번호 :
현장	현 장 명 :	공사금액 :
	소 재 지 :	
	공사기간 :	발 주 자 :

관리감독자	성 명 :	직위 / 직책 :
	선임연월일 :	역할 : 소속직원 지휘감독 및 안전보건관리자 지도조언에 대한 협조

직무내용	1. 지휘·감독하는 작업과 관련 기계·기구 및 설비의 안전·보건 점검 및 이상 유무의 확인 2. 관리감독자에게 소속된 근로자의 작업복·보호구 및 방호장치의 점검과 그 착용·사용에 관한 교육·지도 3. 해당 작업에서 발생한 산업재해에 관한 보고 및 이에 대한 응급조치 4. 해당작업의 작업장 정리·정돈 및 통로 확보에 대한 확인·감독 5. 안전보건관리자, 재해예방기관의 지도 조언에 대한 협조 6. 위험성평가에 관한 유해·위험요인 파악에 대한 참여 및 개선조치 시행참여 7. 산업안전보건기준에 관한 규칙 별표2, 별표3의 업무

「산업안전보건법」 제16조에 따라 위와 같이 선임합니다.

년 월 일

○○회사 주식회사 대표이사 (서명 또는 인)

별표 2 안전관리자 및 보건관리자 선임

가. 안전관리자

법적근거	산업안전보건법 제17조
역할	안전에 관한 기술적 사항에 관하여 사업주 또는 안전보건관리책임자를 보좌하고 관리감독자에게 지도·조언
선임대상 및 인원수	산업안전보건법 시행령 별표 3 참고
선임시기	실 착공일 또는 안전관리자 교체 변경일
선임방법	선임한 날로부터 14일 이내에 관할 노동관서에 별지 제1호 서식을 이용하여 선임보고 후 보관
선임 증명서류	1 별지 제1호 서식 2. 자격증명서류(자격증 사본) 3. 재직증명서 등
직무내용	1. 산업안전보건위원회, 안전보건에 관한 노사협의체에서 심의 의결한 업무, 안전보건관리규정 및 취업규칙에서 정한 업무 2. 위험성평가에 관한 보좌 및 지도·조언 3. 안전인증대상기계 등과 자율안전확인대상기계 등 구입 시 적격품의 선정에 관한 보좌 및 지도 조언 4. 해당 사업장 안전교육계획의 수립 및 안전교육 실시에 관한 보좌 및 지도·조언 5. 사업장 순회점검, 지도 및 조치 건의 6. 산업재해 발생의 원인 조사분석 및 재발방지를 위한 기술적 보좌 및 지도·조언 7. 산업재해에 관한 통계의 유지·관리·분석을 위한 보좌 및 지도·조언 8. 법에 정한 안전에 관한 사항의 이행에 관한 보좌 및 지도·조언 9. 업무 수행 내용의 기록·유지 10. 그 밖에 안전에 관한 사항으로서 고용노동부 장관이 정하는 사항 ※ 건설기술진흥법 시행령 제102조 4항에 따른 직무수행(추가) 1. 분야별 안전관리책임자의 직무 보조 2. 자체안전점검의 실시 3. 안전교육의 실시
사업주 지원내용	권한·시설·장비·예산, 그 밖에 필요한 지원
교육	1. 신규교육 : 선임일로부터 3개월 이내 34시간 이상 실시 2. 보수교육 : 신규교육을 이수한 후 매 2년이 되는 날을 기준으로 전후 3개월 사이에 24시간 이상 실시
선임자격	산업안전보건법 시행령 별표 4 참고
기타	

나. 보건관리자

법적근거	산업안전보건법 제18조
역할	보건에 관한 기술적인 사항에 관하여 사업주 또는 안전보건관리책임자를 보좌하고 관리감독자에게 지도·조언
선임대상 및 인원수	산업안전보건법 시행령 별표 5 참고
선임시기	실 착공일 또는 보건관리자 교체 변경일
선임방법	선임한 날로부터 14일 이내에 관할 노동관서에 별지 제1호 서식을 이용하여 선임보고 후 보관
선임 증명서류	1. 별지 제1호 서식 2. 자격증명서류(자격증 사본) 3. 재직증명서 등
직무내용	1. 산업안전보건위원회, 노사협의체에서 심의·의결한 업무와 안전보건관리규정 및 취업규칙에서 정한 업무 2. 안전인증대상기계 등과 자율안전확인대상기계 등 중 보건과 관련된 보호구 구입 시 적격품 선정에 관한 보좌 및 지도·조언 3. 위험성평가에 관한 보좌 및 지도·조언 4. 물질안전보건자료의 게시 또는 비치에 관한 보좌 및 지도·조언 5. 해당 사업장 보건교육계획의 수립 및 보건교육 실시에 관한 보좌 및 지도·조언 6. 해당 사업장의 근로자를 보호하기 위한 다음 각 목의 조치에 해당하는 의료행위(보건관리자가 별표 6 제2호 또는 제3호에 해당하는 경우로 한정) • 자주 발생하는 가벼운 부상에 대한 치료 • 응급처치가 필요한 사람에 대한 처치 • 부상·질병의 악화를 방지하기 위한 처치 • 건강진단 결과 발견된 질병자의 요양 지도 및 관리 • 가목부터 라목까지의 의료행위에 따르는 의약품의 투여 7. 환기장치 및 국소 배기장치 등에 관한 설비의 점검과 작업방법의 공학적 개선에 관한 보좌 및 지도·조언 8. 사업장 순회점검, 지도 및 조치 건의 9. 산업재해 발생의 원인조사·분석 및 재발 방지를 위한 기술적 보좌 및 지도·조언 10. 산업재해에 관한 통계의 유지·관리·분석을 위한 보좌 및 지도·조언 11. 보건에 관한 사항의 이행에 관한 보좌 및 지도·조언 12. 업무수행 내용의 기록·유지 13. 그 밖에 보건과 관련된 작업관리 및 작업환경관리에 관한 사항으로서 고용노동부 장관이 정하는 사항
사업주 지원내용	권한·시설·장비·예산, 그 밖에 필요한 지원
교육	1. 신규교육 : 선임일로부터 3개월 이내 34시간 이상 실시 2. 보수교육 : 신규교육을 이수한 후 매 2년이 되는 날을 기준으로 전후 3개월 사이에 24시간 이상 실시
선임자격	산업안전보건법 시행령 별표 6 참고
기타	

별표 3 안전관리자 선임대상 및 인원 수 [산업안전보건법 시행령 별표 3]

공사금액	안전관리자의 수	안전관리자의 선임방법
공사금액 50억 원 이상(관계수급인은 100억 원 이상) 120억 원 미만(「건설산업기본법 시행령」 별표 1의 종합공사를 시공하는 업종의 건설업종란 제1호에 따른 토목공사업의 경우에는 150억 원 미만)	1명 이상	별표 4 제1호부터 제7호까지 또는 제10호에 해당하는 사람을 선임해야 한다.
공사금액 120억 원 이상(「건설산업기본법 시행령」 별표 1의 종합공사를 시공하는 업종의 건설업종란 제1호에 따른 토목공사업의 경우에는 150억 원 이상) 800억 원 미만	1명 이상	
공사금액 800억 원 이상 1,500억 원 미만	2명 이상. 다만, 전체 공사기간을 100으로 할 때 공사 시작에서 15에 해당하는 기간과 공사 종료 전의 15에 해당하는 기간(이하 "전체 공사기간 중 전·후 15에 해당하는 기간"이라 한다) 동안은 1명 이상으로 한다.	별표 4 제1호부터 제7호까지 또는 제10호에 해당하는 사람을 선임하되, 같은 표 제1호부터 제3호까지의 어느 하나에 해당하는 사람이 1명 이상 포함되어야 한다.
공사금액 1,500억 원 이상 2, 200억 원 미만	3명 이상. 다만, 전체 공사기간 중 전·후 15에 해당하는 기간은 2명 이상으로 한다.	별표 4 제1호부터 제7호까지의 어느 하나에 해당하는 사람을 선임하되, 같은 표 제1호 또는 「국가기술자격법」에 따른 건설안전기술사(건설안전기사 또는 산업안전기사의 자격을 취득한 후 7년 이상 건설안전 업무를 수행한 사람이거나 건설안전산업기사 또는 산업안전산업기사의 자격을 취득한 후 10년 이상 건설안전 업무를 수행한 사람을 포함한다) 자격을 취득한 사람(이하 "산업안전지도사 등"이라 한다)이 1명 이상 포함되어야 한다.
공사금액 2, 200억 원 이상 3천억 원 미만	4명 이상. 다만, 전체 공사기간 중 전·후 15에 해당하는 기간은 2명 이상으로 한다.	

<table>
<tr><th>공사금액</th><th>안전관리자의 수</th><th>안전관리자의 선임방법</th></tr>
<tr><td>공사금액 3천억 원 이상 3, 900억 원 미만</td><td>5명 이상. 다만, 전체 공사기간 중 전·후 15에 해당하는 기간은 3명 이상으로 한다.</td><td rowspan="2">별표 4 제1호부터 제7호까지의 어느 하나에 해당하는 사람을 선임하되, 산업안전지도사 등이 2명 이상 포함되어야 한다. 다만, 전체 공사기간 중 전·후 15에 해당하는 기간에는 산업안전지도사 등이 1명 이상 포함되어야 한다.</td></tr>
<tr><td>공사금액 3, 900억 원 이상 4, 900억원 미만</td><td>6명 이상. 다만, 전체 공사기간 중 전·후 15에 해당하는 기간은 3명 이상으로 한다.</td></tr>
<tr><td>공사금액 4, 900억 원 이상 6천억원 미만</td><td>7명 이상. 다만, 전체 공사기간 중 전·후 15에 해당하는 기간은 4명 이상으로 한다.</td><td rowspan="2">별표 4 제1호부터 제7호까지의 어느 하나에 해당하는 사람을 선임하되, 산업안전지도사 등이 2명 이상 포함되어야 한다. 다만, 전체 공사기간 중 전·후 15에 해당하는 기간에는 산업안전지도사 등이 2명 이상 포함되어야 한다.</td></tr>
<tr><td>공사금액 6천억 원 이상 7, 200억 원 미만</td><td>8명 이상. 다만, 전체 공사기간 중 전·후 15에 해당하는 기간은 4명 이상으로 한다.</td></tr>
<tr><td>공사금액 7, 200억 원 이상 8,500억 원 미만</td><td>9명 이상. 다만, 전체 공사기간 중 전·후 15에 해당하는 기간은 5명 이상으로 한다.</td><td rowspan="3">별표 4 제1호부터 제7호까지의 어느 하나에 해당하는 사람을 선임하되, 산업안전지도사 등이 3명 이상 포함되어야 한다. 다만, 전체 공사기간 중 전·후 15에 해당하는 기간에는 산업안전지도사 등이 3명 이상 포함되어야 한다.</td></tr>
<tr><td>공사금액 8,500억 원 이상 1조 원 미만</td><td>10명 이상. 다만, 전체 공사기간 중 전·후 15에 해당하는 기간은 5명 이상으로 한다.</td></tr>
<tr><td>1조 원 이상</td><td>11명 이상[매 2천억 원(2조 원 이상부터는 매 3천억 원)마다 1명씩 추가한다]. 다만, 전체 공사기간 중 전·후 15에 해당하는 기간은 선임대상 안전관리자 수의 2분의 1(소수점 이하는 올림한다) 이상으로 한다.</td></tr>
</table>

별표 4 안전관리자 자격 [산업안전보건법 시행령 별표 4]

안전관리자의 자격(제17조 관련)

안전관리자는 다음 각 호의 어느 하나에 해당하는 사람으로 한다.

1. 법 제143조제1항에 따른 산업안전지도사 자격을 가진 사람
2. 「국가기술자격법」에 따른 산업안전산업기사 이상의 자격을 취득한 사람
3. 「국가기술자격법」에 따른 건설안전산업기사 이상의 자격을 취득한 사람
4. 「고등교육법」에 따른 4년제 대학 이상의 학교에서 산업안전 관련 학위를 취득한 사람 또는 이와 같은 수준 이상의 학력을 가진 사람
5. 「고등교육법」에 따른 전문대학 또는 이와 같은 수준 이상의 학교에서 산업안전 관련 학위를 취득한 사람
6. 「고등교육법」에 따른 이공계 전문대학 또는 이와 같은 수준 이상의 학교에서 학위를 취득하고, 해당 사업의 관리감독자로서의 업무(건설업의 경우는 시공실무경력)를 3년(4년제 이공계 대학 학위 취득자는 1년) 이상 담당한 후 고용노동부 장관이 지정하는 기관이 실시하는 교육(1998년 12월 31일까지의 교육만 해당한다)을 받고 정해진 시험에 합격한 사람. 다만, 관리감독자로 종사한 사업과 같은 업종(한국표준산업분류에 따른 대분류를 기준으로 한다)의 사업장이면서, 건설업의 경우를 제외하고는 상시근로자 300명 미만인 사업장에서만 안전관리자가 될 수 있다.
7. 「초·중등교육법」에 따른 공업계 고등학교 또는 이와 같은 수준 이상의 학교를 졸업하고, 해당 사업의 관리감독자로서의 업무(건설업의 경우는 시공실무경력)를 5년 이상 담당한 후 고용노동부 장관이 지정하는 기관이 실시하는 교육(1998년 12월 31일까지의 교육만 해당한다)을 받고 정해진 시험에 합격한 사람. 다만, 관리감독자로 종사한 사업과 같은 종류인 업종(한국표준산업분류에 따른 대분류를 기준으로 한다)의 사업장이면서, 건설업의 경우를 제외하고는 별표 3 제28호 또는 제33호의 사업을 하는 사업장(상시근로자 50명 이상 1천 명 미만인 경우만 해당한다)에서만 안전관리자가 될 수 있다.
8. 「건설산업기본법」 제8조에 따른 종합공사를 시공하는 업종의 건설현장에서 안전보건관리책임자로 10년 이상 재직한 사람

별표 5 보건관리자 선임대상 및 인원수 [산업안전보건법 시행령 별표 5]

공사금액	보건관리자의 수	보건관리자의 선임방법
공사금액 800억 원 이상(「건설산업기본법 시행령」 별표 1의 종합공사를 시공하는 업종의 건설업종란 제1호에 따른 토목공사업에 속하는 공사의 경우에는 1천억 원 이상) 또는 상시 근로자 600명 이상	1명 이상[공사금액 800억 원(「건설산업기본법 시행령」 별표 1의 종합공사를 시공하는 업종의 건설업종란 제1호에 따른 토목공사업은 1천억 원)을 기준으로 1, 400억 원이 증가할 때마다 또는 상시 근로자 600명을 기준으로 600명이 추가될 때마다 1명씩 추가한다]	별표 6 각 호의 어느 하나에 해당하는 사람을 선임해야 한다.

별표 6 보건관리자 자격 [산업안전보건법 시행령 별표6]

보건관리자의 자격(제21조 관련)

보건관리자는 다음 각 호의 어느 하나에 해당하는 사람으로 한다.

1. 법 제143조제1항에 따른 산업보건지도사 자격을 가진 사람
2. 「의료법」에 따른 의사
3. 「의료법」에 따른 간호사
4. 「국가기술자격법」에 따른 산업위생관리산업기사 또는 대기환경산업기사 이상의 자격을 취득한 사람
5. 「국가기술자격법」에 따른 인간공학기사 이상의 자격을 취득한 사람
6. 「고등교육법」에 따른 전문대학 이상의 학교에서 산업보건 또는 산업위생 분야의 학위를 취득한 사람(법령에 따라 이와 같은 수준 이상의 학력이 있다고 인정되는 사람을 포함한다)

별지 제1호 서식 안전관리자 및 보건관리자 선임서류

안전관리자·보건관리자·산업보건의 선임 등 보고서(건설업)

<table>
<tr><td rowspan="3">본사</td><td colspan="3">사업장명</td></tr>
<tr><td colspan="2">사업주 또는 대표자</td><td>전화번호</td></tr>
<tr><td colspan="3">소재지</td></tr>
<tr><td colspan="4">※ * 란은 원수급인인 경우에만 작성합니다.</td></tr>
<tr><td rowspan="8">현장개요</td><td colspan="2">현장명</td><td>발주자 또는 도급인</td></tr>
<tr><td colspan="2">전화번호</td><td>휴대전화번호</td></tr>
<tr><td colspan="3">소재지</td></tr>
<tr><td colspan="2">공사기간</td><td>공사금액
(상시근로자 수) (명)</td></tr>
<tr><td colspan="2">굴착깊이(M)*</td><td>건축물·공작물의 최대높이(M)*</td></tr>
<tr><td colspan="2">건축물의 연면적(m^2)*</td><td>건축물의 최대층고(M)*</td></tr>
<tr><td colspan="2">PC(Precast Concrete)조립작업 유무*</td><td>다리의 최대 지간 길이(M)*</td></tr>
<tr><td colspan="2">터널길이(M)*</td><td>댐의 용도 및 저수용량(TON)*</td></tr>
<tr><td rowspan="9">안전관리자
(안전관리자가 2명 이상인 경우에는 별지에 추가로 적습니다)</td><td colspan="2">성명</td><td>기관명</td></tr>
<tr><td colspan="2">전자우편주소</td><td>전화번호</td></tr>
<tr><td colspan="3">자격/면허번호</td></tr>
<tr><td rowspan="2">경력</td><td>기관명</td><td>기간</td></tr>
<tr><td></td><td></td></tr>
<tr><td rowspan="2">학력</td><td>학교</td><td>학과</td></tr>
<tr><td></td><td></td></tr>
<tr><td colspan="3">선임 등 연·월·일</td></tr>
<tr><td colspan="3">전담·겸임구분</td></tr>
<tr><td rowspan="9">보건관리자
(보건관리자가 2명 이상인 경우에는 별지에 추가로 적습니다)</td><td colspan="2">성명</td><td>기관명</td></tr>
<tr><td colspan="2">전자우편주소</td><td>전화번호</td></tr>
<tr><td colspan="3">자격/면허번호</td></tr>
<tr><td rowspan="2">경력</td><td>기관명</td><td>기간</td></tr>
<tr><td></td><td></td></tr>
<tr><td rowspan="2">학력</td><td>학교</td><td>학과</td></tr>
<tr><td></td><td></td></tr>
<tr><td colspan="3">선임 등 연·월·일</td></tr>
<tr><td colspan="3">전담·겸임구분</td></tr>
</table>

<table>
<tr><td rowspan="9">산업보건의
(산업보건의가 2명 이상인 경우에는 별지에 추가로 적습니다)</td><td colspan="2">성명</td><td>기관명</td></tr>
<tr><td colspan="2">전자우편주소</td><td>전화번호</td></tr>
<tr><td colspan="3">자격/면허번호</td></tr>
<tr><td rowspan="2">경력</td><td>기관명</td><td>기간</td></tr>
<tr><td></td><td></td></tr>
<tr><td rowspan="2">학력</td><td>학교</td><td>학과</td></tr>
<tr><td></td><td></td></tr>
<tr><td colspan="3">선임 등 연·월·일</td></tr>
<tr><td colspan="3">전담·겸임구분</td></tr>
</table>

「산업안전보건법 시행규칙」 제11조 및 제23조에 따라 위와 같이 제출합니다.

년 월 일

보고인(사업주 또는 대표자) (서명 또는 인)

지방고용노동청(지청)장 귀하

별표 7 건설업 산업안전보건관리비 계상 및 사용기준

제1장 총칙

제1조(목적)

이 고시는 「산업안전보건법」 제72조, 같은 법 시행령 제59조 및 제60조와 같은 법 시행규칙 제89조에 따라 건설업의 산업안전보건관리비 계상 및 사용기준을 정함을 목적으로 한다.

제2조(정의)

① 이 고시에서 사용하는 용어의 뜻은 다음과 같다.

1. "건설업 산업안전보건관리비"(이하 "안전보건관리비"라 한다)란 산업재해 예방을 위하여 건설공사 현장에서 직접 사용되거나 해당 건설업체의 본점 또는 주사무소(이하 "본사"라 한다)에 설치된 안전전담부서에서 법령에 규정된 사항을 이행하는 데 소요되는 비용을 말한다.
2. "안전보건관리비 대상액"(이하 "대상액"이라 한다)이란 「예정가격 작성기준」(기획재정부 계약예규) 및 「지방자치단체 입찰 및 계약집행기준」(행정안전부 예규) 등 관련 규정에서 정하는 공사원가계산서 구성항목 중 직접재료비, 간접재료비와 직접노무비를 합한 금액(발주자가 재료를 제공할 경우에는 해당 재료비를 포함한다)을 말한다.
3. "자기공사자"란 건설공사의 시공을 주도하여 총괄·관리하는 자(건설공사발주자로부터 건설공사를 최초로 도급받은 수급인은 제외한다)를 말한다.
4. "감리자"란 다음 각 목의 어느 하나에 해당하는 자를 말한다.
   가. 「건설기술진흥법」 제2조제5호에 따른 감리 업무를 수행하는 자
   나. 「건축법」 제2조제1항제15호의 공사감리자
   다. 「문화재수리 등에 관한 법률」 제2조제12호의 문화재감리원
   라. 「소방시설공사업법」 제2조제3호의 감리원
   마. 「전력기술관리법」 제2조제5호의 감리원
   바. 「정보통신공사업법」 제2조제10호의 감리원
   사. 그 밖에 관계 법률에 따라 감리 또는 공사감리 업무와 유사한 업무를 수행하는 자

② 그 밖에 이 고시에서 사용하는 용어의 정의는 이 고시에 특별한 규정이 없으면「산업안전보건법」(이하 "법"이라 한다), 같은 법 시행령(이하 "영"이라 한다), 같은 법 시행규칙(이하 "규칙"이라 한다), 예산회계 및 건설관계법령에서 정하는 바에 따른다.

제3조(적용범위)

이 고시는 법 제2조제11호의 건설공사 중 총공사금액 2천만 원 이상인 공사에 적용한다. 다만, 다음 각 호의 어느 하나에 해당되는 공사 중 단가계약에 의하여 행하는 공사에 대하여는 총계약금액을 기준으로 적용한다.

1. 「전기공사업법 제2조에 따른 전기공사로서 저압·고압 또는 특별고압작업으로 이루어지는 공사
2. 「정보통신공사업법」 제2조에 따른 정보통신공사

제2장 안전보건관리비의 계상 및 사용

제4조(계상의무 및 기준)

① 건설공사발주자(이하 "발주자"라 한다)가 도급계약 체결을 위한 원가계산에 의한 예정가격을 작성하거나, 자기공사자가 건설공사 사업 계획을 수립할 때에는 다음 각 호와 같이 안전보건관리비를 계상하여야 한다. 다만, 발주자가 재료를 제공하거나 일부 물품이 완제품의 형태로 제작·납품되는 경우에는 해당 재료비 또는 완제품 가액을 대상액에 포함하여 산출한 안전보건관리비와 해당 재료비 또는 완제품 가액을 대상액에서 제외하고 산출한 안전보건관리비의 1.2배에 해당하는 값을 비교하여 그 중 작은 값 이상의 금액으로 계상한다.

1. 대상액이 5억 원 미만 또는 50억 원 이상인 경우: 대상액에 별표 1에서 정한 비율을 곱한 금액
2. 대상액이 5억 원 이상 50억 원 미만인 경우: 대상액에 별표 1에서 정한 비율을 곱한 금액에 기초액을 합한 금액
3. 대상액이 명확하지 않은 경우: 제4조제1항의 도급계약 또는 자체사업계획상 책정된 총공사금액의 10분의 7에 해당하는 금액을 대상액으로 하고 제1호 및 제2호에서 정한 기준에 따라 계상

② 발주자는 제1항에 따라 계상한 안전보건관리비를 입찰공고 등을 통해 입찰에 참가하려는 자에게 알려야 한다.

③ 발주자와 법 제69조에 따른 건설공사도급인 중 자기공사자를 제외하고 발주자로부터 해당 건설공사를 최초로 도급받은 수급인(이하 "도급인"이라 한다)은 공사계약을 체결할 경우 제1항에 따라 계상된 안전보건관리비를 공사도급계약서에 별도로 표시하여야 한다.

④ 별표 1의 공사의 종류는 별표 5의 건설공사의 종류 예시표에 따른다. 다만, 하나의 사업장

내에 건설공사 종류가 둘 이상인 경우(분리발주한 경우를 제외한다)에는 공사금액이 가장 큰 공사종류를 적용한다.

⑤ 발주자 또는 자기공사자는 설계변경 등으로 대상액의 변동이 있는 경우 별표 1의3에 따라 지체 없이 안전보건관리비를 조정 계상하여야 한다. 다만, 설계변경으로 공사금액이 800억원 이상으로 증액된 경우에는 증액된 대상액을 기준으로 제1항에 따라 재계상한다.

제5조(계상방법 및 계상시기 등)

〈삭제〉

제6조(수급인등의 의무)

〈삭제〉

제7조(사용기준)

① 도급인과 자기공사자는 안전보건관리비를 산업재해예방 목적으로 다음 각 호의 기준에 따라 사용하여야 한다.

1. 안전관리자·보건관리자의 임금 등
   가. 법 제17조제3항 및 법 제18조제3항에 따라 안전관리 또는 보건관리 업무만을 전담하는 안전관리자 또는 보건관리자의 임금과 출장비 전액
   나. 안전관리 또는 보건관리 업무를 전담하지 않는 안전관리자 또는 보건관리자의 임금과 출장비의 각각 2분의 1에 해당하는 비용
   다. 안전관리자를 선임한 건설공사 현장에서 산업재해 예방 업무만을 수행하는 작업지휘자, 유도자, 신호자 등의 임금 전액
   라. 별표 1의2에 해당하는 작업을 직접 지휘·감독하는 직·조·반장 등 관리감독자의 직위에 있는 자가 영 제15조제1항에서 정하는 업무를 수행하는 경우에 지급하는 업무수당(임금의 10분의 1 이내)
2. 안전시설비 등
   가. 산업재해 예방을 위한 안전난간, 추락방호망, 안전대 부착설비, 방호장치(기계·기구와 방호장치가 일체로 제작된 경우, 방호장치 부분의 가액에 한함) 등 안전시설의 구입·임대 및 설치를 위해 소요되는 비용
   나. 「건설기술진흥법」 제62조의3에 따른 스마트 안전장비 구입·임대 비용의 5분의 1에 해당하는 비용. 다만, 제4조에 따라 계상된 안전보건관리비 총액의 10분의 1을 초과할 수 없다.
   다. 용접 작업 등 화재 위험작업 시 사용하는 소화기의 구입·임대비용

3. 보호구 등
   가. 영 제74조제1항제3호에 따른 보호구의 구입·수리·관리 등에 소요되는 비용
   나. 근로자가 가목에 따른 보호구를 직접 구매·사용하여 합리적인 범위 내에서 보전하는 비용
   다. 제1호가목부터 다목까지의 규정에 따른 안전관리자 등의 업무용 피복, 기기 등을 구입하기 위한 비용
   라. 제1호가목에 따른 안전관리자 및 보건관리자가 안전보건 점검 등을 목적으로 건설공사 현장에서 사용하는 차량의 유류비·수리비·보험료
4. 안전보건진단비 등
   가. 법 제42조에 따른 유해·위험방지계획서의 작성 등에 소요되는 비용
   나. 법 제47조에 따른 안전보건진단에 소요되는 비용
   다. 법 제125조에 따른 작업환경 측정에 소요되는 비용
   라. 그 밖에 산업재해예방을 위해 법에서 지정한 전문기관 등에서 실시하는 진단, 검사, 지도 등에 소요되는 비용
5. 안전보건교육비 등
   가. 법 제29조부터 제31조까지의 규정에 따라 실시하는 의무교육이나 이에 준하여 실시하는 교육을 위해 건설공사 현장의 교육 장소 설치·운영 등에 소요되는 비용
   나. 가목 이외 산업재해 예방 목적을 가진 다른 법령상 의무교육을 실시하기 위해 소요되는 비용
   다. 안전보건관리책임자, 안전관리자, 보건관리자가 업무수행을 위해 필요한 정보를 취득하기 위한 목적으로 도서, 정기간행물을 구입하는 데 소요되는 비용
   라. 건설공사 현장에서 안전기원제 등 산업재해 예방을 기원하는 행사를 개최하기 위해 소요되는 비용. 다만, 행사의 방법, 소요된 비용 등을 고려하여 사회통념에 적합한 행사에 한한다.
   마. 건설공사 현장의 유해·위험요인을 제보하거나 개선방안을 제안한 근로자를 격려하기 위해 지급하는 비용
6. 근로자 건강장해예방비 등
   가. 법·영·규칙에서 규정하거나 그에 준하여 필요로 하는 각종 근로자의 건강장해 예방에 필요한 비용
   나. 중대재해 목격으로 발생한 정신질환을 치료하기 위해 소요되는 비용
   다. 「감염병의 예방 및 관리에 관한 법률」 제2조제1호에 따른 감염병의 확산 방지를 위한 마스크, 손소독제, 체온계 구입비용 및 감염병병원체 검사를 위해 소요되는 비용

라. 법 제128조의2 등에 따른 휴게시설을 갖춘 경우 온도, 조명 설치·관리기준을 준수하기 위해 소요되는 비용

7. 법 제73조 및 제74조에 따른 건설재해예방전문지도기관의 지도에 대한 대가로 지급하는 비용

8. 「중대재해 처벌 등에 관한 법률」 시행령 제4조제2호나목에 해당하는 건설사업자가 아닌 자가 운영하는 사업에서 안전보건 업무를 총괄·관리하는 3명 이상으로 구성된 본사 전담조직에 소속된 근로자의 임금 및 업무수행 출장비 전액. 다만, 제4조에 따라 계상된 안전보건관리비 총액의 20분의 1을 초과할 수 없다.

9. 법 제36조에 따른 위험성평가 또는 「중대재해 처벌 등에 관한 법률 시행령」 제4조제3호에 따라 유해·위험요인 개선을 위해 필요하다고 판단하여 법 제24조의 산업안전보건위원회 또는 법 제75조의 노사협의체에서 사용하기로 결정한 사항을 이행하기 위한 비용. 다만, 제4조에 따라 계상된 안전보건관리비 총액의 10분의 1을 초과할 수 없다.

② 제1항에도 불구하고 도급인 및 자기공사자는 다음 각 호의 어느 하나에 해당하는 경우에는 안전보건관리비를 사용할 수 없다. 다만, 제1항제2호나목 및 다목, 제1항제6호나목부터 라목, 제1항제9호의 경우에는 그러하지 아니하다.

1. 「(계약예규)예정가격작성기준」제19조제3항 중 각 호(단, 제14호는 제외한다)에 해당되는 비용
2. 다른 법령에서 의무사항으로 규정한 사항을 이행하는 데 필요한 비용
3. 근로자 재해예방 외의 목적이 있는 시설·장비나 물건 등을 사용하기 위해 소요되는 비용
4. 환경관리, 민원 또는 수방대비 등 다른 목적이 포함된 경우

③ 도급인 및 자기공사자는 별표 3에서 정한 공사진척에 따른 안전보건관리비 사용기준을 준수하여야 한다. 다만, 건설공사발주자는 건설공사의 특성 등을 고려하여 사용기준을 달리 정할 수 있다.

④ 〈삭제〉

⑤ 도급인 및 자기공사자는 도급금액 또는 사업비에 계상된 안전보건관리비의 범위에서 그의 관계수급인에게 해당 사업의 위험도를 고려하여 적정하게 안전보건관리비를 지급하여 사용하게 할 수 있다.

제8조(사용금액의 감액·반환 등)

발주자는 도급인이 법 제72조제2항에 위반하여 다른 목적으로 사용하거나 사용하지 않은 안전보건관리비에 대하여 이를 계약금액에서 감액조정하거나 반환을 요구할 수 있다.

제9조(사용내역의 확인)

① 도급인은 안전보건관리비 사용내역에 대하여 공사 시작 후 6개월마다 1회 이상 발주자 또는 감리자의 확인을 받아야 한다. 다만, 6개월 이내에 공사가 종료되는 경우에는 종료 시 확인을 받아야 한다.

② 제1항에도 불구하고 발주자, 감리자 및 「근로기준법」 제101조에 따른 관계 근로감독관은 안전보건관리비 사용내역을 수시 확인할 수 있으며, 도급인 또는 자기공사자는 이에 따라야 한다.

③ 발주자 또는 감리자는 제1항 및 제2항에 따른 안전보건관리비 사용내역 확인 시 기술지도 계약 체결, 기술지도 실시 및 개선 여부 등을 확인하여야 한다.

제10조(실행예산의 작성 및 집행 등)

① 공사금액 4천만 원 이상의 도급인 및 자기공사자는 공사실행예산을 작성하는 경우에 해당 공사에 사용하여야 할 안전보건관리비의 실행예산을 계상된 안전보건관리비 총액 이상으로 별도 편성해야 하며, 이에 따라 안전보건관리비를 사용하고 별지 제1호서식의 안전보건관리비 사용내역서를 작성하여 해당 공사현장에 갖추어 두어야 한다.

② 도급인 및 자기공사자는 제1항에 따른 안전보건관리비 실행예산을 작성하고 집행하는 경우에 법 제17조와 영 제16조에 따라 선임된 해당 사업장의 안전관리자가 참여하도록 하여야 한다.

제3장 보칙

제11조(기술지도 횟수 등)

〈삭제〉

제12조(재검토기한)

고용노동부 장관은 이 고시에 대하여 2022년 1월 1일 기준으로 매 3년이 되는 시점(매 3년째의 12월 31일까지를 말한다)마다 그 타당성을 검토하여 개선 등의 조치를 하여야 한다.

부칙

제1조(시행일)

이 고시는 발령한 날부터 시행한다.

제2조(건설재해예방전문지도기관의 기술지도에 관한 경과규정)

2022년 8월 17일 이전까지 건설재해예방전문지도기관과 체결한 기술지도 계약에 관한 안전보건관리비의 사용기준은 제7조제1항제7호 및 제11조의 개정에도 불구하고 종전의 규정을 따른다.

【별표 1】 (개정, 2018.10.5.)

공사종류 및 규모별 안전관리비 계상기준표

(단위 : 원)

구분 / 공사종류	대상액 5억 원 미만인 경우 적용 비율(%)	대상액 5억 원 이상 50억 원 미만인 경우		대상액 50억 원 이상인 경우 적용비율(%)	영 별표5에 따른 보건관리자 선임 대상 건설공사의 적용비율(%)
		적용 비율(%)	기초액		
일반건설공사(갑)	2.93%	1.86%	5, 349,000원	1.97%	2.15%
일반건설공사(을)	3.09%	1.99%	5, 499,000원	2.10%	2.29%
중 건 설 공 사	3.43%	2.35%	5, 400,000원	2.44%	2.66%
철도·궤도신설공사	2.45%	1.57%	4, 411,000원	1.66%	1.81%
특수및기타건설공사	1.85%	1.20%	3, 250,000원	1.27%	1.38%

【별표 1의2】

관리감독자 안전보건업무 수행 시 수당지급 작업

1. 건설용 리프트·곤돌라를 이용한 작업
2. 콘크리트 파쇄기를 사용하여 행하는 파쇄작업 (2 m 이상인 구축물 파쇄에 한정한다)
3. 굴착 깊이가 2 m 이상인 지반의 굴착작업
4. 흙막이지보공의 보강, 동바리 설치 또는 해체작업
5. 터널 안에서의 굴착작업, 터널거푸집의 조립 또는 콘크리트 작업
6. 굴착면의 깊이가 2 m 이상인 암석 굴착작업
7. 거푸집지보공의 조립 또는 해체작업
8. 비계의 조립, 해체 또는 변경작업
9. 건축물의 골조, 교량의 상부구조 또는 탑의 금속제의 부재에 의하여 구성되는 것(5 m 이상에 한정한다)의 조립, 해체 또는 변경작업
10. 콘크리트 공작물(높이 2 m 이상에 한정한다)의 해체 또는 파괴 작업
11. 전압이 75 V 이상인 정전 및 활선작업
12. 맨홀작업, 산소결핍장소에서의 작업
13. 도로에 인접하여 관로, 케이블 등을 매설하거나 철거하는 작업
14. 전주 또는 통신주에서의 케이블 공중가설작업
15. 영 별표 2의 위험방지가 특히 필요한 작업

【별표 1의3】 (신설, 2018.10.5.)

설계변경 시 안전관리비 조정·계상 방법

1. 설계변경에 따른 안전관리비는 다음 계산식에 따라 산정한다.

설계변경에 따른 안전관리비 = 설계변경 전의 안전관리비 + 설계변경으로 인한 안전관리비 증감액

2. 제1호의 계산식에서 설계변경으로 인한 안전관리비 증감액은 다음 계산식에 따라 산정한다.

설계변경으로 인한 안전관리비 증감액 = 설계변경 전의 안전관리비 × 대상액의 증감 비율

3. 제2호의 계산식에서 대상액의 증감 비율은 다음 계산식에 따라 산정한다. 이 경우, 대상액은 예정가격 작성시의 대상액이 아닌 설계변경 전·후의 도급계약서상의 대상액을 말한다.

대상액의 증감 비율 = [(설계변경 후 대상액 - 설계변경 전 대상액) / 설계변경 전 대상액] × 100%

【별표 3】

공사진척에 따른 안전관리비 사용기준

(단위 : %)

공정률	50 이상 70 미만	70 이상 90 미만	90 이상
사용기준	50 이상	70 이상	90 이상

※ 공정률은 기성공정률을 기준으로 한다.

별지 제1호 서식 (개정, 2022.6.2.)

안전보건관리비 사용내역서

건설업체명		공 사 명	
소 재 지		대 표 자	
공사금액	원	공사기간	~
발 주 자		누계공정률	%
게 상 된 안전관리비	원		

사용 금액		
항목	(　　)월 사용금액	누계 사용금액
계		
1. 안전·보건관리자 임금 등		
2. 안전시설비 등		
3. 보호구 등		
4. 안전보건진단비 등		
5. 안전보건교육비 등		
6. 근로자 건강장해예방비 등		
7. 건설재해예방전문지도기관 기술지도비		
8. 본사 전담조직 근로자 임금 등		
9. 위험성평가 등에 따른 소요비용		

「건설업 산업안전보건관리비 계상 및 사용기준」 제10조제1항에 따라 위와 같이 사용내역서를 작성하였습니다.

년　　월　　일

작 성 자　　직책　　성명　　(서명 또는 인)
확 인 자　　직책　　성명　　(서명 또는 인)

210㎜ × 297㎜(일반용지 60g/㎡(재활용품))

항목별 사용 내역 (　　년　월)

1. 안전·보건관리자 임금 등

구분	소속	성명	선임일	지급금액	지급일	지급내역	비고

계	계상액 (계획)	전월까지 누계(A)	금월(B)	누계 (A+B)

※ 주: 사용 내역은 사용 일자가 빠른 순서로 작성

항목별 사용 내역 (　　년　　월)

2. 안전시설비 등

구분	사용일	단위	수량	단가			사용금액	지급내역	비고
				노무비	자재비	계			
계					계상액 (계획)		전월까지 누계(A)	금월(B)	누계 (A+B)

※ 주: 사용 내역은 사용 일자가 빠른 순서로 작성

항목별 사용 내역 (　　년　　월)

3. 보호구 등

<table>
<tr><th rowspan="2">구분</th><th colspan="3">계획</th><th rowspan="2">사용일</th><th colspan="3">소요 비용</th><th rowspan="2">지급내역</th><th rowspan="2">비고</th></tr>
<tr><th>단가</th><th>수량</th><th>금액</th><th>단가</th><th>수량</th><th>금액</th></tr>
<tr><td></td><td></td><td></td><td></td><td></td><td></td><td></td><td></td><td></td><td></td></tr>
<tr><td colspan="5" rowspan="2">계</td><td colspan="2">계상액
(계획)</td><td>전월까지
누계(A)</td><td>금월(B)</td><td>누계
(A+B)</td></tr>
<tr><td colspan="2"></td><td></td><td></td><td></td></tr>
</table>

※ 주: 사용 내역은 사용 일자가 빠른 순서로 작성

항목별 사용 내역 (　　년　월)

4. 안전보건진단비 등

구분	진단기관 (검사기관)	사용일	소요비용	지급내역	비고
계		계상액 (계획)	전월까지 누계(A)	금월(B)	누계 (A+B)

※ 주: 사용 내역은 사용 일자가 빠른 순서로 작성

항목별 사용 내역 (　　년　월)

5. 안전보건교육비 등

<table>
<tr><th>교육과목</th><th>교육주관</th><th>교육일</th><th>참가인원</th><th>소요 경비</th><th>비고</th></tr>
<tr><td></td><td></td><td></td><td></td><td></td><td></td></tr>
<tr><td colspan="2" rowspan="2">계</td><td>계상액
(계획)</td><td>전월까지
누계(A)</td><td>금월(B)</td><td>누계
(A+B)</td></tr>
<tr><td></td><td></td><td></td><td></td></tr>
</table>

※ 주: 사용 내역은 사용 일자가 빠른 순서로 작성

항목별 사용 내역 (년   월)

6. 근로자 건강장해예방비 등

구분	사용일	진단병원	참가인원	소요 경비	비고

계	계상액 (계획)	전월까지 누계(A)	금월(B)	누계 (A+B)

※ 주: 사용 내역은 사용 일자가 빠른 순서로 작성

항목별 사용 내역 (년   월)

7. 건설재해예방전문지도기관 기술지도비

<table>
<tr><td>지도항목</td><td>지도기관</td><td>점검일</td><td>소요 경비</td><td>비고</td></tr>
<tr><td></td><td></td><td></td><td></td><td></td></tr>
<tr><td rowspan="2">계</td><td>계상액
(계획)</td><td>전월까지
누계(A)</td><td>금월(B)</td><td>누계
(A+B)</td></tr>
<tr><td></td><td></td><td></td><td></td></tr>
</table>

※ 주: 사용 내역은 사용 일자가 빠른 순서로 작성

항목별 사용 내역 (　　년　　월)

8. 본사 전담조직 근로자 임금 등

□ 조직 현황

시공능력 평가순위	안전보건조직·인원 현황			안전보건관리비 계상총액	본사 임금 등 계상액(계획)
	조직명	직책	인원수		

□ 사용 내역

구분	소속	직책	성명	보직일	지급액	지급일	비고

계	계상액 (계획)	전월까지 누계(A)	금월(B)	누계 (A+B)

※ 주 : 본사만 사용내역 작성 및 증빙서류 첨부(현장 제외)

- 증빙서류(예시) : 본사 조직규정, 인사명령서, 계좌이체 내역 등

항목별 사용 내역 (　　년　월)

9. 위험성평가 등에 따른 소요비용

구분품목명	결정일		계획			사용일	소요 비용			지급내역	비고
	위험성 평가 등	노사 협의 등	단가	수량	금액		단가	수량	금액		
계							계상액 (계획)		전월까지 누계(A)	금월(B)	누계 (A+B)

※ 주: 사용 내역은 사용 일자가 빠른 순서로 작성

별표 8 안전·보건교육

1. 근로자에 대한 교육과정 및 시간

<table>
<tr><th>교육과정</th><th colspan="2">교육 대상</th><th>교육 시간</th></tr>
<tr><td rowspan="4">가. 정기교육</td><td colspan="2">사무직 종사 근로자</td><td>매 분기 3시간 이상</td></tr>
<tr><td rowspan="2">사무직 종사 근로자 외의 근로자</td><td>판매업무에 직접 종사하는 근로자</td><td>매 분기 3시간 이상</td></tr>
<tr><td>판매업무에 직접 종사하는 근로자 외의 근로자 (건설현장 근로자 등)</td><td>매 분기 6시간 이상</td></tr>
<tr><td colspan="2">관리감독자의 지위에 있는 사람</td><td>연간 16시간 이상</td></tr>
<tr><td rowspan="2">나. 채용 시 교육(기초안전보건교육 이수 시 면제)</td><td colspan="2">일용근로자</td><td>1시간 이상</td></tr>
<tr><td colspan="2">일용근로자를 제외한 근로자</td><td>8시간 이상</td></tr>
<tr><td rowspan="2">다. 작업내용 변경 시 교육(기초안전보건교육 이수 시 면제)</td><td colspan="2">일용근로자</td><td>1시간 이상</td></tr>
<tr><td colspan="2">일용근로자를 제외한 근로자</td><td>2시간 이상</td></tr>
<tr><td rowspan="3">라. 특별교육</td><td colspan="2">별표 5 제1호라목 각 호(제40호는 제외한다)의 어느 하나에 해당하는 작업에 종사하는 일용근로자</td><td>2시간 이상</td></tr>
<tr><td colspan="2">별표 5 제1호라목제40호의 타워크레인 신호작업에 종사하는 일용근로자</td><td>8시간 이상</td></tr>
<tr><td colspan="2">별표 5 제1호라목 각 호의 어느 하나에 해당하는 작업에 종사하는 일용근로자를 제외한 근로자</td><td>1. 16시간 이상(최초 작업에 종사하기 전 4시간 이상 실시하고 12시간은 3개월 이내에서 분할하여 실시 가능)
2. 단기간 작업 또는 간헐적 작업인 경우 2시간 이상</td></tr>
<tr><td>마. 건설업 기초안전·보건교육</td><td colspan="2">건설 일용근로자</td><td>4시간 이상</td></tr>
</table>

2. 관리책임자 등에 대한 교육 시간

교육 대상	교육 시간	
	신규교육	보수교육
가. 안전보건관리책임자	6시간 이상	6시간 이상
나. 안전관리자	34시간 이상	24시간 이상
다. 보건관리자	34시간 이상	24시간 이상
라. 건설재해예방전문지도기관의 종사자	34시간 이상	24시간 이상
마. 석면조사기관의 종사자	34시간 이상	24시간 이상
바. 안전보건관리담당자	-	8시간 이상
사. 안전검사기관, 자율안전검사기관의 종사자	34시간 이상	24시간 이상

3. 특수형태 종사자에 대한 교육과정 및 시간

교육과정	교육 시간
가. 최초 노무 제공 시 교육	2시간 이상(단기간 작업 또는 간헐적 작업에 노무를 제공하는 경우는 1시간 이상 실시하고 특별교육을 실시한 경우는 면제)
나. 특별교육	16시간 이상(최초 작업에 종사하기 전 4시간 이상 실시하고 12시간은 3개월 이내에서 분할하여 실시가능)
	단기간 작업 또는 간헐적 작업인 경우에는 2시간 이상

4. 기타 교육

교육과정	교육 시간
화학물질 취급 근로자	집체교육, 현장교육 등 건설현장의 여건에 맞는 방법을 선택하여 물질안전보건자료(MSDS) 내용 등 적절한 시간(1시간 이상) 교육 실시
위험성 평가교육	위험성 평가 진행과정이나 평가방법. 유해·위험요인 파악 및 감소대책 강구 방안 등에 관하여 적절한 시간(4시간 이상) 실시
건설기술관리법시행령 103조에 따른 안전교육 (별지 제1호서식)	공사 작업자를 대상으로 매일 공사 착수 전에 당일 작업의 공법이해, 시공상세도면에 따른 세부시공순서, 시공기술상의 주의사항 등을 포함하여 교육을 실시 하고, 그 내용을 기록·관리. 또한, 교육관계 서류를 공사 준공 후 발주청에 제출

5. 원도급인의 하수급인에 대한 의무

① 하수급인이 하수급인의 근로자에게 안전보건교육을 실시하고자 할 때 안전교육을 위한 장소 및 자료의 제공 등 지원

② 하수급인이 근로자에게 하는 안전보건교육의 실시 확인

6. 교육 대상별 교육내용

1) 근로자 안전보건교육(제26조제1항 관련)

가. 근로자 정기교육

교육내용
• 산업안전 및 사고 예방에 관한 사항 • 산업보건 및 직업병 예방에 관한 사항 • 건강증진 및 질병 예방에 관한 사항 • 유해·위험 작업환경 관리에 관한 사항 • 산업안전보건법령 및 산업재해보상보험 제도에 관한 사항 • 직무스트레스 예방 및 관리에 관한 사항 • 직장 내 괴롭힘, 고객의 폭언 등으로 인한 건강장해 예방 및 관리

나. 관리감독자 정기교육

교육내용
• 산업안전 및 사고 예방에 관한 사항 • 산업보건 및 직업병 예방에 관한 사항 • 유해·위험 작업환경 관리에 관한 사항 • 산업안전보건법령 및 산업재해보상보험 제도에 관한 사항 • 직무스트레스 예방 및 관리에 관한 사항 • 직장 내 괴롭힘, 고객의 폭언 등으로 인한 건강장해 예방 및 관리 • 작업공정의 유해·위험과 재해 예방대책에 관한 사항 • 표준안전 작업방법 및 지도 요령에 관한 사항 • 관리감독자의 역할과 임무에 관한 사항 • 안전보건교육 능력 배양에 관한 사항 - 현장 근로자와의 의사소통능력 향상, 강의능력 향상 및 그 밖에 안전보건교육 능력 배양 등에 관한 사항. 이 경우 안전보건교육 능력 배양 교육은 별표 4에 따라 관리감독자가 받아야 하는 전체 교육시간의 3분의 1 범위에서 할 수 있다.

다. 채용 시 교육 및 작업내용 변경 시 교육

교육내용
• 산업안전 및 사고 예방에 관한 사항 • 산업보건 및 직업병 예방에 관한 사항 • 산업안전보건법령 및 산업재해보상보험 제도에 관한 사항 • 직무스트레스 예방 및 관리에 관한 사항 • 직장 내 괴롭힘, 고객의 폭언 등으로 인한 건강장해 예방 및 관리 • 기계·기구의 위험성과 작업의 순서 및 동선에 관한 사항 • 작업 개시 전 점검에 관한 사항 • 정리정돈 및 청소에 관한 사항 • 사고 발생 시 긴급조치에 관한 사항 • 물질안전보건자료에 관한 사항

라. 특별교육 대상 작업별 교육

작업명	교육내용
〈공통내용〉 제1호부터 제40호까지의 작업	• 다목과 같은 내용
〈개별내용〉 1. 고압실 내 작업(잠함공법이나 그 밖의 압기공법으로 대기압을 넘는 기압인 작업실 또는 수갱 내부에서 하는 작업만 해당한다)	• 고기압 장해의 인체에 미치는 영향에 관한 사항 • 작업의 시간·작업 방법 및 절차에 관한 사항 • 압기공법에 관한 기초지식 및 보호구 착용에 관한 사항 • 이상 발생 시 응급조치에 관한 사항 • 그 밖에 안전·보건관리에 필요한 사항
2. 아세틸렌 용접장치 또는 가스집합 용접장치를 사용하는 금속의 용접·용단 또는 가열작업(발생기·도관 등에 의하여 구성되는 용접장치만 해당한다)	• 용접 흄, 분진 및 유해광선 등의 유해성에 관한 사항 • 가스용접기, 압력조정기, 호스 및 취관두(불꽃이 나오는 용접기의 앞부분) 등의 기기 점검에 관한 사항 • 작업방법·순서 및 응급처치에 관한 사항 • 안전기 및 보호구 취급에 관한 사항 • 화재예방 및 초기대응에 관한 사항 • 그 밖에 안전·보건관리에 필요한 사항
3. 밀폐된 장소(탱크 내 또는 환기가 극히 불량한 좁은 장소를 말한다)에서 하는 용접작업 또는 습한 장소에서 하는 전기용접 작업	• 작업순서, 안전작업방법 및 수칙에 관한 사항 • 환기설비에 관한 사항 • 전격 방지 및 보호구 착용에 관한 사항 • 질식 시 응급조치에 관한 사항 • 작업환경 점검에 관한 사항 • 그 밖에 안전·보건관리에 필요한 사항

작업명	교육내용
4. 폭발성·물반응성·자기반응성·자기발열성 물질, 자연발화성 액체·고체 및 인화성 액체의 제조 또는 취급작업(시험연구를 위한 취급작업은 제외한다)	• 폭발성·물반응성·자기반응성·자기발열성 물질, 자연발화성 액체·고체 및 인화성 액체의 성질이나 상태에 관한 사항 • 폭발 한계점, 발화점 및 인화점 등에 관한 사항 • 취급방법 및 안전수칙에 관한 사항 • 이상 발견 시의 응급처치 및 대피 요령에 관한 사항 • 화기·정전기·충격 및 자연발화 등의 위험방지에 관한 사항 • 작업순서, 취급 주의사항 및 방호거리 등에 관한 사항 • 그 밖에 안전·보건관리에 필요한 사항
12. 목재가공용 기계[둥근톱기계, 띠톱기계, 대패기계, 모떼기기계 및 라우터기(목재를 자르거나 홈을 파는 기계)만 해당하며, 휴대용은 제외한다]를 5대 이상 보유한 사업장에서 해당 기계로 하는 작업	• 목재가공용 기계의 특성과 위험성에 관한 사항 • 방호장치의 종류와 구조 및 취급에 관한 사항 • 안전기준에 관한 사항 • 안전작업방법 및 목재 취급에 관한 사항 • 그 밖에 안전·보건관리에 필요한 사항
13. 운반용 등 하역기계를 5대 이상 보유한 사업장에서의 해당 기계로 하는 작업	• 운반하역기계 및 부속설비의 점검에 관한 사항 • 작업순서와 방법에 관한 사항 • 안전운전방법에 관한 사항 • 화물의 취급 및 작업신호에 관한 사항 • 그 밖에 안전·보건관리에 필요한 사항
14. 1톤 이상의 크레인을 사용하는 작업 또는 1톤 미만의 크레인 또는 호이스트를 5대 이상 보유한 사업장에서 해당 기계로 하는 작업(제40호의 작업은 제외한다)	• 방호장치의 종류, 기능 및 취급에 관한 사항 • 걸고리·와이어로프 및 비상정지장치 등의 기계·기구 점검에 관한 사항 • 화물의 취급 및 안전작업방법에 관한 사항 • 신호방법 및 공동작업에 관한 사항 • 인양 물건의 위험성 및 낙하·비래(飛來)·충돌재해 예방에 관한 사항 • 인양물이 적재될 지반의 조건, 인양하중, 풍압 등이 인양물과 타워크레인에 미치는 영향 • 그 밖에 안전·보건관리에 필요한 사항
15. 건설용 리프트·곤돌라를 이용한 작업	• 방호장치의 기능 및 사용에 관한 사항 • 기계, 기구, 달기체인 및 와이어 등의 점검에 관한 사항 • 화물의 권상·권하 작업방법 및 안전작업 지도에 관한 사항 • 기계·기구에 특성 및 동작원리에 관한 사항 • 신호방법 및 공동작업에 관한 사항 • 그 밖에 안전·보건관리에 필요한 사항
17. 전압이 75 V 이상인 정전 및 활선작업	• 전기의 위험성 및 전격 방지에 관한 사항 • 해당 설비의 보수 및 점검에 관한 사항 • 정전작업·활선작업 시의 안전작업방법 및 순서에 관한 사항 • 절연용 보호구, 절연용 보호구 및 활선작업용 기구 등의 사용에 관한 사항 • 그 밖에 안전·보건관리에 필요한 사항

작업명	교육내용
18. 콘크리트 파쇄기를 사용하여 하는 파쇄작업(2 m 이상인 구축물의 파쇄작업만 해당한다)	• 콘크리트 해체 요령과 방호거리에 관한 사항 • 작업안전조치 및 안전기준에 관한 사항 • 파쇄기의 조작 및 공통작업 신호에 관한 사항 • 보호구 및 방호장비 등에 관한 사항 • 그 밖에 안전·보건관리에 필요한 사항
19. 굴착면의 높이가 2 m 이상이 되는 지반 굴착(터널 및 수직갱 외의 갱 굴착은 제외한다)작업	• 지반의 형태·구조 및 굴착 요령에 관한 사항 • 지반의 붕괴재해 예방에 관한 사항 • 붕괴 방지용 구조물 설치 및 작업방법에 관한 사항 • 보호구의 종류 및 사용에 관한 사항 • 그 밖에 안전·보건관리에 필요한 사항
20. 흙막이 지보공의 보강 또는 동바리를 설치하거나 해체하는 작업	• 작업안전 점검 요령과 방법에 관한 사항 • 동바리의 운반·취급 및 설치 시 안전작업에 관한 사항 • 해체작업 순서와 안전기준에 관한 사항 • 보호구 취급 및 사용에 관한 사항 • 그 밖에 안전·보건관리에 필요한 사항
21. 터널 안에서의 굴착작업(굴착용 기계를 사용하여 하는 굴착작업 중 근로자가 칼날 밑에 접근하지 않고 하는 작업은 제외한다) 또는 같은 작업에서의 터널 거푸집 지보공의 조립 또는 콘크리트 작업	• 작업환경의 점검 요령과 방법에 관한 사항 • 붕괴 방지용 구조물 설치 및 안전작업 방법에 관한 사항 • 재료의 운반 및 취급·설치의 안전기준에 관한 사항 • 보호구의 종류 및 사용에 관한 사항 • 소화설비의 설치장소 및 사용방법에 관한 사항 • 그 밖에 안전·보건관리에 필요한 사항
22. 굴착면의 높이가 2 m 이상이 되는 암석의 굴착작업	• 폭발물 취급 요령과 대피 요령에 관한 사항 • 안전거리 및 안전기준에 관한 사항 • 방호물의 설치 및 기준에 관한 사항 • 보호구 및 신호방법 등에 관한 사항 • 그 밖에 안전·보건관리에 필요한 사항
23. 높이가 2 m 이상인 물건을 쌓거나 무너뜨리는 작업(하역기계로만 하는 작업은 제외한다)	• 원부재료의 취급 방법 및 요령에 관한 사항 • 물건의 위험성·낙하 및 붕괴재해 예방에 관한 사항 • 적재방법 및 전도 방지에 관한 사항 • 보호구 착용에 관한 사항 • 그 밖에 안전·보건관리에 필요한 사항
25. 거푸집 동바리의 조립 또는 해체 작업	• 동바리의 조립 방법 및 작업절차에 관한 사항 • 조립재료의 취급방법 및 설치기준에 관한 사항 • 조립 해체 시의 사고 예방에 관한 사항 • 보호구 착용 및 점검에 관한 사항 • 그 밖에 안전·보건관리에 필요한 사항
26. 비계의 조립·해체 또는 변경작업	• 비계의 조립순서 및 방법에 관한 사항 • 비계작업의 재료 취급 및 설치에 관한 사항 • 추락재해 방지에 관한 사항 • 보호구 착용에 관한 사항 • 비계상부 작업 시 최대 적재하중에 관한 사항 • 그 밖에 안전·보건관리에 필요한 사항

작업명	교육내용
27. 건축물의 골조, 다리의 상부구조 또는 탑의 금속제의 부재로 구성되는 것(5 m 이상인 것만 해당한다)의 조립· 해체 또는 변경작업	• 건립 및 버팀대의 설치순서에 관한 사항 • 조립 해체 시의 추락재해 및 위험요인에 관한 사항 • 건립용 기계의 조작 및 작업신호 방법에 관한 사항 • 안전장비 착용 및 해체순서에 관한 사항 • 그 밖에 안전·보건관리에 필요한 사항
28. 처마 높이가 5 m 이상인 목조건축물의 구조 부재의 조립이나 건축물의 지붕 또는 외벽 밑에서의 설치작업	• 붕괴·추락 및 재해 방지에 관한 사항 • 부재의 강도·재질 및 특성에 관한 사항 • 조립·설치 순서 및 안전작업방법에 관한 사항 • 보호구 착용 및 작업 점검에 관한 사항 • 그 밖에 안전·보건관리에 필요한 사항
29. 콘크리트 인공구조물(그 높이가 2 m 이상인 것만 해당한다)의 해체 또는 파괴작업	• 콘크리트 해체기계의 점점에 관한 사항 • 파괴 시의 안전거리 및 대피 요령에 관한 사항 • 작업방법·순서 및 신호 방법 등에 관한 사항 • 해체·파괴 시의 작업안전기준 및 보호구에 관한 사항 • 그 밖에 안전·보건관리에 필요한 사항
30. 타워크레인을 설치(상승작업을 포함한다)·해체하는 작업	• 붕괴·추락 및 재해 방지에 관한 사항 • 설치·해체 순서 및 안전작업방법에 관한 사항 • 부재의 구조· ·재질 및 특성에 관한 사항 • 신호방법 및 요령에 관한 사항 • 이상 발생 시 응급조치에 관한 사항 • 그 밖에 안전·보건관리에 필요한 사항
32. 게이지 압력을 cm^2당 1 kg 이상으로 사용하는 압력용기의 설치 및 취급작업	• 안전시설 및 안전기준에 관한 사항 • 압력용기의 위험성에 관한 사항 • 용기 취급 및 설치기준에 관한 사항 • 작업안전 점검 방법 및 요령에 관한 사항 • 그 밖에 안전·보건관리에 필요한 사항
34. 밀폐공간에서의 작업	• 산소농도 측정 및 작업환경에 관한 사항 • 사고 시의 응급처치 및 비상시 구출에 관한 사항 • 보호구 착용 및 보호 장비 사용에 관한 사항 • 작업내용·안전작업방법 및 절차에 관한 사항 • 장비·설비 및 시설 등의 안전점검에 관한 사항 • 그 밖에 안전·보건관리에 필요한 사항
37. 석면해제·제거작업	• 석면의 특성과 위험성 • 석면해체·제거의 작업방법에 관한 사항 • 장비 및 보호구 사용에 관한 사항 • 그 밖에 안전·보건관리에 필요한 사항

작업명	교육내용
38. 가연물이 있는 장소에서 하는 화재위험작업	• 작업준비 및 작업절차에 관한 사항 • 작업장 내 위험물, 가연물의 사용·보관·설치 현황에 관한 사항 • 화재위험작업에 따른 인근 인화성 액체에 대한 방호조치에 관한 사항 • 화재위험작업으로 인한 불꽃, 불티 등의 흩날림 방지조치에 관한 사항 • 인화성 액체의 증기가 남아 있지 않도록 환기 등의 조치에 관한 사항 • 화재감시자의 직무 및 피난교육 등 비상조치에 관한 사항 • 그 밖에 안전·보건관리에 필요한 사항
39. 타워크레인을 사용하는 작업 시 신호업무를 하는 작업	• 타워크레인의 기계적 특성 및 방호장치 등에 관한 사항 • 화물의 취급 및 안전작업방법에 관한 사항 • 신호방법 및 요령에 관한 사항 • 인양 물건의 위험성 및 낙하·비래·충돌재해 예방에 관한 사항 • 인양물이 적재될 지반의 조건, 인양하중, 풍압 등이 인양물과 타워크레인에 미치는 영향 • 그 밖에 안전·보건관리에 필요한 사항

2) 건설업 기초안전보건교육에 대한 내용 및 시간(제28조제1항 관련)

구분	교육내용	시간
공통	산업안전보건법령 주요 내용(건설 일용근로자 관련 부분)	1시간
	안전의식 제고에 관한 사항	
교육 대상별	작업별 위험요인과 안전작업 방법(재해사례 및 예방대책)	2시간
	건설 직종별 건강장해 위험요인과 건강관리	1시간

3) 안전보건관리책임자 등에 대한 교육(제29조제2항 관련)

교육대상	교육내용	
	신규과정	보수과정
가. 안전보건관리책임자	1) 관리책임자의 책임과 직무에 관한 사항 2) 산업안전보건법령 및 안전·보건조치에 관한 사항	1) 산업안전·보건정책에 관한 사항 2) 자율안전·보건관리에 관한 사항
나. 안전관리자	1) 산업안전보건법령에 관한 사항 2) 산업안전보건개론에 관한 사항 3) 인간공학 및 산업심리에 관한 사항 4) 안전보건교육방법에 관한 사항 5) 재해 발생 시 응급처치에 관한 사항 6) 안전점검·평가 및 재해 분석기법에 관한 사항 7) 안전기준 및 개인보호구 등 분야별 재해예방 실무에 관한 사항 8) 산업안전보건관리비 계상 및 사용기준에 관한 사항 9) 작업환경 개선 등 산업위생 분야에 관한 사항 10) 무재해운동 추진기법 및 실무에 관한 사항 11) 위험성평가에 관한 사항 12) 그 밖에 안전관리자의 직무 향상을 위하여 필요한 사항	1) 산업안전보건법령 및 정책에 관한 사항 2) 안전관리계획 및 안전보건개선계획의 수립·평가·실무에 관한 사항 3) 안전보건교육 및 무재해운동 추진실무에 관한 사항 4) 산업안전보건관리비 사용기준 및 사용방법에 관한 사항 5) 분야별 재해 사례 및 개선 사례에 관한 연구와 실무에 관한 사항 6) 사업장 안전 개선기법에 관한 사항 7) 위험성평가에 관한 사항 8) 그 밖에 안전관리자 직무 향상을 위하여 필요한 사항
다. 보건관리자	1) 산업안전보건법령 및 작업환경측정에 관한 사항 2) 산업안전보건개론에 관한 사항 3) 안전보건교육방법에 관한 사항 4) 산업보건관리계획 수립·평가 및 산업역학에 관한 사항 5) 작업환경 및 직업병 예방에 관한 사항 6) 작업환경 개선에 관한 사항(소음·분진·관리대상 유해물질 및 유해광선 등) 7) 산업역학 및 통계에 관한 사항 8) 산업환기에 관한 사항 9) 안전보건관리의 체제·규정 및 보건관리자 역할에 관한 사항 10) 보건관리계획 및 운용에 관한 사항 11) 근로자 건강관리 및 응급처치에 관한 사항 12) 위험성평가에 관한 사항 13) 감염병 예방에 관한 사항 14) 자살 예방에 관한 사항 15) 그 밖에 보건관리자의 직무 향상을 위하여 필요한 사항	1) 산업안전보건법령, 정책 및 작업환경 관리에 관한 사항 2) 산업보건관리계획 수립·평가 및 안전보건교육 추진 요령에 관한 사항 3) 근로자 건강증진 및 구급환자 관리에 관한 사항 4) 산업위생 및 산업환기에 관한 사항 5) 직업병 사례 연구에 관한 사항 6) 유해물질별 작업환경 관리에 관한 사항 7) 위험성평가에 관한 사항 8) 감염병 예방에 관한 사항 9) 자살 예방에 관한 사항 10) 그 밖에 보건관리자 직무 향상을 위하여 필요한 사항

4) 특수형태근로종사자에 대한 안전보건교육(제95조제1항 관련)

가. 최초 노무 제공 시 교육

교육내용
아래의 내용 중 특수형태근로종사자의 직무에 적합한 내용을 교육해야 한다. • 산업안전 및 사고 예방에 관한 사항 • 산업보건 및 직업병 예방에 관한 사항 • 건강증진 및 질병 예방에 관한 사항 • 유해·위험 작업환경 관리에 관한 사항 • 산업안전보건법령 및 산업재해보상보험 제도에 관한 사항 • 직무스트레스 예방 및 관리에 관한 사항 • 직장 내 괴롭힘, 고객의 폭언 등으로 인한 건강장해 예방 및 관리 • 기계·기구의 위험성과 작업의 순서 및 동선에 관한 사항 • 작업 개시 전 점검에 관한 사항 • 정리정돈 및 청소에 관한 사항 • 사고 발생 시 긴급조치에 관한 사항 • 물질안전보건자료에 관한 사항 • 교통안전 및 운전안전에 관한 사항 • 보호구 착용에 관한 사항

나. 특별교육 대상 작업별 교육 : 제1호 라목과 같다.

5) 물질안전건자료에 관한 교육(제169조제1항 관련)

교육내용
• 대상 화학물질의 명칭(또는 제품명) • 물리적 위험성 및 건강 유해성 • 취급상의 주의사항 • 적절한 보호구 • 응급조치 요령 및 사고시 대처 방법 • 물질안전보건자료 및 경고표지를 이해하는 방법

별지 제1호 서식 안전교육일지

안전교육일지

담당	장	소장

교육일시	20 년 월 일 시 분~ 시 분			교육강사	
교육종류	1. 정기교육(매분기 6시간 이상) 2. 특별교육(2시간 이상) 3. 관리감독자 교육(반기 8시간, 연간 16시간 이상) 4. 작업내용 변경시 교육(2신간 이상) 5. 기타교육( )				
교육대상		교육인원		교육시간	
교육장소		교육방법	상의식, 시청각교육(VTR), 토의식		
교육내용	※교육 실시시 당일 작업의 공법이해, 시공상세도면에 따른 세부시공순서 및 시공기술상의 주의사항 등 교육내용에 포함하여 실시할 것				

참석자 명단 (부족 시 별지사용)	직종	성명	서명	직종	성명	서명

첨부	사진

안전교육 사진

사진설명	
사진설명	

참석자 명단

20 년 월 일

NO	직종	성명	서명	NO	직종	성명	서명
1				21			
2				22			
3				23			
4				24			
5				25			
6				26			
7				27			
8				28			
9				29			
10				30			
11				31			
12				32			
13				33			
14				34			
15				35			
16				36			
17				37			
18				38			
19				39			
20				40			

별지 제2호 서식 신규채용자 교육, 보호구지급, 안전수칙 서약서

신규채용자 교육/보호구 지급/안전수칙 서약서

결재	담당	소장

현장명 :

성명		주민등록번호		직종	
현 주 소				연락처	
건강상태	과거질병유무 : 현재건상상태 : 양호/ 이상(골절등, 지병, 혈압, 기타)			혈액형	A, B, AB, O 기타 ( )
유해업무경력	①분진 ②진동 ③소음 ④유기용제 ⑤유해방사선 ⑥ 없음 ⑦기타 ( )			혈압	/

1. 이 작업을 시작한 경력은 얼마입니까? 년 개월
2. 과거 작업 중 재해를 입은 적이 있습니까? 있다, 없다
3. 다음의 질병이 있습니까? 있다(고혈압, 심장, 당뇨, 디스크, 기타), 없다
5. 현재 복용 중인 약이 있습니까? 있다(약명 :), 없다

기타사항 :

안전수칙 준수 서약서

1. 작업장 내에서는 작업에 필요한 개인보호구를 반드시 착용하겠습니다.
2. 모든 장비나 작업기구는 점검 후 사용하겠습니다.
3. 작업장소에 공구, 자재 등을 방치하지 않고 항상 정리정돈을 철저히 하겠습니다.
4. 고압선 가까이 접근하지 말고, 젖은 손으로 전기를 만지지 않겠습니다.
5. 추락의 위험이 있는 곳에서 항상 안전대를 착용하고 안전고리를 체결하겠습니다.
6. 흡연은 정해진 장소에서, 작업 장내에서는 음주행위를 일체 하지 않겠습니다.
7. 위험요인 발견 시는 즉시 관계자에게 보고하고 필요한 조치를 하겠습니다.
8. 안전수칙과 안전표시의 내용을 철저히 준수하겠습니다.
9. 무리한 작업은 선임자에게 보고하고 모험적인 행동은 일체 하지 않겠습니다.
10. 모든 작업은 책임자의 지시를 따르고 지시 없는 개인 행동은 삼가겠습니다.
11. 지정된 통로를 이용하고 위험통제구역은 허가 없이 출입하지 않겠습니다.
12. 작업장 주위 환경을 항시 정리하여 쾌적한 현장을 유지하겠습니다.
13. 안전관계자의 지적사항은 즉시 순응하고 시정하겠습니다.
14. 안전조회 및 행사, 안전교육은 필히 참석하겠습니다.

신규채용교육 수료(1시간)	교육강사	

안전장구 수령 (해당란에 서명)

안전모	안전화(mm)	안전대	보안경	방지마스크	귀마개		

20 년 월 일

신규채용시 안전교육과 안전보호구를 받았음을 확인하며, 보호구 착용 및 안전수칙을 지킬 것을 서약합니다.

서약자 성명 : (서명)

별지 제3호 서식 안전보건교육 계획

교육구분		교육내용	교육방법	교육시간	교육대상	강사자격	비고
근로자 정기교육 (분기 6시간 이상)	1월	안전보건, 사고예방 등	강의식 외	2시간	전근로자	관리책임자, 관리감독자, 안전보건관리자 등	
	2월	안전보건, 사고예방 등	강의식 외	2시간	전근로자		
	3월	안전보건, 사고예방 등	강의식 외	2시간	전근로자		
	4월	안전보건, 사고예방 등	강의식 외	2시간	전근로자		
	5월	안전보건, 사고예방 등	강의식 외	2시간	전근로자		
	6월	안전보건, 사고예방 등	강의식 외	2시간	전근로자		
	7월	안전보건, 사고예방 등	강의식 외	2시간	전근로자		
	8월	안전보건, 사고예방 등	강의식 외	2시간	전근로자		
	9월	안전보건, 사고예방 등	강의식 외	2시간	전근로자		
	10월	안전보건, 사고예방 등	강의식 외	2시간	전근로자		
	11월	안전보건, 사고예방 등	강의식 외	2시간	전근로자		
	12월	안전보건, 사고예방 등	강의식 외	2시간	전근로자		
근로자 특별교육	작업전	안전작업방법, 순서 등	강의식 외	2시간	해당 종사자		
특수형태 종사자	작업전	안전보건, 사고예방 등	강의식 외	2시간	건설기계 운전원 등		특별교육 실시시 면제
물질안전보건 자료(MSDS)	취급전	취급상 주의사항 등	강의식 외	1시간	취급 근로자		
기초안전보건 교육	작업전	산업안전보건법령 등	전문교육기관	4시간	신규 입사자	전문 교육기관	채용시 이수증 확인
위험성평가	작업전	위험성평가 절차 등	강의식 외	4시간	평가 참여자	재해예방기관 등	
건설기술진흥법 103조	매일	세부 시공순서 등	강의식 외	10분	전근로자	관리 감독자 등	
안전보건 관리책임자	선임시	직무내용 등	전문교육기관	신규 6시간	현장소장	전문 교육기관	보수 6시간
안전보건 관리자	섬임시	산업안전보건법령 등	전문교육기관	신규 34시간	안전보건 관리자	전문 교육기관	보수 24시간
관리감독자	선임시	안전보건, 사고예방 등	강의식 외	반기8시간, 년16시간	관리 감독자	관리책임자, 전문기관 등	

별표 9 보호구 지급

보호구 지급

1. 보호구 종류별 작업조건

① 물체가 떨어지거나 날아올 위험 또는 근로자가 추락할 위험이 있는 작업 : 안전모

② 높이 또는 깊이 2 m 이상의 추락할 위험이 있는 장소에서 하는 작업 : 안전대

③ 물체의 낙하·충격, 물체에의 끼임, 감전 또는 정전기의 대전(帶電)에 의한 위험이 있는 작업: 안전화

④ 물체가 흩날릴 위험이 있는 작업 : 보안경

⑤ 용접 시 불꽃이나 물체가 흩날릴 위험이 있는 작업 : 보안면

⑥ 감전의 위험이 있는 작업 : 절연용 보호구

⑦ 고열에 의한 화상 등의 위험이 있는 작업 : 방열복

⑧ 선창 등에서 분진(粉塵)이 심하게 발생하는 하역작업 : 방진마스크

⑨ 섭씨 영하 18도 이하인 급냉동 어창에서 하는 하역작업 : 방한모·방한복·방한화·방한장갑

⑩ 물건을 운반하거나 수거·배달하기 위하여 「자동차관리법」 제3조제1항제5호에 따른 이륜자동차(이하 "이륜자동차"라 한다)를 운행하는 작업 : 「도로교통법 시행규칙」 제32조제1항 각 호의 기준에 적합한 승차용 안전모

2. 근로자 착용의무

보호구를 받거나 착용지시를 받은 근로자는 그 보호구를 반드시 착용(미착용 시 5만 원 과태료 부과)

3. 보호구의 관리

① 보호구를 상시 점검하여 이상이 있는 것은 수리하거나 다른 것으로 교환

② 항상 청결을 유지

③ 방진마스크의 필터 등을 언제나 교환할 수 있도록 충분한 양을 보관

④ 공동사용 금지

4. 지급 및 관리

① 전 근로자에게 해당 작업조건에 맞는 보호구 지급 및 지급대장 관리

② 보호구 착용상태 수시 점검 및 조치

별지 제1호 서식 보호구 지급대장

보호구 지급대장

번호	소속	보호구 명	수량	수령자	수령자 날인	비고

별표 10 순회점검 및 도급사업 합동점검, 건설기술진흥법상 안전점검

1. 산업안전보건법상 점검(산업안전보건법 시행규칙 제80조, 제82조)

구분	순회점검 (산안법 시행규칙 제80조)	도급사업 합동안전보건점검 (시행규칙 제82조)	비고
실시 시기	2일에 1회 이상 (현장에서는 1일 1회 이상 실시)	2개월에 1회 이상	
점검자	안전보건관리자, 관리감독자, 현장소장 등	1. 원도급인 현장소장 및 안전보건 관리자, 원수급인 근로자 대표 2. 하수급인 현장소장 및 하수급인 근로자(해당 공정) 대표 등 노사합동으로 실시	
점검 방법	1. 현장의 전 구간에 걸쳐 공종별 공정을 고려하여 성실하게 순회하면서 점검 2. 점검 시 "유해·위험 확인 및 개선절차서", 안전보건공단 자료 등을 참고하여 점검 실시 3. 가능한 근로자와 동행하여 근로자 등 종사자의 의견 청취 반영	1. 안전관리자는 사전 점검계획을 수립하여 점검반 등에게 사전통지. 2.현장의 전 구간에 걸쳐 공종별 공정을 고려하여 노사합동으로 성실하게 순회하면서 점검 실시	
점검 후의 조치	1. 즉시 시정조치하고, 하수급인 해당부분에 대해서는 서면으로 시정요구 2. 시정 여부 반드시 확인하고 시정하지 않을 경우에는 그 근원적인 원인과 대책을 파악하여 현장소장에게 보고 및 조치 3. 하수급인이 방해, 기피, 거부하는 경우에는 관계법령 근거를 제시하고, 재해예방의 필요성 등을 이해납득시켜 자발적이고 능동적으로 이행할 수 있는 안전문화 분위기 조성 4. 안전관리자는 점검 및 시정조치 결과 등을 별지 제3호 서식을 활용하여 통계관리(월단위 지적사항 개수, 시정사항 및 미시정 개수, 미시정 시 원인과 대책 등)를 하여야 하고, 통계 현황에 대해서는 반기(6월말, 12월말)마다 대표이사에게 보고할 것.(본사 및 대행기관 점검 시 제출할 경우에 대표이사 보고 생략 가능) 5. 보고받은 대표이사는 근본적으로 해결할 수 있도록 인력, 예산, 시설 등을 지원해야 하고, 추후 협력업체 평가와 현장소장 및 관리감독자 인사 평가 시 반영. 6. 지속적인 모니터링으로 근원적 해결책 강구	좌동 (시정조치 개선방법 강구 등에 관하여 반드시 경력근로자 의견 청취할 것)	통계 관리 : 별지제3 호서식 활용
지원 시항	하수급인 등이 안전보건에 필요한 자료 요청 시 협조하여 줄 것	좌동	
점검 서식	별지 제1호 서식 활용(발주처에서 배부한 양식이나 현장 특성에 부합하여 변경 가능)	별지 제2호 서식 활용(발주처에서 배부한 양식이나 현장 특성에 부합하여 변경 가능)	

2. 건설기술진흥법상 안전점검

- 건설기술진흥법 제62조
- 국토교통부 고시 "건설공사 안전관리 업무수행지침" 제2021-1087호

구분	자체안전 점검	정기안전점검	정밀안전점검	초기 점검	공사재개 전 점검
실시 주체	시공회사	발주자 또는 인허가기관이 지정한 건설안전점검기관	건설안전점검기관	건설안전 점검기관	건설안전점검기관
실시 시기	공사기간 동안 매일 공종별 실시	구조물별로 국토부 지침 별표 1의 정기안전점검 실시시기를 기준으로 실시	정기안전점검결과 건설공사의 물리적·기능적 결함 등이 발견되어 보수·보강 등의 조치를 취하기 위하여 필요한 경우에 실시	준공하기 전에 실시	공사의 중단으로 1년 이상 방치된 시설물이 있는 경우 그 공사를 재개하기 전
실시 내용	해당 공종의 전반적인 시공상태를 점검하고, 사고위험의 가능성과 안전성 여부를 확인	1. 공사 목적물의 안전시공을 위한 임시시설 및 가설공법의 안전성 2. 공사목적물의 품질, 시공상태 등의 적정성 3. 인접건축물 또는 구조물 등 공사장 주변 안전조치의 적정성 4. 건설기계의 설치(타워크레인 인상 포함)·해체 등 작업절차 및 작업 중 건설기계의 전도·붕괴 등을 예방하기 위한 안전조치의 적절성 5. 이전 점검에서 지적된 사항에 대한 조치사항	정기안전점검에서 지적된 점검대상물에 대한 문제점을 파악할 수 있도록 수행되어야 하며, 육안검사 결과는 도면에 기록하고, 부재에 대한 조사결과를 분석하고 상태평가를 하며, 구조물 및 가설물의 안전성 평가를 위해 구조계산 또는 내하력 시험을 실시	시설물의 안전 및 유지관리 실시 등에 관한 지침에 따라 실시	정기안전점검의 수준으로 실시
사후 처리	지적사항을 안전점검일지에 기록, 조치결과를 다음날 점검에서 확인	보수·보강 등 필요한 조치	점검결과에 따라 적절한 조치	점검결과에 따라 적절한 조치	점검결과에 따라 적절한 조치
점검 서식	자체안전점검 서식은 별지 제1호 서식 활용 (발주처에서 배부한 양식이나 현장 특성에 부합하여 변경 가능)				

별지 제1호 서식 안전보건점검

<table>
<tr><td colspan="2" rowspan="2">안전보건점검</td><td>담당</td><td>장</td><td>소장</td></tr>
<tr><td></td><td></td><td></td></tr>
<tr><td>점검 일자</td><td>202 . . .</td><td>점 검 자</td><td colspan="2"></td></tr>
<tr><td>점검 종류</td><td colspan="4">1. 자체안전점검(순회점검) 2. 특별점검 3. 기타( )</td></tr>
<tr><td>유해·위험요인</td><td colspan="2">점검 항목</td><td>불안전 요소
(별지사용가능)</td><td>조치결과
(별지사용가능)</td></tr>
<tr><td>작업 공종별
위험요인</td><td colspan="2">• 당일작업 공종의 전반적인 안전시공상태, 사고 위험성, 유해·위험요인, 안전성 여부
• 기타 :</td><td></td><td></td></tr>
<tr><td>추락</td><td colspan="2">• 추락방호망 안전난간 가시설 설치상태
• 고소작업자 안전대 등 보호구 착용상태
• 작업발판 안전설치상태
• 개구부 덮개 설치상태, 불안전행동 상태
• 기타 :</td><td></td><td></td></tr>
<tr><td>낙하, 비래</td><td colspan="2">• 낙하물방지망 등 가시설물 설치상태
• 안전모등 보호구 착용 상태
• 정리정돈, 무단투하, 위험장소 접근 상태
• 크레인 인양 하부 작업자 출입상태
• 기타 :</td><td></td><td></td></tr>
<tr><td>감전</td><td colspan="2">• 누전차단기, 접지설치, 임시분전반 관리상태
• 전선 피복 손상 및 전선 관리상태
• 용접기 자동전격방지기 설치상태
• 강관비계, 붐대 등 고압전선 접촉상태
• 기타 :</td><td></td><td></td></tr>
<tr><td>붕괴, 도괴</td><td colspan="2">• 토사 붕괴위험요인 방치 상태(구배, 배수, 흙막이, 비탈면, 상부 중량물 등)
• 거푸집동바리, 비계 등 안전조립, 관리상태
• 기타 :</td><td></td><td></td></tr>
<tr><td>충돌, 협착</td><td colspan="2">• 건설기계 안전작업 방법 준수 여부
• 신호 유도자 배치, 작업반경 출입 상태
• 기계기구 성능, 안전장치 작동 상태
• 기타 :</td><td></td><td></td></tr>
<tr><td>전도, 정리정돈,
산소결핍,
가스발생, 화재,
폭발 등</td><td colspan="2">• 작업장 정리정돈 상태
• 정화조, 피트, 굴착부위등 질식 위험요인
• 위험물취급, 저장, 보관 및 화재 위험요인
• 기타 :</td><td></td><td></td></tr>
<tr><td>특이사항
(하수급 업체
시정요청 등)</td><td colspan="4"></td></tr>
</table>

별지 제2호 서식 도급사업 안전보건 합동점검

도급사업 안전보건 합동점검

현장명	
점검일시	

점검반							
소속	직책	성명	서명	소속	직책	성명	서명
원도급	현장소장			하수급			
원도급	안전관리자			하수급			
원도급				하수급			

원도급 근로자				하수급 근로자			
소속	직책	성명	서명	소속	직책	성명	서명

도급사업 합동 점검표

1. 붕괴 등 재해예방 시설

항목	점검 사항	점검결과	비고
개착식 굴착작업	1. 사전조사 실시 여부 2. 지반상태 - 비탈면 및 비탈상부 이상유무 - 인접지반의 균열상태 3. 굴착사면 안전조치 상태 - 경사면의 기울기 준수여부 - 경사면 빗물 침투 방지조치 - 굴착단부 안전난간 설치상태 4. 신호수 배치 여부 5. 기타		
발파작업	1. 장약장전 작업 시 화기의 사용금지 등 조치상태 2. 마찰 충격 등 폭발 발생위험이 없는 장진구 사용 여부 - 동결된 화약류 사용 여부 3. 점화 후 화약이 폭발하지 않거나 장전된 화약류의 폭발 여부 확인이 곤란한 때의 예방조치 4. 안전거리에 피난할 수 없는 경우 피난장소 설치 여부 5. 낙뢰위험이 있을 경우 화약류 취급중지 및 안전장소 대피 여부(권고사항) 6. 기타		

2. 추락·낙하 재해예방 시설

항목	점검 사항	점검결과	비고
추락 재해 방지	1. 추락방호망의 설치 및 안전상태 2. 철골 승강설비및 안전대 부착설비 설치 등 철골작업 위험 방호조치 여부 3. 개구부의 방호조치 - 엘리베이터홀, 바닥개구부, 안전난간, 덮개 설치 여부 - 베란다통로, 작업발판끝 안전난간 설치 여부 - 기타의 개구부 방호조치 여부 4. 비계의 설치상태 - 벽이음, 연결철물 설치상태 - 작업발판, 승강통로 설치상태 - 비계조립기준 준수 여부(산업안전보건법령 등) 5. 이동식(틀)비계 등 - 상부안전난간 설지여부 - 사다리등 승강설비 설치여부 - 바퀴 구름방지장치 설치여부 - 아웃트리거, 작업발판 상태		

항목	점검 사항	점검결과	비고
	6. 안전난간을 설치할 수 없는 개구부 주위 고소 작업시 안전대 부착 설비설치, 안전대지급. 착용 여부 7. 가설통로의 폭, 접속부의 연결, 미끄럼방지조치, 안전난간 설치 여부 8. 사다리, 가설계단의 적정설치여부 9. 작업장 내 작업통로의 확보 및 안전통로 상태(통로 정리정돈 및 장애물 제거상태 등) 10. 개인보호구의 지급·착용상태 11. 도로 내 작업 안전조치 여부 - 도로 내 작업장소 안전휀스 설치 여부 - 야간 유도등 설치여부 - 도로 내 자재 적치여부 - 각종 위험표지판 설치여부		
낙하 재해 방지	1. 낙하물 방지망 - 설치기준 준수상태 - 설치각도, 수평돌출(2 m) 상태 - 망의 파손 및 오물 적치 여부 - 비계와 건물 벽면사이 망의 연결 여부(처점임 횡방향의 길이의 10% 이하) 2. 리프트 주변 방호선반 설치여부 3. 기타 각종 개구부 등에 낙하물 방호조치 여부		
기타	기타 점검항목에 없는 추락, 낙하에 의한 위험예방조치		

3. 거푸집 및 거푸집 동바리 재해예방 시설

항목	점검 사항	점검결과	비고
거푸집 및 거푸집 동바리	1. 구조검토 실 시여부 2. 조립도의 작성 및 준수 여부 3. 거푸집의 견고한 구조사용 여부 4. 콘크리트 타설에 대한 안전조치 - 변형 변위 유무 - 작업지휘자 배치여부 - 양생기간 준수여부 5. 거푸집 동바리 - 성능검정품 사용여부 - 깔목의 사용 등 침하방지조치 여부 - 높이 조절용 핀의 전용핀 사용여부 - 경사지에 쐐기목설치 등 미끄럼방지 조치 여부 - 이어서 사용 시 접속부위 이음볼트 등 전용철문 사용 여부(동바리 사이의 각재사용금지) - 수평연결재 설치여부(3.5 m 초과 시 2 m 이내마다 설치) 6. 기타		
기타	점검항목에 없는 사항 중 위반내용		

4. 유해 위험기계기구의 방호조치

항목	점검 사항	점검결과	비고
위험 기계 기구 (리프트 크레인 곤도라 가설재 등근톱 등)	1. 위험기계기구 검사 등 - 완성·정기검사 여부 - 자체검사 실시여부 - 성능검정품 사용여부(가설기자재는 7번 항목) 2. 건설용 리프트(호이스트포함) - 안전장치 실지(과부하방지장치, 권과방지장치 등) - 가이드레일의 벽연결상태 - 와이어로프의 손상유무 - 기타 안전상의 조치실태 3. 타워크레인 - 안전장치 설치(과부하방지장치, 권과방지장치, 비상정지장치 및 경보장치 작동여부 등) - 과부하방지장치 임의해체 또는 작동 불능여부 - 유자격자 운전여부 - 강풍 등 악천후 시 작업 중지 및 안전조치 이행 여부 - 신호수 배치 및 신호방법 부착 여부 - 조립, 해체시 준수사항 준수여부 - 임대차 시 대여자, 대여 받은 자의 조치사항 준수 여부 - 기타 안전상의 조치사항 4. 곤도라 - 과부하방지장치, 권과방지장치, 제동장치 등 방호장치 - 구명줄의 설치 여부 - 부적격한 달기 체인 사용 여부 - 작업시작 전 점검, 각종 제어장치의 정상 작동여부 - 운전방법의 주지여부 등 - 기타 안전상의 조치사항 5. 윈치 및 부속설비 안전상태 6. 목재가공용 둥근톱 방호장치 7. 비계 등 가설기자재 성능검정품 사용여부 - 강관비계, 틀비계, 이동식비계 등 비계류 안전방망, 수직보호망 - 클램프 등 기타 가설기자재(동바리는 붕괴항목에 기재)		
차량계 건설기계	1. 전도방지를 위한 안전조치 여부 2. 작업경로의 적정성 여부 3. 주용도 이외의 다른 용도로 사용하는지 여부 4. 작업계획서의 작성여부 5. 유도자 배치, 유자격자 운전 여부 6. 각종 안전장치 정상작동 여부		
기디기계 기구	• 기타 기계기구 및 세부사항에 없는 사항 중 위반사항		

5. 지하 매설물작업 안전조치

항목	점검 사항	점검결과	비고
사전조사· 터파기 시공 및 보호조치	1. 전력선, 전화케이블, 가스관, 수도관, 하수도관 등 지하 매설물의 사전조사 여부 2. 배관 등 지하매설물 근접 굴착 시 인력굴착 시행여부(기계굴착금지) 3. 지하매설물 관련기관과의 협의 여부 4. 지하매설물 또는 가공공작물에 대한 방호, 이설계획 여부 5. 도시가스사업자와의 합동점검 체제 구축 및 실시 여부		
가연성 가스발생 우려가 있는 지하 작업	1. 가스농도 측정자를 지명하고 당해 농도 측정 여부 2. 가스누출 자동경보장치 설치 여부 3. 비상사태 발생 시 이에 대한 대책 수립 여부		

6. 감전재해예방 시설

항목	점검 사항	점검결과	비고
감전 재해 방지	1. 이동식 전기 기계·기구 - 접지 상태 - 감전방지용 누전차단기 설치 및 작동상태 2. 분전반, 임시배전반 - 누전차단기 설치 여부 - 충전부 방호 여부 - 퓨즈의 적정 여부 - 회로명 표시 여부 - 잠금장치 및 안전표지 3. 이동전선 - 피복손상 상태 - 배선경로 및 상태 - 접속상태 - 임시전등의 안전상태 4. 교류아크용접기 - 접지의 적정여부 - 충전부 노출여부 - 자동전격방지기 설치 여부(습윤장소) - 용접봉 홀더 적정 여부 5. 불량 전기·기계 사용 여부 6. 케이블 BOX 등의 안전상태		
기타	점검항목에 없는 사항 중 위반내용		

7. 질식·화재 및 폭발의 재해예방 시설

항목	점검사항	점검결과	비고
질식· 화재 및 폭발	1. 위험물 관리상태(인화성물질 등) 2. 환기불량 밀폐장소의 호흡용보호구 착용 및 응급구조 대책 3. 정화조, 저수조 등의 가스에 의한 질식 및 산소결핍 예방을 위한 조치 4. 풍하중 등에 대비한 가설물, 적재물 등의 결속, 보강상태 5. 위험물 저장소 설치상태, 산소 및 가스농도측정기 보유상태 등 6. 기타		
침수	1. 수해방지 계획 적정여부 - 비상연락망 구축 - 비상자재 확보 - 강우의 집수, 배수계획 - 수방대책 강구상태 2. 배수시설 확보 설치 상태 - 십수성, 심사시 적정실시 - 현장주변 배수시설과 연결상태 - 기존 우·배수 관로 준설 상태 등 3. 기타		
기타	점검항목에 없는 사항 중 위반 내용		

8. 기타 유해·위험요인

항목	점검사항	점검결과	비고

사진대지

현장명 :

사진대지 설명	

사진대지 설명	

별지 제3호 서식 점검 및 시정조치 결과통계

점검 및 시정조치 결과 통계 (순회점검 및 합동점검, 자체점검 포함)	담당	장	소장

구분	원도급사 부분			하도급사 부분			비고
월	지적건수	시정건수	미 시정건수	지적건수	시정건수	미 시정건수	
월	지적건수	시정건수	미 시정건수	지적건수	시정건수	미 시정건수	
월	지적건수	시정건수	미 시정건수	지적건수	시정건수	미 시정건수	
월	지적건수	시정건수	미 시정건수	지적건수	시정건수	미 시정건수	
월	지적건수	시정건수	미 시정건수	지적건수	시정건수	미 시정건수	
월	지적건수	시정건수	미 시정건수	지적건수	시정건수	미 시정건수	
총계	지적건수	시정건수	미 시정건수	지적건수	시정건수	미 시정건수	
미시정 시	미시정 시 원인						
	시정할 수 있는 근본적 대책						
	본사(대표이사) 건의사항						

별표 11 안전보건에 관한 협의체, 산업안전보건위원회, 노사협의체

구분	안전보건에 관한 협의체	산업안전보건위원회	노사협의체(특례)
근거	산업안전보건법 제64조 제1항	산업안전보건법 제24조	산업안전보건법 제75조
구성대상	하수급인의 근로자가 원도급 건설현장에서 작업을 하는 경우(전 공종 직영공사일 경우 해당 없음)	공사금액 120억 원 이상 (토목공사는 150억 원 이상)	좌동
회의시기	매월 1회 이상	1. 정기회의 : 분기별 2. 임시회의 : 위원장 필요시	1.정기회의 : 2월마다 2.임시회의 : 위원장 필요시
구성인원	원도급인 현장소장 및 하수급인 현장소장 전원으로 구성	1. 근로자위원 : 근로자 대표, 명예산업안전감독관, 근로자대표가 지명하는 9명 이내의 근로자 2. 사용자위원 : 현장소장, 안전보건관리자, 현장소장이 지명한 9명 이내의 부서장 3. 사용자위원과 근로자위원 각각 동수로 구성 4. 위원장은 위원 중에 호선(근로자위원과 사용자위원 공동으로 선출 가능)	1. 근로자 위원 : 원하도급 전체 근로자 대표, 명예산업안전감독관, 공사금액이 20억 원 이상(20억 원 미만은 합의에 따라 위촉가능) 공사에 대한 하수급인의 근로자 대표 2. 사용자 위원 : 원하도급 전체의 현장소장, 안전보건관리자, 공사금액이 20억 원(20억 원 미만은 합의하여 위촉 가능)이상 공사에 대한 하수급인의 현장소장 3. 위원장은 위원 중에 호선(근로자위원과 사용자위원 공동으로 선출 가능) 4. 합의하에 건설기계운전원 등 특수형태근로종사자 참여 가능
의결방법	-	각 위원 과반수 출석 및 찬성	좌동
심의·의결사항 또는 협의사항	1. 작업의 시작 시간 2. 작업 또는 작업장 간의 연락방법 3. 재해발생 위험이 있는 경우 대피방법 4. 작업장에서의 법 제36조에 따른 위험성평가의 실시에 관한 사항 5. 사업주와 수급인 또는 수급인 상호 간의 연락 방법 및 작업공정의 조정 ※건설기술진흥법 시행령	1. 사업장의 산업재해 예방계획의 수립에 관한 사항 2. 제25조 및 제26조에 따른 안전보건관리규정의 작성 및 변경에 관한 사항 3. 제29조에 따른 안전보건교육에 관한 사항 4. 작업환경측정 등 작업환경의 점검 및 개선에 관한 사항 5. 제129조부터 제132조까지에 따른 근로자의 건강진단 등 건강관리에 관한 사항 6. 산업재해에 관한 통계의 기록	좌동

구분	안전보건에 관한 협의체	산업안전보건위원회	노사협의체(특례)
	제102조 제5항에 따른 아래 협의사항을 추가하여 실시 1. 안전관리계획의 이행에 관한 사항 2. 안전사고 발생 시 대책 등에 관한 사항	및 유지에 관한 사항 7. 중대재해의 원인 조사 및 재발 방지대책 수립에 관한 사항 8. 유해하거나 위험한 기계·기구·설비를 도입한 경우 안전 및 보건 관련 조치에 관한 사항 9. 그 밖에 해당 사업장 근로자의 안전 및 보건을 유지·증진시키기 위하여 필요한 사항	
심의 의결사항 처리	-	성실하게 이행	좌동
심의 의결되지 않은 사항 등의 처리	-	중재기구 또는 제3자에 의한 중재	좌동
결과 등의 공지	-	게시판, 정례회의, 교육 등 적절한 방법으로 근로자에게 공지	좌동
회의록 작성사항 및 보존	회의 결과를 기록·보존	1. 개최 일시 및 장소 2. 출석위원 3. 심의 내용 및 의결·결정 사항 4. 그 밖의 토의사항 등 작성 및 보존	좌동
기타	-	1. 산업안전보건법령, 단체협약, 취업규칙, 안전보건관리규정에 반하는 내용으로 심의 의결 금지 2. 사업주는 위원들에게 직무수행 관련 사유로 불리한 처우 금지	좌동
근로자 등 종사자 의견청취	회의 시 근로자 등 종사자 대표 참석하게하여 안전보건에 관한 사항에 대한 의견청취, 논의, 결정, 시행할 것	회의 시 근로자 등 종사자로부터 해당 건설현장의 안전보건에 관한 사항에 대한 의견청취, 논의, 심의 의결, 시행할 것	좌동
서식 활용 (현장 특성을 고려하여 변경가능)	별지 제1호 서식	별지 제2호 서식	별지 제3호 서식
특례	노사협의체를 구성·운영하는 경우에는 산업안전보건위원회 및 제64조제1항제1호에 따른 안전 및 보건에 관한 협의체를 각각 구성·운영하는 것으로 봄.		특례로서 노사협의체 설치 의무사항은 아니므로 여건에 맞게 자율적으로 구성 운영.

별지 제1호 서식 협의체 회의록

<table>
<tr><td colspan="8">년 월 협의체 회의록</td></tr>
<tr><td>회의 일자</td><td colspan="7"></td></tr>
<tr><td>회의 장소</td><td colspan="7"></td></tr>
<tr><td>회의 안건</td><td colspan="7"></td></tr>
<tr><td>종사자 의견청취 내용 및 검토, 채택여부, 개선사항</td><td colspan="7"></td></tr>
<tr><td>회의 결과</td><td colspan="7"></td></tr>
<tr><td rowspan="7">참석자</td><td colspan="2">종사자</td><td colspan="2">원도급인(소장포함)</td><td colspan="3">하수급인 현장소장</td></tr>
<tr><td>성명</td><td>서명</td><td>성명</td><td>서명</td><td>업체명</td><td>성명</td><td>서명</td></tr>
<tr><td></td><td></td><td></td><td></td><td></td><td></td><td></td></tr>
<tr><td></td><td></td><td></td><td></td><td></td><td></td><td></td></tr>
<tr><td></td><td></td><td></td><td></td><td></td><td></td><td></td></tr>
<tr><td></td><td></td><td></td><td></td><td></td><td></td><td></td></tr>
<tr><td></td><td></td><td></td><td></td><td></td><td></td><td></td></tr>
<tr><td>회의 사진 등</td><td colspan="7"></td></tr>
</table>

별지 제2호 서식 산업안전보건위원회 회의록

<table>
<tr><th colspan="7">20 년 /4 분기 산업안전보건위원회 회의록</th></tr>
<tr><td>회의종류</td><td>정기 / 임시</td><td>회의일시</td><td colspan="2"></td><td>회의장소</td><td></td></tr>
<tr><td rowspan="10">참석위원</td><td colspan="3">사용자 위원</td><td colspan="3">근로자 위원</td></tr>
<tr><td>구분</td><td>성명</td><td>서명</td><td>구분</td><td>성명</td><td>서명</td></tr>
<tr><td>위원장</td><td></td><td></td><td>근로자 대표</td><td></td><td></td></tr>
<tr><td>안전보건관리자</td><td></td><td></td><td>명예산업안전감독관</td><td></td><td></td></tr>
<tr><td>위원</td><td></td><td></td><td>위원</td><td></td><td></td></tr>
<tr><td>위원</td><td></td><td></td><td>위원</td><td></td><td></td></tr>
<tr><td>위원</td><td></td><td></td><td>위원</td><td></td><td></td></tr>
<tr><td>위원</td><td></td><td></td><td>위원</td><td></td><td></td></tr>
<tr><td>위원</td><td></td><td></td><td>위원</td><td></td><td></td></tr>
<tr><td>위원</td><td></td><td></td><td>위원</td><td></td><td></td></tr>
<tr><td>위원</td><td></td><td></td><td>위원</td><td></td><td></td></tr>
<tr><td>심의
의결사항</td><td colspan="6"></td></tr>
<tr><td>종사자
의견청취
내용 및 검토,
채택 여부,
개선사항</td><td colspan="6"></td></tr>
<tr><td>기타</td><td colspan="6"></td></tr>
<tr><td>사진</td><td colspan="6"></td></tr>
</table>

별지 제3호 서식 노사협의체 회의록

<table>
<tr><td colspan="7">20　　년　　월 노사협의체 회의록</td></tr>
<tr><td>회의종류</td><td></td><td>회의일시</td><td></td><td>회의장소</td><td colspan="2"></td></tr>
<tr><td rowspan="12">참석위원</td><td colspan="3">사용자 위원</td><td colspan="3">근로자 위원</td></tr>
<tr><td>구분</td><td>성명</td><td>서명</td><td>구분</td><td>성명</td><td>서명</td></tr>
<tr><td>위원장
(전체의 현장소장)</td><td></td><td></td><td>근로자 대표
(원, 하청 전체)</td><td></td><td></td></tr>
<tr><td>안전보건관리자</td><td></td><td></td><td>명예산업안전감독관</td><td></td><td></td></tr>
<tr><td colspan="3">하수급인의 공종별 현장소장</td><td colspan="3">하수급인의 공종별 근로자 대표</td></tr>
<tr><td>공종명</td><td>성명</td><td>서명</td><td>공종명</td><td>성명</td><td>서명</td></tr>
<tr><td></td><td></td><td></td><td></td><td></td><td></td></tr>
<tr><td></td><td></td><td></td><td></td><td></td><td></td></tr>
<tr><td></td><td></td><td></td><td></td><td></td><td></td></tr>
<tr><td></td><td></td><td></td><td></td><td></td><td></td></tr>
<tr><td></td><td></td><td></td><td></td><td></td><td></td></tr>
<tr><td colspan="6" style="display:none"></td></tr>
<tr><td>심의
의결사항</td><td colspan="6"></td></tr>
<tr><td>종사자
의견청취
내용 및 검토,
채택
여부,
개선사항</td><td colspan="6"></td></tr>
<tr><td>기타</td><td colspan="6"></td></tr>
<tr><td>사진</td><td colspan="6"></td></tr>
</table>

별표 12 산업안전보건위원회 운영규정

산업안전보건위원회 운영규정

제1장 총칙

제1조(목석)

본 규정은 ○○○현장 내 산업안전보건위원회(이하 "위원회")를 설치·운영함으로써 산업안전보건법의 원활한 시행과 산업재해 예방 및 쾌적하고 올바른 작업환경의 조성을 위한 노·사의 산업활동을 보장함으로써 노동자의 삶을 질적으로 향상시키도록 적극 노력하며 노동자의 안전과 건강을 유지 증진함을 목적으로 한다.

제2조(안전보건 업무의 우선 적용)

회사는 산업안전보건과 관련된 제규정 및 위원회에서 결정된 사항을 제일 먼저 시행하여야 하며 안전사고 예방을 위하여 예산, 인력 등을 타 업무보다 우선적으로 적극 지원한다.

제3조(용어의 정의)

이 규정에서 정하는 용어의 정의는 다음과 같다.

1. "사용자" 라 함은 사업주 또는 사업경영 담당자, 그 밖에 근로자에 관한 사항에 대하여 사업주를 위하여 행위하는 자를 말한다.
2. "근로자대표" 라 함은 과반수노조이거나 근로자의 과반수를 대표하는 자를 말한다.

제4조(운용 규정의 제·개정)

본 규정은 위원회의 심의 의결로 제·개정한다.

제2장 위원회 구성

제5조(구성)

① 본 위원회는 근로자와 사용자를 대표하는 각 ○○인으로 구성한다.(※ 도급사업 시 원하청 산업안전보건위원회 구성하는 경우 관련 구성방법 추가)

② 근로자를 대표하는 위원(이하 "근로자위원")은 근로자대표가 선출한다. 단, 명예산업안전감독관이 선임된 경우 반드시 위원으로 선출한다(제1항 위원수에 포함).

③ 사용자를 대표하는 위원(이하 "사용자위원")은 다음 각 호와 같다.
1. 안전보건관리책임자(대표이사)
2. 안전관리자
3. 보건관리자
4. 기타 사업주가 지명하는 부서의 장

④ 위원의 변경은 대표위원이 위원의 변경 시 7일 이내에 상대방에 통보해야 한다.

제6조(위원장)

① 위원회의 위원장은 근로자대표와 사용자대표가 공동 위원장으로 한다.
② 위원장의 임기는 3년으로 한다.

제7조(위원의 임기)

① 위원의 임기는 3년으로 하되 연임할 수 있다.
② 위원은 임기가 만료된 경우라도 그 후임자가 선출될 때까지 계속 그 직무를 담당한다.

제8조(직무)

본 위원회는 사내 안전보건에 관한 최고 의결기구로서 구성원의 역할은 다음 각호와 같다.
1. 위원장은 1/4분기(2월), 3/4분기(8월)는 회사측이, 2/4분기(5월), 4/4분기(11월)는 조합측이 교대로 맡는다. 단, 미개최시 순연하여 회의를 진행하도록 한다.
2. 위원장은 위원회 업무를 총괄하여 정기, 임시 회의를 소집 주관한다.
3. 위원은 위원회에 부여된 안건을 심의 의결한다.

제9조(위원의 신분보장 및 활동보장)

1. 회사는 위원이 산업안전보건 업무를 수행함에 있어 어떠한 불이익도 주지 못하며 제8조에 정하는 직무수행과 조사 활동을 보장한다.
2. 위원이 위원회에 출석하기 위해 소요되는 시간에 대하여는 근로한 것으로 본다.
3. 사업주는 현장 점검활동 등을 통한 근로자의 요청 및 의견 취합, 회의를 위한 사전 안건준비, 근로자 위원간의 논의 등 위원회 운영을 위한 사전 준비 및 위원회에서 결정한 사항의 집행, 산업안전보건법과 산업안전보건관리규정에서 정하고 있는 사항에 대해 필요한 경우의 조사를 위한 시간을 유급으로 보장한다.
4. 회사는 근로자측 위원의 선출에 개입하거나 방해하여서는 아니 되며 직무수행에 적극 협조한다.
5. 회사는 산업안전보건위원회 위원과 명예산업안전감독관이 있는 경우 명예산업안전감독관에

대하여 정기적으로 외부에서 이루어지는 산업안전보건교육에 우선적으로 참여할 수 있도록 하여야 한다.

제10조(자료제시)

양측 위원이 회의 중 필요한 자료를 요청하였을 경우 이를 제공하여야 한다.

제3장 위원회 운영

제11조(회의)

본 위원회는 정기회의와 임시회의를 개최하여야 한다.

① 정기회의 : 분기별로 1회 개최한다.

② 임시회의

1. 노·사 일방의 요구가 있을 때 7일 이내 개최한다.
2. 중대 재해 발생 시
3. 재해 발생 및 재해 위협으로 인한 작업 중지 시
4. 위원장 및 위원 1/3 이상의 소집 요청 시

제12조(회의소집 및 회의성립)

1. 위원장은 위원회 회의를 소집한다.
2. 위원장은 회의의 일시, 장소, 안건, 참석 인원 명단을 첨부하여 회의 개최 7일 전까지 서면으로 지회에 통보하고 소집공고 게시하여야 한다. (단, 긴급한 경우의 임시회의 소집은 그러하지 아니한다.)
3. 안전보건관리책임자, 안전보건관리자, 근로자대표, 명예산업안전감독관은 당연직으로써 반드시 위원회에 참석하여야 한다.
4. 회의 성립은 노·사 각 과반수 이상의 출석으로 성립된다.

제13조(심의·의결 사항)

본 위원회에서는 다음 각 항을 심의, 의결하며 단체 협약과 동일한 효력을 가지며 의결된 사항을 반드시 준수하여야 한다.

1. 산업재해예방 계획의 수집에 관한 사항
2. 안전보건관리규정의 작성 및 그 변경에 관한 사항
3. 안전보건교육에 관한 사항

4. 작업환경측정 등 작업환경의 점검 및 개선에 관한 사항
5. 건강진단 등 건강관리에 대한 사항
6. 산업재해의 원인조사 및 재발방지대책의 수립에 관한 사항
7. 안전보호장구 및 안전장비에 관한 사항
8. 산업재해에 관한 통계 및 기록 유지에 관한 사항
9. 유해·위험방지에 관한 사항
10. 산업재해 사후처리 문제(보상, 기타)에 관한 사항
11. 안전관리자, 보건관리자의 수, 자격, 직무, 권한 등에 관한 사항
12. 공정안전보고서 작성에 관한 사항
13. 안전보건 관련 예산편성 및 집행에 관한 사항
14. 중대재해의 원인조사 및 재발 방지대책 수립에 관한 사항
15. 안전보건 개선계획에 관한 사항
16. 근골격계질환, 뇌심혈관질환 예방대책 마련에 관한 사항
17. 기타 산업재해예방을 위하여 필요한 업무로 법령이 정하는 사항 및 노·사 어느 일방이 요구하는 사항 또는 단체협약에 정하는 사항

제14조(의결)

위원회는 노·사 각 과반수 이상의 출석으로 개최하며, 출석위원 과반수 이상의 찬성으로 의결한다. 단, 노·사 동수일 때는 재투표 후 양측 대표위원이 협의한다.

제15조(부결 시 조치)

회사는 위원회 의안 부결을 이유로 법령에 규정된 의무 이행을 게을리 하여서는 아니된다.

제16조(참고인의 출석)

① 노·사 양측은 필요 시 참고인의 출석을 위원장에게 요구할 수 있으며 위원장은 안건심의상 필요하다고 인정되면 참고인을 출석시켜 진술하도록 하여야 한다.

② 출석을 요청 받은 참고인은 반드시 위원회에 출석하여 성실하게 보고, 진술하여야 하며 위원회가 인정하는 특별한 사유가 있는 경우 서면으로 답변을 제출할 수 있다.

제17조 (회의록 작성 및 보존)

① 위원회 간사는 다음 각 호의 사항을 기록한 회의록을 작성하여 참석 위원의 서명, 날인 후 각 1부씩 갖는다.

1. 개최 일시 및 장소

2. 참고인의 직위 및 진술
3. 회의 내용, 심의, 의결 사항
4. 기타 토의 사항

② 회의록은 출석위원 전원이 서명, 날인하여 작성일로부터 5년간 보존한다.

제18조(회의 결과 공지)

① 본 위원회는 결정된 모든 사항에 대하여 게시판 및 기타 방법으로 전직원에게 신속, 정확하게 알려야 한다

② 회사측 대표위원은 심의, 의결사항 이행 여부 등 추진상황을 반드시 차기회의에 보고토록 하여야 하며, 그 내용을 회의록에 기록하여 이행상태를 계속 확인·점검하여야 한다.

제19조(회의 결과 보고)

위원회는 관계 기관에 위원회의 결과를 보고할 경우 위원 전원의 확인 후 보고토록 한다.

제20조(권한)

① 위원은 산업재해 발생의 급박한 위험이나 유해한 작업환경이 발견되었을 때에는 작업을 중지시킬 수 있으며 근로자를 작업 장소로부터 대피시키는 등 필요한 조치를 행한 후 작업을 재개하여야 한다.

② 작업중지 조치를 취한 위원은 해당 부서 또는 회사에 즉시 통보 하여야 한다.

제21조(기타)

이 규정은 2022년 01월 03일부로 시행한다

별표 13 건강진단 및 건강관리

1. 일반건강진단

구분	일반건강진단
근거	1. 산업안전보건법 제129조 2. 노동부 고시 "근로자 건강진단 실시기준"(제2021-33호)
대상	전 근로자
주기	1. 사무직 근로자 : 2년에 1회 이상 2. 사무직 외 근로자(건설현장 근로자 등) : 1년에 1회 이상 ※ 국민건강보험법에 따른 건강검진 실시근로자 제외되므로 현장소장은 실시 여부 확인할 것.
항목	1. 과거병력, 작업경력 및 자각·타각증상(시진·촉진·청진 및 문진) 2. 혈압·혈당·요당·요단백 및 빈혈검사 3. 체중·시력 및 청력 4. 흉부방사선 촬영 5. AST(SGOT) 및 ALT(SGPT), γ-GTP 및 총콜레스테롤 등
실시기관	제135조제1항에 따른 특수건강진단기관 또는 「건강검진기본법」 제3조제2호에 따른 건강검진기관
2차 건강진단	1차 검사결과 질병의 확진이 곤란한 경우에는 2차 건강진단을 받을 것
사후관리	1. 건강진단실시 결과에 따라 작업장소 변경, 작업전환, 근로시간 단축, 야간근무 제한 등의 조치를 시행할 수 있고, 이때에는 사전에 해당 근로자에게 알려줄 것 2. 건강진단실시 결과에 따라 건강진단기관을 활용하여 건강상담, 보호구 지급 및 착용 지도, 추적검사, 근무 중 치료 등의 조치를 취할 것
특수건강진단	산업안전보건법 시행규칙 별표22에 규정된 유해인자에 노출되는 업무에 종사하는 근로자 등은 산업안전보건법 제130조에 의거 특수건강진단을 받고 법령에서 정한 절차를 준수.
안전관리비	일반건강진단은 국민건강보험공단 등에서 환급되지 않는 범위 내에서만 사용 가능

2. 건강관리

질병자의 근로금지 및 제한	감염병, 정신질환 또는 근로로 인하여 병세가 크게 악화될 우려가 있는 질병으로서, 1. 전염될 우려가 있는 질병(코로나19 등)에 걸린 사람 2. 조현병, 마비성 치매, 심장 신장 폐 등의 질환이 있는 사람으로서 근로에 의하여 병세가 악화될 우려가 있는 질병에 걸린 사람에게는 「의료법」 제2조에 따른 의사의 진단에 따라 근로를 금지하거나 제한하여야 하고, 근로가 금지되거나 제한된 근로자가 건강을 회복하였을 때에는 지체 없이 근로를 할 수 있도록 복귀.
근로시간 제한	잠함 작업이나 잠수작업 등 높은 기압에서 하는 작업자는 1일 6시간, 1주 34시간을 초과하여 근로 금지
근로자의 건강 보호조치 (안전보건조치 및 작업과 휴식의 적정한 배분, 근로시간과 관련된 근로조건의 개선 등)	1. 갱(坑) 내에서 하는 작업 2. 다량의 고열물체를 취급하는 작업과 현저히 덥고 뜨거운 장소에서 하는 작업 3. 다량의 저온물체를 취급하는 작업과 현저히 춥고 차가운 장소에서 하는 작업 4. 라듐방사선이나 엑스선, 그 밖의 유해 방사선을 취급하는 작업 5. 유리·흙·돌·광물의 먼지가 심하게 날리는 장소에서 하는 작업 6. 강렬한 소음이 발생하는 장소에서 하는 작업 7. 착암기(바위에 구멍을 뚫는 기계) 등에 의하여 신체에 강렬한 진동을 주는 작업 8. 인력(人力)으로 중량물을 취급하는 작업 9. 납·수은·크롬·망간·카드뮴 등의 중금속 또는 이황화탄소·유기용제, 그 밖에 고용노동부령으로 정하는 특정 화학물질의 먼지·증기 또는 가스가 많이 발생하는 장소에서 하는 작업
자격 및 면허 등이 필요한 작업	유해·위험작업의 취업 제한에 관한 규칙 별표 1에서 정한 작업 범위에 해당하는 작업은 그 작업에 필요한 자격·면허·경험 또는 기능을 가진 근로자가 아닌 사람에게 작업금지 조치

별표 14 작업환경측정

근거	산업안전보건법 제125조
목적	현장에서 발생되고 있는 유해인자에 근로자가 얼마나 폭로되는지를 측정·평가하여 유해한 작업장의 시설·설비를 개선하는 등 적절한 근로자 보호대책을 강구함으로써, 쾌적한 작업환경을 조성하고 근로자의 건강을 보호하기 위해 실시
측정대상	화학적 인자, 물리적 인자, 분진 등 산업안전보건법 시행규칙 별표 21에서 정한 유해인자 발생 현장
측정자격	회사 임직원 중 산업위생관리산업기사 이상의 자격을 가진 사람 또는 작업환경측정기관
측정 주기 및 횟수	산업안전보건법 제186조에 따른 작업환경측정 대상 현장이 된 경우에는 그날로부터 30일 이내에 측정하고, 그 후 반기에 1회 이상 정기적으로 측정하는 등 산업안전보건법 시행규칙 제190조의 규정에 따라 정기적으로 실시.
측정방법	산업안전보건법 시행규칙 제189조 제1항에 의한, 1. 작업환경측정을 하기 전에 예비조사 실시 2. 작업이 정상적으로 이루어져 작업시간과 유해인자에 대한 근로자의 노출 정도를 정확히 평가할 수 있을 때 실시 3. 모든 측정은 개인 시료채취방법으로 하되, 개인 시료채취방법이 곤란한 경우에는 지역 시료채취방법으로 실시
노출기준 초과	해당 시설·설비의 설치·개선 또는 건강진단의 실시 등 적절한 조치를 하고 시료채취를 마친 날부터 60일 이내에 해당 작업공정의 개선을 증명할 수 있는 서류 또는 개선 계획을 관할 지방고용노동관서의 장에게 제출
측정 결과 알릴 의무	작업환경측정 결과를 해당 건설현장 근로자에게 알려야 하고, 그 결과에 따라 근로자의 건강을 보호하기 위하여 해당 시설·설비의 설치·개선 또는 건강진단의 실시 등의 조치.
측정결과에 대한 설명회 개최	작업환경측정기관에 하여금 측정 결과에 대하여 산업안전보건위원회 및 근로자 대표에게 설명
근로자 대표 참석	근로자 대표가 요구할 경우 작업환경측정 시 참석
측정 결과의 보고	30일 이내에 현장관할 노동관서에 제출 (작업환경측정기관에 위탁하여 측정 시 보고하지 않아도 됨)

별표 15 재해예방 기술지도

근거	산업안전보건법 제73조
대상 현장	공사금액 1억 원 이상 120억 원(「건설산업기본법 시행령」 별표 1의 종합공사를 시공하는 업종의 건설업종란 제1호에 따른 토목공사업에 속하는 공사는 150억 원) 미만인 공사를 하는 자와 「건축법」 제11조에 따른 건축허가의 대상이 되는 공사
대상 제외 공사	1. 공사기간이 1개월 미만인 공사 2. 육지와 연결되지 않은 섬 지역(제주특별자치도는 제외한다)에서 이루어지는 공사 3. 안전관리자의 자격을 가진 사람을 선임(같은 광역지방자치단체의 구역 내에서 같은 사업주가 시공하는 셋 이하의 공사에 대하여 공동으로 안전관리자의 자격을 가진 사람 1명을 선임한 경우를 포함한다)하여 안전관리자의 업무만을 전담하도록 하는 공사 4. 법 제42조제1항에 따라 유해·위험방지계획서를 제출해야 하는 공사
계약 기관	고용노동부에서 지정받은 건설재해예방전문지도기관
지도 횟수	공사기간 중 월 2회(안전관리비의 20% 범위 내에서 횟수와 계약금액을 조정할 수 있음)
지도 완료 시	완료증명서를 발주처에 제출
계약 체결일	착공 전일까지 체결
기타	2022.08.18. 이후부터는 건설공사의 발주자가 기술지도 계약체결 의무 있으므로 기술지도계약 체결여부 확인 및 계약서 현장보관

별표 16 사전조사 및 작업계획서 작성, 작업시작 전 점검작업, 작업지휘자 지정

1. 작업지휘자 지정작업(산업안전보건기준에 관한 규칙 제39조)

작업지휘자 지정 및 지휘작업	1. 차량계 하역운반기계 등을 사용하는 작업(화물자동차를 사용하는 도로상의 주행작업은 제외) 단, 작업장소에 다른 근로자가 접근할 수 없거나 한 대의 차량계 하역운반기계 등을 운전하는 작업으로서 주위에 근로자가 없어 충돌 위험이 없는 경우에는 작업지휘자를 지정하지 않아도 됨. 2. 굴착면의 높이가 2 m 이상이 되는 지반의 굴착작업 3. 교량(상부구조가 금속 또는 콘크리트로 구성되는 교량으로서 그 높이가 5 m 이상이거나 교량의 최대 지간 길이가 30 m 이상인 교량으로 한정)의 설치·해체 또는 변경작업 4. 중량물의 취급작업

2. 사전조사 및 작업계획서 작성대상(산업안전보건기준에 관한 규칙 별표 4)

(작업계획서 내용을 작업 전 해당 근로자에게 반드시 교육 실시)

작업명	사전조사 내용	작업계획서 내용
1. 타워크레인을 설치·조립·해체하는 작업	-	가. 타워크레인의 종류 및 형식 나. 설치·조립 및 해체순서 다. 작업도구·장비·가설설비(假設設備) 및 방호설비 라. 작업인원의 구성 및 작업근로자의 역할 범위 마. 제142조에 따른 지지 방법
2. 차량계 하역운반기계등을 사용하는 작업	-	가. 해당 작업에 따른 추락·낙하·전도·협착 및 붕괴 등의 위험 예방대책 나. 차량계 하역운반기계등의 운행경로 및 작업방법
3. 차량계 건설기계를 사용하는 작업	해당 기계의 굴러 떨어짐, 지반의 붕괴 등으로 인한 근로자의 위험을 방지하기 위한 해당 작업장소의 지형 및 지반상태	가. 사용하는 차량계 건설기계의 종류 및 성능 나. 차량계 건설기계의 운행경로 다. 차량계 건설기계에 의한 작업방법
5. 제318조에 따른 전기작업	-	가. 전기작업의 목적 및 내용 나. 전기작업 근로자의 자격 및 적정 인원 다. 작업 범위, 작업책임자 임명, 전격·아크 섬광·아크 폭발 등 전기 위험요인 파악, 접근 한계거리, 활선접근 경보장치 휴대 등 작업시작 전에 필요한 사항 라. 제319조에 따른 전로 차단에 관한 작업계획 및 전원(電源) 재투입 절차 등 작업 상황에 필요한 안전 작업 요령 마. 절연용 보호구 및 방호구, 활선작업용 기구·장치 등의 준비·점검·착용·사용 등에 관한 사항

작업명	사전조사 내용	작업계획서 내용
		바. 점검·시운전을 위한 일시 운전, 작업 중단 등에 관한 사항 사. 교대 근무 시 근무 인계(引繼)에 관한 사항 아. 전기작업장소에 대한 관계 근로자가 아닌 사람의 출입금지에 관한 사항 자. 전기안전작업계획서를 해당 근로자에게 교육할 수 있는 방법과 작성된 전기안전작업계획서의 평가·관리계획 차. 전기 도면, 기기 세부 사항 등 작업과 관련되는 자료
6. 굴착작업	가. 형상·지질 및 지층의 상태 나. 균열·함수(含水) ·용수 및 동결의 유무 또는 상태 다. 매설물 등의 유무 또는 상태 라. 지반의 지하수위 상태	가. 굴착방법 및 순서, 토사 반출 방법 나. 필요한 인원 및 장비 사용계획 다. 매설물 등에 대한 이설·보호대책 라. 사업장 내 연락방법 및 신호방법 마. 흙막이 지보공 설치방법 및 계측계획 바. 작업지휘자의 배치계획 사. 그 밖에 안전·보건에 관련된 사항
7. 터널굴착작업	보링(boring) 등 적절한 방법으로 낙반·출수(出水) 및 가스폭발 등으로 인한 근로자의 위험을 방지하기 위하여 미리 지형·지질 및 지층상태를 조사	가. 굴착의 방법 나. 터널지보공 및 복공(覆工)의 시공방법과 용수(湧水)의 처리방법 다. 환기 또는 조명시설을 설치할 때에는 그 방법
8. 교량작업	-	가. 작업 방법 및 순서 나. 부재(部材)의 낙하·전도 또는 붕괴를 방지하기 위한 방법 다. 작업에 종사하는 근로자의 추락 위험을 방지하기 위한 안전조치 방법 라. 공사에 사용되는 가설 철구조물 등의 설치·사용·해체 시 안전성 검토 방법 마. 사용하는 기계 등의 종류 및 성능, 작업방법 바. 작업지휘자 배치계획 사. 그 밖에 안전·보건에 관련된 사항
9. 채석작업	지반의 붕괴·굴착기계의 굴러떨어짐 등에 의한 근로자에게 발생할 위험을 방지하기 위한 해당 작업장의 지형·지질 및 지층의 상태	가. 노천굴착과 갱내굴착의 구별 및 채석방법 나. 굴착면의 높이와 기울기 다. 굴착면 소단(小段: 비탈면의 경사를 완화시키기 위해 중간에 좁은 폭으로 설치하는 평탄한 부분)의 위치와 넓이 라. 갱내에서의 낙반 및 붕괴방지 방법 마. 발파방법 바. 암석의 분할방법 사. 암석의 가공장소 아. 사용하는 굴착기계·분할기계·적재기계 또는 운반기

작업명	사전조사 내용	작업계획서 내용
		계(이하 "굴착기계등"이라 한다)의 종류 및 성능 자. 토석 또는 암석의 적재 및 운반방법과 운반경로 차. 표토 또는 용수(湧水)의 처리방법
10. 건물 등의 해체 작업	해체건물 등의 구조, 주변 상황 등	가. 해체의 방법 및 해체 순서도면 나. 가설설비·방호설비·환기설비 및 살수·방화설비 등의 방법 다. 사업장 내 연락방법 라. 해체물의 처분계획 마. 해체작업용 기계·기구 등의 작업계획서 바. 해체작업용 화약류 등의 사용계획서 사. 그 밖에 안전·보건에 관련된 사항
11. 중량물의 취급 작업	-	가. 추락위험을 예방할 수 있는 안전대책 나. 낙하위험을 예방할 수 있는 안전대책 다. 전도위험을 예방할 수 있는 안전대책 라. 협착위험을 예방할 수 있는 안전대책 마. 붕괴위험을 예방할 수 있는 안전대책
12. 궤도와 그 밖의 관련설비의 보수·점검작업	-	가. 적절한 작업 인원 나. 작업량 다. 작업순서 라. 작업방법 및 위험요인에 대한 안전조치방법 등

3. 작업시작 전 점검대상 (산업안전보건기준에 관한 규칙 별표 3)

작업의 종류	점검내용
3. 공기압축기를 가동할 때(제2편제1장제7절)	가. 공기저장 압력용기의 외관 상태 나. 드레인밸브(drain valve)의 조작 및 배수 다. 압력방출장치의 기능 라. 언로드밸브(unloading valve)의 기능 마. 윤활유의 상태 바. 회전부의 덮개 또는 울 사. 그 밖의 연결 부위의 이상 유무
4. 크레인을 사용하여 작업을 하는 때(제2편제1장제9절제2관)	가. 권과방지장치·브레이크·클러치 및 운전장치의 기능 나. 주행로의 상측 및 트롤리(trolley)가 횡행하는 레일의 상태 다. 와이어로프가 통하고 있는 곳의 상태
5. 이동식 크레인을 사용하여 작업을 할 때(제2편제1장제9절제3관)	가. 권과방지장치나 그 밖의 경보장치의 기능 나. 브레이크·클러치 및 조정장치의 기능 다. 와이어로프가 통하고 있는 곳 및 작업장소의 지반상태
6. 리프트(자동차정비용 리프트를 포함한다)를 사용하여 작업을 할 때(제2편제1장제9절제4관)	가. 방호장치·브레이크 및 클러치의 기능 나. 와이어로프가 통하고 있는 곳의 상태
7. 곤돌라를 사용하여 작업을 할 때(제2편제1장제9절제5관)	가. 방호장치·브레이크의 기능 나. 와이어로프·슬링와이어(sling wire) 등의 상태
8. 양중기의 와이어로프·달기체인·섬유로프·섬유벨트 또는 훅·샤클·링 등의 철구(이하 "와이어로프등"이라 한다)를 사용하여 고리걸이작업을 할 때(제2편제1장제9절제7관)	와이어로프 등의 이상 유무
9. 지게차를 사용하여 작업을 하는 때(제2편제1장제10절제2관)	가. 제동장치 및 조종장치 기능의 이상 유무 나. 하역장치 및 유압장치 기능의 이상 유무 다. 바퀴의 이상 유무 라. 전조등·후미등·방향지시기 및 경보장치 기능의 이상 유무
10. 구내운반차를 사용하여 작업을 할 때(제2편제1장제10절제3관)	가. 제동장치 및 조종장치 기능의 이상 유무 나. 하역장치 및 유압장치 기능의 이상 유무 다. 바퀴의 이상 유무 라. 전조등·후미등·방향지시기 및 경음기 기능의 이상 유무 마. 충전장치를 포함한 홀더 등의 결합상태의 이상 유무
11. 고소작업대를 사용하여 작업을 할 때(제2편제1장제10절제4관)	가. 비상정지장치 및 비상하강 방지장치 기능의 이상 유무 나. 과부하 방지장치의 작동 유무(와이어로프 또는 체인구동방식의 경우) 다. 아웃트리거 또는 바퀴의 이상 유무 라. 작업면의 기울기 또는 요철 유무 마. 활선작업용 장치의 경우 홈·균열·파손 등 그 밖의 손상 유무

작업의 종류	점검내용
12. 화물자동차를 사용하는 작업을 하게 할 때(제2편제1장제10절제5관)	가. 제동장치 및 조종장치의 기능 나. 하역장치 및 유압장치의 기능 다. 바퀴의 이상 유무
13. 컨베이어등을 사용하여 작업을 할 때(제2편제1장제11절)	가. 원동기 및 풀리(pulley) 기능의 이상 유무 나. 이탈 등의 방지장치 기능의 이상 유무 다. 비상정지장치 기능의 이상 유무 라. 원동기·회전축·기어 및 풀리 등의 덮개 또는 울 등의 이상 유무
14. 차량계 건설기계를 사용하여 작업을 할 때(제2편제1장제12절제1관)	브레이크 및 클러치 등의 기능
14의2. 용접·용단 작업 등의 화재위험작업을 할 때 (제2편제2장제2절)	가. 작업 준비 및 작업 절차 수립 여부 나. 화기작업에 따른 인근 가연성물질에 대한 방호조치 및 소화기구 비치 여부 다. 용접불티 비산방지덮개 또는 용접방화포 등 불꽃· 불티 등의 비산을 방지하기 위한 조치 여부 라. 인화성 액체의 증기 또는 인화성 가스가 남아 있지 않도록 하는 환기 조치 여부 마. 작업근로자에 대한 화재예방 및 피난교육 등 비상조치 여부
16. 근로자가 반복하여 계속적으로 중량물을 취급하는 작업을 할 때(제2편제5장)	가. 중량물 취급의 올바른 자세 및 복장 나. 위험물이 날아 흩어짐에 따른 보호구의 착용 다. 카바이드·생석회(산화칼슘) 등과 같이 온도상승이나 습기에 의하여 위험성이 존재하는 중량물의 취급방법 라. 그 밖에 하역운반기계등의 적절한 사용방법
18. 슬링 등을 사용하여 작업을 할 때(제2편제6장제2절)	가. 훅이 붙어 있는 슬링·와이어슬링 등이 매달린 상태 나. 슬링·와이어슬링 등의 상태(작업시작 전 및 작업 중 수시로 점검)

별표 17 유해·위험방지계획서, 안전관리계획서 등

유해·위험방지계획서

근거	산업안전보건법 제42조
제출처 및 제출방법	건설안전기술사 등 안전 전문가의 검토확인을 거쳐 현장 관할 산업안전보건공단에 2부 제출하고 착공. 추후 부적정 시 공사가 중지 되므로 성실히 작성·제출
제출시기	공사 실착공 전까지
대상공사	1. 다음 각 목의 어느 하나에 해당하는 건축물 또는 시설 등의 건설·개조 또는 해체공사 가. 지상높이가 31 m 이상인 건축물 또는 인공구조물 나. 연면적 3만 m^2 이상인 건축물 다. 연면적 5천 m^2 이상인 시설로서 다음의 어느 하나에 해당하는 시설 1) 문화 및 집회시설(전시장 및 동물원·식물원은 제외한다) 2) 판매시설, 운수시설(고속철도의 역사 및 집배송시설은 제외한다) 3) 종교시설 4) 의료시설 중 종합병원 5) 숙박시설 중 관광숙박시설 6) 지하도상가 7) 냉동·냉장 창고시설 2. 연면적 5천 m^2 이상인 냉동·냉장 창고시설의 설비공사 및 단열공사 3. 최대 지간(支間) 길이(다리의 기둥과 기둥의 중심 사이의 거리)가 50 m 이상인 다리의 건설등 공사 4. 터널의 건설 등 공사 5. 다목적댐, 발전용댐, 저수용량 2천만 톤 이상의 용수 전용 댐 및 지방상수도 전용 댐의 건설등 공사 6. 깊이 10 m 이상인 굴착공사
이행 여부 확인검사	관할 안전보건공단에서 아래 사항에 대하여 6개월 이내마다 확인검사 실시.(다만, 50 m 이하인 아파트, 15 m 이하인 굴착공사 등은 산업안전지도사에게 위탁 가능하며, 위탁시에는 서류심사 포함하여 위탁해야 함) 1. 유해·위험방지계획서의 내용과 실제공사 내용 부합 여부 2. 법 제42조제6항에 따른 유해·위험방지계획서 변경내용의 적정성 3. 추가적인 유해·위험요인의 존재 여부

2. 안전관리계획서 등

구분	내용
근거	1. 건설기술진흥법 제62조 2. 국토교통부고시 "건설공사 안전관리 업무수행지침"(2021-1087호)
제출처	발주청 또는 인허가기관 제출(csi) 및 승인 후 착공 (발주청 및 인허가기관은 시특법상 1종, 2종 시설물에 대해서는 국토안전관리원에, 이외의 대상공사는 안전진단전문기관에 적정성 검토의뢰)
제출 시기	공사 착공 전
대상공사	1. 「시설물의 안전 및 유지관리에 관한 특별법」에 따른 1종시설물 및 2종시설물의 건설공사 2. 지하 10 m 이상을 굴착하는 건설공사. 이 경우 굴착 깊이 산정 시 집수정(물저장고), 엘리베이터 피트 및 정화조 등의 굴착 부분은 제외하며, 토지에 높낮이 차가 있는 경우 굴착 깊이의 산정방법은 「건축법 시행령」 제119조제2항을 따른다. 3. 폭발물을 사용하는 건설공사로서 20 m 안에 시설물이 있거나 100 m 안에 사육하는 가축이 있어 해당 건설공사로 인한 영향을 받을 것이 예상되는 건설공사 4. 10층 이상 16층 미만인 건축물의 건설공사 4의2. 다음 각 목의 리모델링 또는 해체공사 가. 10층 이상인 건축물의 리모델링 또는 해체공사 나. 주택법」 제2조제25호다목에 따른 수직증축형 리모델링 5. 「건설기계관리법」 제3조에 따라 등록된 다음 각 목의 어느 하나에 해당하는 건설기계가 사용되는 건설공사 가. 천공기(높이가 10 m 이상인 것만 해당한다) 나. 항타 및 항발기 다. 타워크레인 5의2. 제101조의2제1항 각 호의 가설구조물을 사용하는 건설공사 6. 발주자가 안전관리가 특히 필요하다고 인정하는 건설공사, 해당 지방자치단체의 조례로 정하는 건설공사 중에서 인·허가기관의 장이 안전관리가 특히 필요하다고 인정하는 건설공사
소규모 안전관리계획 수립 대상	건설기술진흥법 제62조의 2 규정에 의거 다음 각 호의 어느 하나에 해당하는 건축물의 건설공사로서 2층 이상 10층 미만인 건축물의 건설공사 1. 연면적 1,000 m^2 이상인 「건축법 시행령」 별표 1 제2호의 공동주택 2. 연면적 1,000 m^2 이상인 「건축법 시행령」별표 1 제3호 및 제4호의 제1종 근린생활시설 및 제2종 근린생활시설 3. 연면적 1,000 m^2 이상(「산업집적활성화 및 공장설립에 관한 법률」 제2조제14호에 따른 산업단지에서 공장을 건축하는 경우에는 2,000 m^2 이상으로 한다)인 「건축법 시행령」 별표 1 제17호의 공장 4. 연면적 5,000 m^2 이상인 「건축법 시행령」 별표 1 제8호가목의 창고
안전검검 실시	안전관리계획에 따라 발주청 또는 인허가기관이 지정하여 준 건설안전점검 수행기관(안전진단전문기관 등)에 건설기술진흥법 시행령 제100조의 시기 및 방법 등에 따라 정기안전점검 및 정밀안전점검, 초기점검 등을 실시
준공 후 제출서류	건설안전점검 수행기관(안전진단전문기관 등)에서 수행한 "종합보고서"를 작성하여 발주청(발주자가 발주청이 아닌 경우에는 인·허가기관의 장)에게 제출
기타	1. 안전관리비는 안전관리계획 작성 및 검토비서 작성비, 가설구조물 설치위한 구조적 안전성 확인

	비용, 정기안전점검비용, 주변 건축물 등의 피해방지대책비용, 통행안전관리 대책비용 등 해당 목적에만 사용되도록(산업안전보건관리비와 반드시 구분) 해야 하고, 안전관리비 집행실적을 발주자에게 정기적(분기별)로 보고할 것. 2. 자체안전점검(현장에서 매일 공종별로 실시), 정기안전점검(건설안전점검기관), 정밀안전점검(건설안전점검기관), 초기점검(건설안전점검기관에서 준공 전 실시), 공사재개 전 안전점검(공사중단 후 1년 이상 방치된 경우) 등은 안전관리계획서에 따라 수행할 것 3. 각종 안전점검의 실시 및 기록보관 할 것 4. 점검결과 이상 발견지에는 즉시 개선조치 할 것 5. 건설기술진흥법 제65조의2 규정에 의거 관급공사에 대해서는 발주청의 사전 승인한 경우를 제외하고는 일요일에 작업을 금지할 것

별표 18 유해·위험 기계기구

근거	산업안전보건법 제80조 ~ 82조 고용노동부 고시 "위험기계기구 방호조치 기준"(2020-38호)	
방호조치 대상 및 방호장치 (방호장치 미설치, 해체, 고장 기계는 절대 사용 불가하고 발견시 즉시 수리, 보수 또는 반출조치)	예초기	날접촉 예방장치(보호 덮개 등) 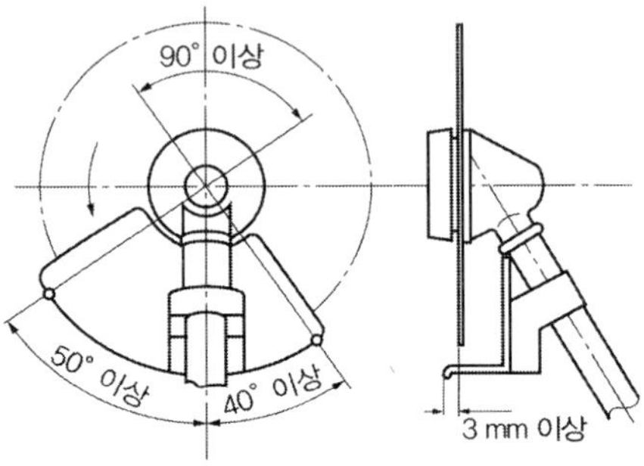
	원심기	회전체 접촉 예방장치(덮개 등)
	공기 압축기	압력방출장치(안전밸브, 언로드 밸브 등) ※ 압력밸브 적합요건 1. 안전밸브의 조정너트는 임의로 조정할 수 없도록 봉인되어 있을 것 2. 설정압력은 설계압력을 초과하지 아니하고, 작동압력은 설정압력치의 ±5%이내 일 것 3. 설정압력 등이 포함된 표지를 식별이 쉬운 곳에 견고하게 부착할 것
	금속 절단기	날접촉 예방장치(절단날 또는 비산물로부터 작업자를 보호 위한 덮개 등) ※ 날접촉 예방장치 적합요건 1. 작업부분을 제외한 톱날 전체를 덮을 수 있을 것 2. 가드와 함께 움직이며 가공물을 절단하는 톱날에는 조정식 가이드를 설치할 것 3. 톱날, 가공물 등의 비산을 방지할 수 있는 충분한 강도를 가질 것 4. 둥근 톱날의 경우 회전날의 뒤, 옆, 밑 등을 통한 신체 일부의 접근을 차단할 수 있을 것
	지게차	헤드가드(운전자 보호용 덮개), 백레스트(짐받이 틀), 전조등, 후미등, 안전벨트 ※ 헤드가드 적합요건 1. 상부틀의 각 개구의 폭 또는 길이는 16 cm 미만일 것 2. 운전자가 앉아서 조작하거나 서서 조작하는 지게차는「산업표준화법」제12조에 따른 한국산업표준에서 정하는 높이 기준 이상일 것 ※ 백레스트 적합요건 1. 외부충격이나 진동 등에 의해 탈락 또는 파손되지 않도록 견고하게 부착할 것 2. 최대하중을 적재한 상태에서 마스트가 뒤쪽으로 경사지더라도 변형 또는 파손이 없을 것

		※ 전조등 적합요건 1. 좌우에 1개씩 설치할 것 2. 등광색은 백색으로 할 것 3. 점등 시 차체의 다른 부분에 의하여 가려지지 아니할 것 ※ 후미등 적합요건 1. 지게차 뒷면 양쪽에 설치할 것 2. 등광색은 적색으로 할 것 3. 지게차 중심선에 대하여 좌우대칭이 되게 설치할 것 4. 등화의 중심점을 기준으로 외측의 수평각 45도에서 볼 때에 투영면적이 12.5 cm^2 이상일 것
	포장기계	구동부 방호 연동장치(구동부의 방호장치가 개방되었을 때 작동 정지 또는 방호장치가 닫힌 상태에서만 작동되는 장치)
	작동 부분에 돌기 부분이 있는 것	돌기부분은 묻힘형으로 하거나 덮개를 부착
	동력전달 부분 또는 속도조절 부분이 있는 것	동력전달부분 및 속도조절부분에는 덮개를 부착하거나 방호망을 설치
	회전기계에 물체 등이 말려 들어갈 부분이 있는 것	회전기계의 물림점(롤러나 톱니바퀴 등 반대방향의 두 회전체에 물려 들어가는 위험점)에는 덮개 또는 울을 설치
대여 받을 시 안전장치 부착 등 안전보건조치를 하여야 하는 기계·기구	이동식 크레인, 타워크레인, 불도저, 모터 그레이더, 로더, 스크레이퍼, 스크레이퍼 도저, 파워셔블, 드리그라인, 크램셸, 버킷굴착기, 트렌치, 항타기, 항발기, 어스드릴, 천공기, 어스오거, 페이퍼드레인머신, 리프트, 지게차, 롤러기, 콘크리트 펌프, 고소작업대(시저형 고소작업대, 차량탑승형 고소작업대 등) ※ 위 기계기구 임대 시에는 기계기구별 안전장치가 부착되었는지, 정상작동 되는지, 유 자격자가 운전하는지의 유무 등을 반드시 확인하고, 사용 도중에도 무단해체나 고장, 미사용 등이 발견할 경우 즉시 필요한 조치(수리보수, 정상작동, 반출 등)한 후 사용할 것 ※ 사용 전에는 종류 및 성능, 운행경로, 작업방법 등이 포함된 작업계획서(건설기계 작업계획서, 차량계하역기계 작업계획서 등)를 작성하고, 작업 전에 운전자 포함하여 작업자 전원 안전교육 실시 후 작업 실시할 것.	

별표 19 물질안전보건자료(MSDS)

<table>
<tr><td>근거</td><td>산업안전보건법 제110조~116조
고용노동부 고시 “화학물질의 분류 표시 및 물질안전보건자료에 관한 기준”(2020-130호)</td></tr>
<tr><td>대상물질</td><td>화학물질(원소와 원소간의 화학반응에 의해 생성된 물질) 또는 혼합물</td></tr>
<tr><td>확보방법</td><td>물질안전보건자료 대상물질을 제공하는 자에게 요구 또는 산업안전보건공단 홈페이지(kosha.or.kr)에서 다운</td></tr>
<tr><td>포함항목</td><td>1. 화학제품과 회사에 관한 정보
2. 유해성·위험성
3. 구성성분의 명칭 및 함유량
4. 응급조치요령
5. 폭발·화재 시 대처방법
6. 누출사고 시 대처방법
7. 취급 및 저장방법
8. 노출방지 및 개인보호구
9. 물리화학적 특성
10. 안정성 및 반응성
11. 독성에 관한 정보
12. 환경에 미치는 영향
13. 폐기 시 주의사항
14. 운송에 필요한 정보
15. 법적 규제 현황
16. 그 밖의 참고사항</td></tr>
<tr><td>현장에서 취급 및 사용 시 하여야 할 조치내용</td><td>1. 용기 및 포장에 경고표지를 부착하고 부착이 곤란할 경우는 경고표지를 인쇄한 꼬리표를 부착
<table>
<tr><th>구분</th><th>불안정한 폭발성 물질</th><th>등급 1.1</th><th>등급 1.2</th><th>등급 1.3</th><th>등급 1.4</th><th>등급 1.5</th><th>등급 1.6</th></tr>
<tr><td>GHS 그림문자</td><td></td><td></td><td></td><td></td><td></td><td>주황색 바탕에 숫자1.5</td><td>주황색 바탕에 숫자1.6</td></tr>
<tr><td>RTDG 그림문자</td><td>(운송 허용 안됨)</td><td></td><td></td><td></td><td></td><td></td><td></td></tr>
<tr><td>신호어</td><td>위험</td><td>위험</td><td>위험</td><td>위험</td><td>경고</td><td>위험</td><td>없음</td></tr>
<tr><td>유해·위험문구</td><td>H200</td><td>H201</td><td>H202</td><td>H203</td><td>H204</td><td>H205</td><td>없음</td></tr>
</table>
2. 대상물질을 취급하는 장소(현장에서 취급 사용하는 장소, 현장 내에서 근로자가 가장 보기 쉬운 장소 등)에 물질안전보건자료를 관리요령과 같이 게시
※ 관리요령에 포함되어야 할 사항</td></tr>
</table>

	① 제품명 ② 건강 및 환경에 대한 유해성, 물리적 위험성 ③ 안전 및 보건상의 취급주의 사항 ④ 적절한 보호구 ⑤ 응급조치 요령 및 사고 시 대처 방법 3. 물질안전보건자료 대상물질을 사용할 경우 취급 근로자에 대한 교육을 실시하고 교육시간 및 내용 등을 교육일지 등에 기록보관 ※ 교육내용 ① 대상 화학물질의 명칭 ② 물리적 위험성 및 건강 유해성 ③ 취급상의 주의사항 ④ 적절한 보호구 ⑤ 응급조치 요령 및 사고 시 대처 방법 ⑥ 물질안전보건자료 및 경고표지를 이해하는 방법 등

별표 20 작업허가 지침

1. 목적

유해·위험도가 상대적으로 높은 작업에 대해 작업실시 전에 유해·위험성을 파악하여 제거 또는 차단하는 체제를 구축 및 운영하고 사전에 안전을 확보하기 위하여 안전작업 허가서 작성 및 안전작업 수행에 필요한 사항을 제시하는 것을 목적으로 한다.

2. 적용범위

이 지침은 유해·위험요소가 잠재되어 있는 현장 내에서 작업 전·중·후 위험장비, 유해물질, 유해·위험 작업을 할 때 적용한다.

3. 용어의 정의

가. "화기작업"이라 함은 용접, 용단, 연마, 드릴 등 화염 또는 스파크를 발생시키는 작업 또는 가연성물질의 점화원이 될 수 있는 모든 기기를 사용하는 작업을 말한다.

나. "일반위험작업"이라 함은 차량계건설기계 사용작업, 굴착작업, 밀폐공간작업, 고소작업, 차량계건설기계 이외의 고소작업대 등 기계, 장비류를 사용하는 작업을 말한다.

다. "보충적인 작업"이라 함은 화기작업 또는 일반위험작업을 하는 과정에서 보충적으로 병행하여 수행되는 작업을 말한다.

4. 책임

가. 관리감독자(공사팀장)는 작업허가의 효력이 발생되는 시간부터 허가기간이 종료될 때까지 작업을 안전하게 수행하고 해당작업 지역을 안전하게 관리할 책임이 있다.

나. 안전보건관리자(안전담당)는 관리감독자(공사팀장)나 작업담당자의 요청이 있을 경우 작업 전에 해당 작업에 요구되는 모든 안전 요구사항에 대한 조치 여부를 확인하고 작업에 필요한 보호장구, 또는 안전 시설물에 대한 기술적인 지도, 조언과 안전작업허가서를 발급할 책임이 있다.

다. 관리감독자(공사담당)는 작업 허가서상의 안전 조치사항을 확인하고 안전하게 작업을 수행할 책임이 있다.

라. 공사담당부서에서 입회자로 선임된 자는 작업중 작업허가서의 안전요구 사항이 유지되고 있는지를 확인할 책임이 있다.

5. 업무절차

5.1. 안전작업허가에 대한 일반사항

5.1.1. 안전작업허가의 종류

가. 화기작업허가

나. 일반위험작업허가

다. 보충적인작업허가 : 보충적인 작업허가는 화기작업 허가 또는 일반위험작업 허가와 함께 이루어져야 하며 그 종류는 다음 각 호와 같다.

1) 밀폐공간 출입작업허가
2) 굴착작업허가
3) 고소작업허가
4) 중장비사용작업허가 등

5.1.2. 안전작업허가서의 발급, 승인 및 입회

가. 발급 : 안전작업허가서(이하 "허가서"라 한다)는 서면으로 안전보건관리자(안전담당)가 현장 확인을 통하여 발급한다. 발급자는 보충작업이 수반되는 경우 관리감독자(공사담당)의 사전 확인 여부를 검토한 후 허가서를 발급하여야 한다.

나. 확인·점검 : 보충작업을 병행하여 수행하는 경우에는 각 보충작업별 전문지식을 갖춘자가 내용을 사전에 확인, 점검 후 허가서에 서명한다. 다만, 발급자가 해당 작업에 대한 전문지식을 갖춘 경우에는 본인이 확인, 점검업무를 수행하고 서명은 생략할 수 있다.

다. 승인(허가) : 허가서의 승인은 안전보건관리자(안전담당)의 작업장 확인 후, 내부 규정에 따라 현장소장이 작업을 승인한다.

라. 입회 : 작업의 위험정도, 규모 및 복잡성에 따라 작업 중에 현장에서 안전 감독이 필요할 경우 관리감독자(공사담당)가 입회하여 제반 안전요구사항에 대한 조치를 확인한다

5.1.3. 허가서의 작성

가. 허가서 발급자는 허가서 발급에 앞서 당해 관리감독자(공사담당) 또는 작업담당자와 같이 현장을 확인하고, 안전 작업에 필요한 조치사항이 무엇인지 확인하여야 한다.

나. 허가서 발급자는 작업허가서 중 작업허가시간, 수행작업 개요, 작업상 취해야 할 안전조치사항 및 작업자에 대한 안전 요구사항 등을 기재하여야 한다.

다. 허가서 승인자는 관리감독자(공사담당) 또는 작업담당자 등이 작업장을 확인하고 안전보건에 대한 조치를 하였는지를 반드시 확인한 후 작업허가를 승인하여야 한다.

라. 작업이 근무시간 이후까지 연장될 경우에는 발급자 또는 업무를 위임받은 자가 작업 현장을 재확인한 후 허가서에 명시된 사항과 일치하는지를 파악하고 안전하다는 판단에 따라 안전작업허가서의 작업시간을 연장하고 서명하여야 한다.

마. 허가서 사본 1부 또는 인쇄본 1부를 해당 작업 현장에 게시한다.

5.1.4. 허가서의 보존 등

가. 해당 작업 현장에 게시하였던 허가서를 회수하여 보존한다. 다만, 현장에서 측정한 가스농도 등 모든 작성 내용을 입력한 전자문서의 경우에는 전자문서로 보존할 수 있다.

나. 허가서의 보존기간은 준공후 1년으로 한다.

5.1.5. 허가서의 효력 등

가. 허가서의 효력은 허가서상의 허가 기간에서만 유지되며, 일일 정상 근무시간을 초과할 수 없다. 다만, 작업자 및 허가서 발급자의 변경 없이 허가 당일 내에서 작업이 연장될 경우에는 그러하지 않을 수 있다.

나. 작업이 허가 익일까지 지속되거나 작업내용의 변경, 안전 요구사항의 변경 및 기타 조건의 변동이 있을 때에는 재발급하여야 한다.

5.2. 안전작업 준비

5.2.1. 작업허가 전 점검사항

작업이 행하여지는 작업장 허가서 발급자와 작업 관리감독자 또는 공사담당자는 허가서에 서명하기 전에 작업계획서, 도면과 현장 확인을 통하여 아래 사항을 확인·점검하여야 하고, 협력사 관리감독자 및 작업 지휘자는 확인·점검한 내용의 적정성을 검토한 후 서명하여야 한다.

가. 수행작업이 밀폐공간 내에서 이루어지는지의 여부
나. 수행작업이 굴착작업과 병행하여 수행되는지의 여부
다. 위험지역에서 작업하는 대신 안전한 장소에서의 작업이 가능한지 여부
라. 인화성 물질 또는 가연성 물질의 존재, 이격거리, 보양 조치 가능 여부
마. 산소, 유해가스 농도 측정 및 강제환기 필요성
바. 초기 소화설비의 배치계획
사. 출입 제한구역 계획
아. 작업 중 현장 입회자를 두어야 할지의 여부
자. 고소작업으로 인한 사고 예방대책
차. 중장비 작업과 관련한 사고 예방대책

5.2.2. 작업 전 조치사항

가. 작업을 안전하게 하기 위하여 허가서 상의 작업내용 또는 작업과 연관된 안전조치 요구사항에 대한 조치시행
나. 허가서에서 요구하는 안전 장구의 준비
다. 필요한 경우 허가서에 첨부하여야 할 안전에 관한 작업 절차서의 작성
라. 작업 전 해당 작업자의 유해, 위험성에 대한 안전교육의 실시
마. 작업 전 위험성 평가 실시
바. 허가서 발급자는 상기 각 호에 따라 작업 절차서가 위험성평가 실시 및 평가결과 반영 여부를 확인한 후 발급하여야 한다.

5.3. 안전 작업 허가별 세부 사항

5.3.1. 화기작업 허가

가. 화기 작업 허가 : 위험지역으로 구분되는 장소에서 화기작업을 하고자 할 때에는 화기작업허가서를 발급받아야 한다.
나. 보충적인 작업허가서 발급 : 화기작업 시 아래 1)~4)의 작업이 병행하게 될 때에는 해당 보충작업허가의 종류에 체크하고 관련 요구사항 확인 및 관계자의 확인을 받아야 한다.
    1) 밀폐공간에서 작업시 : 밀폐공간출입작업 허가서
    2) 지반굴착에 의한 작업시 : 굴착작업 허가서

3) 고소작업이 수행시 : 고소작업 허가서

4) 중장비 사용시 : 중장비사용작업 허가서

다. 화기작업 시 사전 안전조치 사항 : 화기 작업 시 취하여야 할 안전조치 사항은 아래와 같다.

1) 작업구역의 설정 : 화기 작업을 수행할 때 발생하는 화염 또는 스파크 등이 주변에 영향이 있다고 판단되는 범위의 지역은 작업구역으로 표시하고 통행 및 출입을 제한한다.

2) 비산 불티 차단막 등의 설치 : 화기작업중 용접 불티 등이 인접 인화성물질에 비산되어 화재가 발생하지 않도록 비산 불티 차단막 또는 불받이포를 설치한다.

3) 화기 작업의 입회 : 화기 작업 시 입회자로 선임된 자는 화기 작업을 시작하기 전 및 작업 도중 현장에 입회하여 안전상태를 확인하여야 하며, 작업 전, 점심식사 후, 휴식 후 등 작업을 다시 시작하기 전에는 주기적인 가스 농도 측정 등 안전에 필요한 조치를 하여야 한다.

4) 소화설비의 비치 : 화기 작업 전에 비산 불티 차단막, 이동식 소화기 등을 비치하고, 유사시 관할 소방서에 비상 연락을 취하여 화재를 초기 진화토록 한다.

5.3.2. 일반위험작업 허가

가. 일반위험작업 허가서 발급

1) 사업장 내에서의 화기 작업 이외의 모든 위험한 작업을 수행 할 때에는 일반 위험작업 허가서를 발급받아야 한다.

2) 위험한 작업의 종류는 현장 여건 또는 작업의 특성을 고려하여 정한다.

나. 보충적인 작업허가 : 일반위험작업 시 아래 1)~4)의 작업이 병행하게 될 때에는 해당 보충작업 허가의 종류에 체크하고 관련 요구사항 확인 및 관계자의 확인을 받아야 한다.

1) 밀폐공간에서 작업 시 : 밀폐공간출입작업 허가서

2) 지반굴착 작업 시 : 굴착작업 허가서

3) 고소작업 수행 시 : 고소작업 허가서

4) 중장비 사용 시 : 중장비사용작업 허가서

다. 일반위험작업 시 사전 안전조치 사항 : 일반위험작업 시 외부로부터 점화원의 유입을 방지하기 위하여 적절한 범위의 지역을 작업구역으로 설정하고 통행 및 차량 등의 출입을 제한한다.

5.3.3. 보충적인 작업허가

보충적인 작업허가는 아래에 규정된 작업을 수행하기 전에 현장 상태를 충분히 확인, 화기작업 허가서 또는 일반위험작업 허가서의 양식에 해당 사항을 먼저 기록, 서명을 하여 작업에 필요한 안전조치를 사전에 확보하여야 한다.

1) 밀폐공간출입작업 허가

① 밀폐공간출입작업 허가서 발급

밀폐공간에서의 작업을 위하여 출입을 할 때에는 안전성 확보를 위하여 밀폐공간출입 허가서를 발급 받아야 한다.

② 밀폐공간출입작업 허가 대상

산업안전보건기준에 관한 규칙 별표18에서 정한 장소

③ 밀폐공간 보건작업 프로그램 수립·시행

밀폐공간에 근로자를 작업하게 하는 경우 에는 다음 각 호의 내용이 포함된 밀폐공간 보건 작업 프로그램을 수립·시행하여야 한다.(KOSHA GUIDE H-80 "밀폐공간 작업 프로그램 수립 및 시행에 관한 기술지침" 참조)

가. 작업 시작 전 적정한 공기 상태 여부의 확인을 위한 측정·평가

나. 응급조치 등 안전보건 교육 및 훈련

다. 송기마스크 등의 착용 및 관리

④ 밀폐공간 출입시 사전 안전보건조치 사항

가. 측정대상가스

밀폐공간작업시 아래와 같은 작업형태와 위험 종류에 따라 산소, 탄산가스, 일산화탄소, 황화수소 또는 발생·체류 가능한 인화성, 독성 등 유해가스의 농도를 측정하여 작업허가서에 기록한다.

예) • 세균의 번식에 의한 유기물부패의 경우 : 산소, 탄산가스, 일산화탄소, 황화수소, 메탄

• 인화성물질을 사용 장소 내부 : 산소, 해당 인화성물질

• 유기용제 사용장소 내부 : 산소, 해당 유해화학물질

나. 측정의 빈도

체류가스와 산소농도의 측정은 작업 전, 점심식사 후, 휴식 후 등 작업자가 밀폐 공간에 들어갈 때마다 측정하여야 하며, 또한, 농도의 변화가 의심스러울 경우에도 측정하여야 한다.

다. 측정점

체류가스와 산소 농도의 측정점은 밀폐공간을 상·중·하로 나누어 골고루 측정한다.

라. 밀폐공간출입작업의 허가제한

용기 내의 공기질 측정결과가 안전한 상태(산소농도 18 %이상 23.5 % 미만, 탄산가스농도 1.5 % 미만, 일산화탄소 30 ppm 미만, 황화수소농도 10 ppm 미만)로 확인될 때까지 용기 내에 출입을 제한하여야 한다. 특히 산소농도가 대기 농도보다 낮아진 경우 유입된 가스의 종류, 농도 및 위험도에 대해 정확히 규명한 후 밀폐공간 내의 출입을 허가하여야 한다.

마. 연락을 취할 수 있는 통신장비의 비치

밀폐공간 내에서의 작업자와 외부 감시인 사이에 상시 연락을 취할 수 있는 통신장비를 비치하여야 한다.

⑤ 밀폐공간 내 작업 시의 수칙

밀폐공간 내에서 작업을 허가할 때는 최소한 다음 사항을 지켜야 한다.

가. 송기마스크 등 호흡용 보호구, 사다리 및 섬유로프 등 비상시에 근로자를 대피시키거나 구출하기 위하여 필요한 기구를 비치하여야 한다.

나. 작업자가 구명선(Life line)을 착용할 수 있을 경우 이를 착용하여야 하며, 구명선 착용이 불가능할 경우 다른 구조용 기구가 비치되어야 한다.

다. 작업 감시인은 밀폐공간 출입 시 반드시 입회하고, 필요한 경우 출입 시의 안전을 확인한 후 용기의 외부에 안전 대기조(2인 1조)를 대기하도록 조치한다.

라. 작업 감시인은 안전대 또는 구명선의 이상 유무 확인, 작업자와의 통신 및 비상시 도움을 요청할 수 있도록 통신장비를 휴대한다.

마. 밀폐공간 내의 환기 등

작업 전에 강제 환기하여 안전한 상태를 확인하고, 작업 중에도 계속적인 강제환기를 통하여 적정공기 상태를 유지하여야 한다.

바. 밀폐공간 내의 조명

밀폐 공간내의 작업 중 조명이 필요할 때에는 저전압 방폭등을 사용한다.

사. 방폭형 공구의 사용 등

인화성 물질 등으로 인한 폭발의 위험이 있을 경우 공기 작동식 공구 또는 방폭형 공구를 사용한다.

아. 구출시 송기마스크 등의 사용

밀폐공간에서 위급한 근로자를 구출하는 작업자는 송기마스크 등을 착용하여야 한다.

2) 굴착작업 허가

① 굴착작업 허가서 발급

깊이 30 cm 이상 지반을 파고 배관, 전기케이블 등의 지하 매설 작업을 하고자 할 때는 굴착작업 허가서를 발급받아야 한다.

② 굴착작업 허가서

가. 굴착작업 허가 시에는 사선에 지하에 설치되어 있는 상하수관, 전력선, 도시가스, 전화선 등의 매설 위치를 도면에서 검토한다.

나. 사전에 당해 지하 시설물을 관장하는 유관기관으로부터 안전요구 사항에 대하여 확인을 받는다.

다. 필요한 경우 굴착작업에 대한 도면을 첨부한다.

③ 굴착작업 시 안전조치사항

가. 굴착지점 지하에 상하수관, 전력선, 도시가스, 전화선이 있을 때에는 인력굴착으로 작업한다.

나. 그 밖에 굴착작업과 관련한 안전에 대한 지침은 KOSHA GUIDE "굴착공사 안전작업지침"을 준용한다.

3) 고소작업 허가

① 고소작업 허가서 발급

동바리 조립, 해체, 외부 비계 조립, 해체 등과 비계 상 등의 고소작업 중 추락이나 높은 곳에서의 중량물 낙하 등의 위험이 있을 경우에는 고소작업 허가서를 발급받아야 한다.

② 고소작업 허가 대상

가. 2 m 이상의 높이에서 동바리 조립, 해체, 비계 조립, 해체 작업

나. 2 m 이상 비계 위에서 거푸집 동바리 조립, 해체, 공종별 마감공사 작업

다. 높이가 2 m 미만이지만 바닥 대형 개구부 상부에서 행하는 작업

③ 고소작업시의 안전조치 사항

가. 추락의 위험이 있는 장소에는 KOSHA GUIDE C-8 "작업발판 설치 및 사용안전지침"을 준용하여 비계 및 발판을 견고하게 설치한다.

나. 작업자는 안전대를 착용하여야 하며, 이 경우에 일정 간격의 안전대 부착설비에 안전대를 부착한 후 작업하여야 한다.

4) 중장비 사용작업 허가

① 중장비 사용작업 허가서 발급

차량계 건설기계 등 장비를 사용할 경우에는 중장비 작업허가서를 발급받아야 한다.

② 중장비 사용 작업의 구분

가. 콘크리트 타설, 몰탈 타설 작업

나. 자재, 기계, 기구 양중 작업

다. 마감재 취부, 단열, 도장을 위한 고소 작업

라. 토공사 중 항타, 항발기, 천공기, 크레인, 굴삭기 사용 작업

③ 중장비 작업시의 안전조치 사항

가. 해당 장비는 자격을 갖춘 지정된 운전자가 운전하여야 하며 작업 전반을 관리할 수 있는 감독자 또는 작업지휘자가 배치되어야 한다.

나. 시야 간섭이 예상되는 지역에서는 통신장비를 휴대한 지정된 신호수(유도자)를 배치한다.

다. 연약지반이나 협소 공간에서의 작업은 금한다.

라. 중량물의 이동은 허용하중 및 붐의 안전 각도를 유지한다.

마. 장비의 부속 및 부품, 물체를 결속하는 보조 달기구는 규정품을 사용한다.

바. 장비는 일상점검을 실시하여야 한다.

사. 장비 작업계획과 내용은 장비투입 전 운전부서 및 관련 부서와 상의 하여야 한다.

6. 서식

1) 별지 제1호 서식 : 화기작업허가서.

2) 별지 제2호 서식 : 일반위험작업허가서.

별지 제1호 서식

	화기작업허가서	허가번호	
		허가일자	

신청인	부서명　　　직책　　　성명　　　(서명)
작업허가기간	년　월　일　시부터　시까지
작업장소 및 사용 기계, 기구	작업지역(장소)　｜　｜ 기계, 기구　｜
작업개요	
첨부서류	□ 작업계획서, □ 소화기목록, □ 기술자료(도면), □ 안전장구 목록, □ 굴착도면
위험성평가	작업절차서 □유 □무 / 변화, 작업상이 □유 □무 (작업전 위험성평가 필요 시 check)

안전조치요구사항 (필요한 부분에 ☑ 표시, 확인은 ✔ 표시)					
작업구역 설정(출입경고 표지)	□ ○	비산불티차단막 설치	□ ○	조명장비	□ ○
작업주위 가연성물질 제거	□ ○	환기장비	□ ○	소화기	□ ○
가스농도 측정	□ ○		□ ○	안전장구	□ ○
위험물질 이격 거리, 이동 확인	□ ○		□ ○	안전교육	□ ○
				관리감독자 입회	□ ○

보충작업허가 (필요한 부분에 ☑ 표시, 확인은 ✔ 표시)	
□밀폐공간	- 통신수단 □ ○ / 구명장구(줄, 송기마스크) □ ○
	- 허가기간 :　　～　　확인자　　(서명)
□ 굴착	- 설비 : 가스, 기계, 소방배관 □ ○ / 점검자 :
	- 설비: 전기, 계장, 통신 □ ○ / 점검자 :　허가기간 :　～　확인자 :　　(서명)
□ 고소	- 작업발판, 안전난간 □ ○ / 안전대 착용·부착 □ ○ / 추락방지망 □ ○
	- 허가기간 :　　～　　/ 확인자 :　　(서명)
□ 중장비	- 투입장비 : (　　　) / 자격증 소지 □ ○ / 현장책임자 감독 □ ○
	- 기상, 노면상태 □ ○ / 전선, 설비 간섭 □ ○ / 신호수배치 □ ○ / 매트 등 부속장구 □ ○
	- 운전원 허가기간 :　　～　　/ 확인자:　　(서명)

가스농도 측정	물질명	결과	측정시간	측정자/확인자	물질명	결과	측정시간	측정자/확인자
	가스농도 측정결과 ① HC: 0%, ② O_2: 18% 이상, ③ CO: 30 ppm 미만, ④ CO_2: 1.5% 미만 ⑤ H_2S: 10 ppm미만							

기타사항	
작업완료	시간:　　, 입회자:　　, 작업자:　　, 복원(조치)상태:
안전조치확인	작업(공무)부서 책임자:　　(서명) / 입회자:　　(서명)

	[관련부서 협조자]
발급자: 부서　직책　성명　(서명)	발급자: 부서　직책　성명　(서명)
승인자: 부서　직책　성명　(서명)	발급자: 부서　직책　성명　(서명)

작업허가 연장	년　월　일　시부터　시 까지　발급자　　(서명)

별지 제2호 서식

	일반위험작업 허가서	허가번호	
		허가일자	

구분	내용
신청인	부서명 직책 성명 (서명)
작업허가기간	년 월 일 시부터 시까지
작업장소 및 사용 기계, 기구	작업지역(장소) | | 기계, 기구 |
작업개요	
첨부서류	□ 작업계획서, □ 소화기목록, □ 기술자료(도면), □ 안전장구 목록, □ 굴착도면
위험성평가	작업절차서 □유 □무 / 변화, 작업상이 □유 □무 (작업전 위험성평가 필요 시 check)

안전조치요구사항 (필요한 부분에 ☑ 표시, 확인은 ✔ 표시)

작업구역 설정(출입경고 표지)	□ ○	비산불티차단막 설치	□ ○	조명장비	□ ○
작업주위 가연성물질 제거	□ ○	환기장비	□ ○	소화기	□ ○
가스농도 측정	□ ○		□ ○	안전장구	□ ○
위험물질 이격 거리, 이동 확인	□ ○		□ ○	안전교육	□ ○
				관리감독자 입회	□ ○

보충작업허가 (필요한 부분에 ☑ 표시, 확인은 ✔ 표시)

구분	내용
□밀폐공간	- 통신수단 □ ○ / 구명장구(줄, 송기마스크) □ ○
	- 허가기간 : ~ 확인자 (서명)
□ 굴착	- 설비 : 가스, 기계, 소방배관 □ ○ / 점검자 :
	- 설비: 전기, 계장, 통신 □ ○ / 점검자 : 허가기간 : ~ 확인자 : (서명)
□ 고소	- 작업발판, 안전난간 □ ○ / 안전대 착용·부착 □ ○ / 추락방지망 □ ○
	- 허가기간 : ~ / 확인자 : (서명)
□ 중장비	- 투입장비 : ( ) / 자격증 소지 □ ○ / 현장책임자 감독 □ ○
	- 기상, 노면상태 □ ○ / 전선, 설비 간섭 □ ○ / 신호수배치 □ ○ / 매트 등 부속장구 □ ○
	- 운전원 허가기간 : ~ / 확인자: (서명)

가스농도 측정	물질명	결과	측정시간	측정자/확인자	물질명	결과	측정시간	측정자/확인자

가스농도 측정결과
① HC: 0%, ② O_2: 18% 이상, ③ CO: 30 ppm 미만, ④ CO_2: 1.5% 미만 ⑤ H_2S: 10 ppm미만

구분	내용
기타사항	
작업완료	시간: , 입회자: , 작업자: , 복원(조치)상태:
안전조치확인	작업(공무)부서 책임자: (서명) / 입회자: (서명)

	[관련부서 협조자]
발급자: 부서 직책 성명 (서명)	발급자: 부서 직책 성명 (서명)
승인자: 부서 직책 성명 (서명)	발급자: 부서 직책 성명 (서명)

작업허가 연장	년 월 일 시부터 시 까지 발급자 (서명)

시스템 평가 및 개선 절차서

■ 관리본(CONTROLLED)

□ 비관리본(UNCONTROLLED)

◈ 업종 분야 : 건설업

㈜ ○○건설

목차

1. 목적

본 절차는 중대재해처벌법 및 산업안전보건법 시행령 제13조2의 4와 관련하여 수립된 안전보건경영시스템의 운영 전반에 대해 관련기준 및 절차에 따라 실효적으로 실행·유지·관리되고 있는지를 정기적으로 확인하고, 지속적이고 반복적으로 이행하지 않은 사항들을 색출하여 근본적으로 개선하기 위함을 목적으로 한다.

2. 적용 범위

본 절차는 본사 및 전 현장이 실행하는 안전보건경영시스템 활동에 대하여 적용한다.

3. 책임과 권한

3.1 대표이사

가. 시스템 평가 및 개선 절차의 제·개정 및 이행
나. 관계자 등에게 권한의 부여
다. 평가 및 개선에 필요한 자원의 제공
라. 시스템 이행의 주기적(반기) 점검 및 평가
마. 근본적 개선대책의 마련 및 시행
바. 다음연도의 방침, 목표, 계획에의 반영

3.2 본사 안전보건담당자

가. 대표이사의 권한대행, 보좌, 보고
나. 평가 및 개선 절차의 제·개정 및 이행 실무
다. 시스템 이행의 주기적(반기) 점검, 분석, 평가 실무
라. 근본적 개선대책의 마련 및 시행 실무
마. 다음연도의 방침, 목표, 계획에의 반영 실무
바. 관계자에 대한 권고, 지도, 조언
사. "시스템 평가 및 개선 절차서" 제·개정관리

3.3 현장소장

가. "안전보건경영시스템"의 성실한 이행

나. 지속적 반복적 미이행 사항에 대한 원인 및 대책의 건의

다. 근본적 개선대책의 실행

라. 본사 안전보건담당자의 권고, 지도, 조언 및 점검에 대한 협조

마. 개선에 필요한 자원의 요청 및 집행

바. 다음연도의 방침, 목표, 계획에의 반영

3.4 안전보건관리자(안전보건담당자)

가. "안전보건경영시스템"의 성실한 이행

나. 시스템 평가 및 개선절차의 현장소장 보좌, 관리감독자 및 종사자등에게 지도 조언

다. 지속적 반복적 미이행 사항에 대한 원인 및 대책의 건의

라. 본사 안전보건담당자의 권고, 지도, 조언 및 점검에 대한 협조

마. 기록의 유지관리 및 보존

3.5 관리감독자

가. "안전보건경영시스템"의 성실한 이행

나. 안전보건관리자, 본사 안전보건담당자의 권고, 지도, 조언 및 점검에 대한 협조

다. 지속적 반복적 미이행 사항에 대한 원인 및 대책의 건의

4. 평가 및 개선의 관리항목

가. 안전보건 경영방침 및 목표

1) 방침 및 목표가 조직에 부합하는지의 여부

2) 방침 및 목표를 달성하는지의 여부

3) 방침 및 목표가 올바르게 설정되었는지의 여부

4) 안전보건경영시스템의 원활한 작동 여부

나. "안전보건관리책임자 등 업무수행 및 평가 절차서"에 따른 다음의 항목

1) 현장소장의 "불량" 등급이 다발되는지의 여부 및 불량의 원인, 개선방안
2) 관리감독자의 "불량" 등급이 다발되는지의 여부 및 불량의 원인, 개선방안

다. "위험성 평가 절차서"에 따른 다음의 항목
1) 현장소장이 위험성평가를 이행하고 있는지의 여부와 지속 반복적으로 이행하지 않은 경우 그 원인 및 개선방안
2) 재해 발생 시 유해·위험요인을 사전에 파악했는지의 여부와 파악하지 못했다면 그 원인 및 개선방안

라. "종사자 의견청취 절차서"에 따른 다음의 항목
1) 종사자의 의견청취 절차를 이행하고 있는지의 여부와 지속 반복적으로 이행하지 않은 경우 그 원인 및 개선방안
2) 재해 발생 시 종사자가 해당 위험요인을 사전에 발굴하였는지의 여부와 발굴하지 못했다면 그 원인 및 개선방안

마. "비상사태 대비 대응 절차서"에 따른 다음의 항목
1) 현장소장이 조치의무를 이행하는지의 여부와 지속 반복적으로 이행하지 않은 경우 그 원인 및 개선방안

바. "적격 하수급인 관리 절차서"에 따른 다음의 항목
1) 계약부서장이 기준과 절차에 따라 이행하는지의 여부와 지속 반복적으로 이행하지 않은 경우 그 원인 및 개선방안
2) 현장소장이 기준과 절차에 따라 이행하는지의 여부와 지속 반복적으로 이행하지 않은 경우 그 원인 및 개선방안

사. "안전보건 관계 법령 등 이행관리 절차서"에 따른 다음의 항목
1) 현장소장이 법령 의무를 이행하는지의 여부와 지속 반복적으로 이행하지 않은 경우 그 원인 및 개선방안
2) 현장소장이 교육을 실시하는지의 여부와 지속 반복적으로 실시하지 않은 경우 그 원인 및 개선방안

아. "재해 재발방지 절차서"에 따른 다음의 항목
1) 동일 및 유사재해가 반복적으로 발생하는지의 여부와 반복적 발생 시 그 원인 및 개선방안
2) 은폐 발생의 여부와 은폐 발생 시 그 원인 및 개선방안

5. 평가 및 개선의 절차와 방법

5.1 절차

① 정기적인 현장 이행상태 점검 등 → ② 활동내용, 점검결과서 등 자료취합 및 검토 → ③ 관리항목에 대한 적절성 평가(적합, 부적합) → ④ 부적합 항목의 근본적 원인분석 → ⑤ 근본적 개선대책 수립 → ⑥ 대표이사 승인 → ⑦ 다음연도의 방침, 목표, 계획에의 반영 → ⑧ 실행 → ⑨ 지속적인 개선활동

5.2 방법

가. 본사 안전보건담당자는 매년 12월 중 1년 동안의 대표이사 안전보건경영방침 및 목표의 달성 정도와 건설현장 안전보건경영시스템의 반기별 이행상태 점검 결과서(1개 현장당 상·하반기 2회분), 의견청취, 시스템의 활동내용, 재해사례, 기타자료 등을 취합하여 검토한다.

나. 본사 안전보건담당자는 취합하여 검토한 자료를 바탕으로 동 절차서 4.의 관리항목에 대해서 적절성 등을 평가("적합" 또는 "부적합")해야 한다.
적절성 평가 시 단순 실수 등으로 사회통념과 상식에 크게 벗어나지 않은 미이행 항목 등에 대해서는 "적합"으로 평가하고, 지속 반복적으로 이행하지 않은 항목들에 대해서만 "부적합"으로 평가한다.

다. 본사 안전보건담당자는 "부적합" 항목에 대해서 부적합에 대한 근본적인 원인이 무엇인지에 대해서 객관적이고 정확하게 파악하여 그에 대한 근본적 개선대책을 수립해야 한다. 근본적인 원인 파악과 개선대책 수립 시 근로자 등 종사자, 안전보건 관계자, 전문가 등 다수의 의견을 듣고 수립해야 한다.

라. 본사 안전보건담당자는 평가와 근본적 개선대책에 관한 내용을 대표이사에게 보고하고 최종 승인을 받은 후 안전보건에 영향을 미치는 전 부서(건설현장 등)에 통보하여 종사자 등 구성원 모두가 함께 공유하고 실천하여 부적합 사항이 재발되지 않도록 해야 한다.

마. 대표이사, 본사 안전보건담당자, 현장소장 등은 근본적인 개선대책과 관련하여 다음연도의 방침이나 목표, 계획에 반드시 반영하여 구성원 전원들이 적극적이고 신속하게 실시하도록 하여야 한다.

바. 평가 및 개선의 결과는 추후 안전보건경영시스템의 개정을 위한 근거 자료로 활용할 수

있다.

사. 평가 및 개선의 실시 서식은 [별지 제1호 서식]을 활용하여 실시한다.

6. 관리항목별 평가 및 개선 내용

관리항목	세부 내용	적절성 평가 (적합, 부적합)	부적합 시 원인 및 개선방안
안전보건 경영방침 및 목표관리 절차서	안전보건방침 및 목표가 조직에 부합하는지의 여부		
	안전보건방침 및 목표를 달성하는지의 여부		
	안전보건방침 및 목표가 올바르게 설정되었는지의 여부		
	안전보건경영시스템의 원활한 작동 여부		
안전보건관리책임자 등 업무수행 및 평가 절차서	현장소장의 “불량” 등급이 다발되는지의 여부		
	관리감독자의 “불량” 등급이 다발되는지의 여부		
위험성 평가 절차서	현장소장이 위험성평가를 지속 반복적으로 이행하지 않는지?		
	재해 발생 시 유해·위험요인을 사전에 파악했는지의 여부		
종사자 의견청취 절차서	종사자의 의견청취 절차를 지속 반복적으로 이행하지 않는지?		
	재해 발생 시 종사자가 해당 위험요인을 사전에 발굴하였는지의 여부		
비상사태 대비 대응 절차서	현장소장이 조치의무를 지속 반복적으로 이행하지 않는지?		
적격 하수급인 관리 절차서	계약부서장이 기준과 절차에 따라 지속 반복적으로 이행하지 않는지?		
	현장소장이 기준과 절차에 따라 지속 반복적으로 이행하지 않는지?		
안전보건관계 법령 등 이행관리 절차서	현장소장이 법령 의무를 지속 반복적으로 이행하지 않는지?		
	현장소장이 교육을 지속 반복적으로 실시하지 않는지?		
재해 재발방지 절차서	동일 및 유사재해가 반복적으로 발생하는지의 여부		
	은폐 발생의 여부?		
기타			

7. 평가 및 개선 활동의 주기

대표이사는 매년 1회(12월 말까지) 이상 실시하여야 한다,

8. 문서 및 기록보관

시스템 평가 문서 및 기록에 관하여 5년간 보관한다.

9. 관련 시스템

가. [1] 안전보건경영 매뉴얼
나. [2] 안전보건경영방침 및 목표관리 절차서
다. [5] 위험성 평가 절차서
라. [7] 안전보건관리책임자 등 업무수행 및 평가 절차서
마. [9] 종사자 의견청취 절차서
바. [10] 비상사태 대비 대응 절차서
사. [11] 적격 하수급인 관리 절차서
아. [12] 재해 재발방지 절차서
자. [13] 안전보건 관계 법령 등 이행관리 절차서

별지 제1호 서식 시스템 평가 및 개선

관리항목	세부 내용	적절성 평가 (적합, 부적합)	부적합 시 원인 및 개선방안
안전보건 경영방침 및 목표관리 절차서	안전보건방침 및 목표가 조직에 부합하는지의 여부		
	안전보건방침 및 목표를 달성하는지의 여부		
	안전보건방침 및 목표가 올바르게 설정되었는지의 여부		
	안전보건경영시스템의 원활한 작동 여부		
안전보건관리책임자 등 업무수행 및 평가 절차서	현장소장의 "불량" 등급이 다발되는지의 여부		
	관리감독자의 "불량" 등급이 다발되는지의 여부		
위험성 평가 절차서	현장소장이 위험성평가를 지속 반복적으로 이행하지 않는지?		
	재해 발생 시 유해·위험요인을 사전에 파악했는지의 여부		
종사자 의견청취 절차서	종사자의 의견청취 절차를 지속 반복적으로 이행하지 않는지?		
	재해 발생 시 종사자가 해당 위험요인을 사전에 발굴하였는지의 여부		
비상사태 대비 대응 절차서	현장소장이 조치의무를 지속 반복적으로 이행하지 않는지?		
적격 하수급인 관리 절차서	계약부서장이 기준과 절차에 따라 지속 반복적으로 이행하지 않는지?		
	현장소장이 기준과 절차에 따라 지속 반복적으로 이행하지 않는지?		
안전보건관계 법령 등 이행관리 절차서	현장소장이 법령의무를 지속 반복적으로 이행하지 않는지?		
	현장소장이 교육을 지속 반복적으로 실시하지 않는지?		
재해 재발방지 절차서	동일 및 유사재해가 반복적으로 발생하는지의 여부		
	은폐 발생의 여부?		
기타			
실시일자		실시자 참여자	(서명) (서명)

Ⅲ

중대재해 처벌 등에 관한 법률

중대재해처벌 등에 관한 법률

■ 관리본(CONTROLLED)

□ 비관리본(UNCONTROLLED)

◈ 업종 분야 : 건설업

㈜ ○○건설

중대재해처벌 등에 관한 법률 2단 비교

중대재해 처벌 등에 관한 법률 [법률 제17907호, 2021.1.26., 제정]	중대재해 처벌 등에 관한 법률 시행령 [대통령령 제32020호, 2021.10.5., 제정]
제1장 총칙	
제1조(목적) 이 법은 사업 또는 사업장, 공중이용시설 및 공중교통수단을 운영하거나 인체에 해로운 원료나 제조물을 취급하면서 안전·보건 조치의무를 위반하여 인명피해를 발생하게 한 사업주, 경영책임자, 공무원 및 법인의 처벌 등을 규정함으로써 중대재해를 예방하고 시민과 종사자의 생명과 신체를 보호함을 목적으로 한다.	
제2조(정의) 이 법에서 사용하는 용어의 뜻은 다음과 같다. 1. "중대재해"란 "중대산업재해"와 "중대시민재해"를 말한다. 2. "중대산업재해"란 「산업안전보건법」 제2조제1호에 따른 산업재해 중 다음 각 목의 어느 하나에 해당하는 결과를 야기한 재해를 말한다. 가. 사망자가 1명 이상 발생 나. 동일한 사고로 6개월 이상 치료가 필요한 부상자가 2명 이상 발생 다. 동일한 유해요인으로 급성중독 등 대통령령으로 정하는 직업성 질병자가 1년 이내에 3명 이상 발생 3. "중대시민재해"란 특정 원료 또는 제조물, 공중이용시설 또는 공중교통수단의 설계, 제조, 설치, 관리상의 결함을 원인으로 하여 발생한 재해로서 다음 각 목의 어느 하나에 해당하는 결과를 야기한 재해를 말한다. 다만, 중대산업재해에 해당하는 재해는 제외한다. 가. 사망자가 1명 이상 발생 나. 동일한 사고로 2개월 이상 치료가 필요한 부상자가 10명 이상 발생	**제2조(직업성 질병자)** 「중대재해 처벌 등에 관한 법률」(이하 "법"이라 한다) 제2조제2호다목에서 "대통령령으로 정하는 직업성 질병자"란 별표 1에서 정하는 직업성 질병에 걸린 사람을 말한다. **제3조(공중이용시설)** 법 제2조제4호 각 목 외의 부분 본문에서 "대통령령으로 정하는 시설"이란 다음 각 호의 시설을 말한다. 1. 법 제2조제4호가목의 시설 중 별표 2에서 정하는 시설 2. 법 제2조제4호나목의 시설물 중 별표 3에서 정하는 시설물. 다만, 다음 각 목의 건축물은 제외한다. 가. 주택과 주택 외의 시설을 동일 건축물로 건축한 건축물 나. 건축물의 주용도가 「건축법 시행령」 별표 1 제14호나목2)의 오피스텔인 건축물 3. 법 제2조제4호다목의 영업장 4. 법 제2조제4호라목의 시설 중 다음 각 목의 시설(제2호의 시설물은 제외한다) 가. 「도로법」 제10조 각 호의 도로에 설치된 연장 20미터 이상인 도로교량 중 준공 후 10년이 지난 도로교량 나. 「도로법」 제10조제4호부터 제7호까지에서 정

중대재해 처벌 등에 관한 법률 [법률 제17907호, 2021.1.26., 제정]	중대재해 처벌 등에 관한 법률 시행령 [대통령령 제32020호, 2021.10.5., 제정]
다. 동일한 원인으로 3개월 이상 치료가 필요한 질병자가 10명 이상 발생 4. "공중이용시설"이란 다음 각 목의 시설 중 시설의 규모나 면적 등을 고려하여 대통령령으로 정하는 시설을 말한다. 다만, 「소상공인 보호 및 지원에 관한 법률」 제2조에 따른 소상공인의 사업 또는 사업장 및 이에 준하는 비영리시설과 「교육시설 등의 안전 및 유지관리 등에 관한 법률」 제2조제1호에 따른 교육시설은 제외한다. 가. 「실내공기질 관리법」 제3조제1항의 시설(「다중이용업소의 안전관리에 관한 특별법」 제2조제1항제1호에 따른 영업장은 제외한다) 나. 「시설물의 안전 및 유지관리에 관한 특별법」 제2조제1호의 시설물(공동주택은 제외한다) 다. 「다중이용업소의 안전관리에 관한 특별법」 제2조제1항제1호에 따른 영업장 중 해당 영업에 사용하는 바닥면적(「건축법」 제84조에 따라 산정한 면적을 말한다)의 합계가 1천 제곱미터 이상인 것 라. 그 밖에 가목부터 다목까지에 준하는 시설로서 재해 발생 시 생명·신체상의 피해가 발생할 우려가 높은 장소 5. "공중교통수단"이란 불특정다수인이 이용하는 다음 각 목의 어느 하나에 해당하는 시설을 말한다. 가. 「도시철도법」 제2조제2호에 따른 도시철도의 운행에 사용되는 도시철도차량 나. 「철도산업발전기본법」 제3조제4호에 따른 철도차량 중 동력차·객차(「철도사업법」 제2조제5호에 따른 전용철도에 사용되는 경우는 제외한다) 다. 「여객자동차 운수사업법 시행령」 제3조제1호라목에 따른 노선 여객자동차운송사업에 사용되는 승합자동차 라. 「해운법」 제2조제1호의2의 여객선 마. 「항공사업법」 제2조제7호에 따른 항공운송사	한 지방도·시도·군도·구도의 도로터널과 「농어촌도로 정비법 시행령」 제2조제1호의 터널 중 준공 후 10년이 지난 도로터널 다. 「철도산업발전기본법」 제3조제2호의 철도시설 중 준공 후 10년이 지난 철도교량 라. 「철도산업발전기본법」 제3조제2호의 철도시설 중 준공 후 10년이 지난 철도터널(특별시 및 광역시 외의 지역에 있는 철도터널로 한정한다) 마. 다음의 시설 중 개별 사업장 면적이 2천 제곱미터 이상인 시설 1) 「석유 및 석유대체연료 사업법 시행령」 제2조제3호의 주유소 2) 「액화석유가스의 안전관리 및 사업법」 제2조제4호의 액화석유가스 충전사업의 사업소 바. 「관광진흥법 시행령」 제2조제1항제5호가목의 종합유원시설업의 시설 중 같은 법 제33조제1항에 따른 안전성검사 대상인 유기시설 또는 유기기구

중대재해 처벌 등에 관한 법률 [법률 제17907호, 2021.1.26., 제정]	중대재해 처벌 등에 관한 법률 시행령 [대통령령 제32020호, 2021.10.5., 제정]
업에 사용되는 항공기 6. "제조물"이란 제조되거나 가공된 동산(다른 동산이나 부동산의 일부를 구성하는 경우를 포함한다)을 말한다. 7. "종사자"란 다음 각 목의 어느 하나에 해당하는 자를 말한다. 가. 「근로기준법」상의 근로자 나. 도급, 용역, 위탁 등 계약의 형식에 관계없이 그 사업의 수행을 위하여 대가를 목적으로 노무를 제공하는 자 다. 사업이 여러 차례의 도급에 따라 행하여지는 경우에는 각 단계의 수급인 및 수급인과 가목 또는 나목의 관계가 있는 자 8. "사업주"란 자신의 사업을 영위하는 자, 타인의 노무를 제공받아 사업을 하는 자를 말한다. 9. "경영책임자등"이란 다음 각 목의 어느 하나에 해당하는 자를 말한다. 가. 사업을 대표하고 사업을 총괄하는 권한과 책임이 있는 사람 또는 이에 준하여 안전보건에 관한 업무를 담당하는 사람 나. 중앙행정기관의 장, 지방자치단체의 장, 「지방공기업법」에 따른 지방공기업의 장, 「공공기관의 운영에 관한 법률」 제4조부터 제6조까지의 규정에 따라 지정된 공공기관의 장	
제2장 중대산업재해	
제3조(적용범위) 상시 근로자가 5명 미만인 사업 또는 사업장의 사업주(개인사업주에 한정한다. 이하 같다) 또는 경영책임자등에게는 이 장의 규정을 적용하지 아니한다.	
제4조(사업주와 경영책임자등의 안전 및 보건 확보의무) ① 사업주 또는 경영책임자등은 사업주나 법인 또는 기관이 실질적으로 지배·운영·관리하는 사업 또는 사업장에서 종사자의 안전·보건상 유해 또는	**제4조(안전보건관리체계의 구축 및 이행 조치)** 법 제4조제1항제1호에 따른 조치의 구체적인 사항은 다음 각 호와 같다. 1. 사업 또는 사업장의 안전·보건에 관한 목표와 경

중대재해 처벌 등에 관한 법률 [법률 제17907호, 2021.1.26., 제정]	중대재해 처벌 등에 관한 법률 시행령 [대통령령 제32020호, 2021.10.5., 제정]
위험을 방지하기 위하여 그 사업 또는 사업장의 특성 및 규모 등을 고려하여 다음 각 호에 따른 조치를 하여야 한다. 1. 재해예방에 필요한 인력 및 예산 등 안전보건관리체계의 구축 및 그 이행에 관한 조치 2. 재해 발생 시 재발방지 대책의 수립 및 그 이행에 관한 조치 3. 중앙행정기관·지방자치단체가 관계 법령에 따라 개선, 시정 등을 명한 사항의 이행에 관한 조치 4. 안전·보건 관계 법령에 따른 의무이행에 필요한 관리상의 조치 ② 제1항제1호·제4호의 조치에 관한 구체적인 사항은 대통령령으로 정한다.	영방침을 설정할 것 2. 「산업안전보건법」 제17조부터 제19조까지 및 제22조에 따라 두어야 하는 인력이 총 3명 이상이고 다음 각 목의 어느 하나에 해당하는 사업 또는 사업장인 경우에는 안전·보건에 관한 업무를 총괄·관리하는 전담 조직을 둘 것. 이 경우 나목에 해당하지 않던 건설사업자가 나목에 해당하게 된 경우에는 공시한 연도의 다음 연도 1월 1일까지 해당 조직을 두어야 한다. 가. 상시근로자 수가 500명 이상인 사업 또는 사업장 나. 「건설산업기본법」 제8조 및 같은 법 시행령 별표 1에 따른 토목건축공사업에 대해 같은 법 제23조에 따라 평가하여 공시된 시공능력의 순위가 상위 200위 이내인 건설사업자 3. 사업 또는 사업장의 특성에 따른 유해·위험요인을 확인하여 개선하는 업무절차를 마련하고, 해당 업무절차에 따라 유해·위험요인의 확인 및 개선이 이루어지는지를 반기 1회 이상 점검한 후 필요한 조치를 할 것. 다만, 「산업안전보건법」 제36조에 따른 위험성평가를 하는 절차를 마련하고, 그 절차에 따라 위험성 평가를 직접 실시하거나 실시하도록 하여 실시 결과를 보고받은 경우에는 해당 업무절차에 따라 유해·위험요인의 확인 및 개선에 대한 점검을 한 것으로 본다. 4. 다음 각 목의 사항을 이행하는 데 필요한 예산을 편성하고 그 편성된 용도에 맞게 집행하도록 할 것 가. 재해 예방을 위해 필요한 안전·보건에 관한 인력, 시설 및 장비의 구비 나. 제3호에서 정한 유해·위험요인의 개선 다. 그 밖에 안전보건관리체계 구축 등을 위해 필요한 사항으로서 고용노동부장관이 정하여 고시하는 사항 5. 「산업안전보건법」 제15조, 제16조 및 제62조에 따른 안전보건관리책임자, 관리감독자 및 안전보

중대재해 처벌 등에 관한 법률 [법률 제17907호, 2021.1.26., 제정]	중대재해 처벌 등에 관한 법률 시행령 [대통령령 제32020호, 2021.10.5., 제정]
	건총괄책임자(이하 이 조에서 "안전보건관리책임자등"이라 한다)가 같은 조에서 규정한 각각의 업무를 각 사업장에서 충실히 수행할 수 있도록 다음 각 목의 조치를 할 것 가. 안전보건관리책임자등에게 해당 업무 수행에 필요한 권한과 예산을 줄 것 나. 안전보건관리책임자등이 해당 업무를 충실하게 수행하는지를 평가하는 기준을 마련하고, 그 기준에 따라 반기 1회 이상 평가·관리할 것 6. 「산업안전보건법」 제17조부터 제19조까지 및 제22조에 따라 정해진 수 이상의 안전관리자, 보건관리자, 안전보건관리담당자 및 산업보건의를 배치할 것. 다만, 다른 법령에서 해당 인력의 배치에 대해 달리 정하고 있는 경우에는 그에 따르고, 배치해야 할 인력이 다른 업무를 겸직하는 경우에는 고용노동부장관이 정하여 고시하는 기준에 따라 안전·보건에 관한 업무 수행시간을 보장해야 한다. 7. 사업 또는 사업장의 안전·보건에 관한 사항에 대해 종사자의 의견을 듣는 절차를 마련하고, 그 절차에 따라 의견을 들어 재해 예방에 필요하다고 인정하는 경우에는 그에 대한 개선방안을 마련하여 이행하는지를 반기 1회 이상 점검한 후 필요한 조치를 할 것. 다만, 「산업안전보건법」 제24조에 따른 산업안전보건위원회 및 같은 법 제64조·제75조에 따른 안전 및 보건에 관한 협의체에서 사업 또는 사업장의 안전·보건에 관하여 논의하거나 심의·의결한 경우에는 해당 종사자의 의견을 들은 것으로 본다. 8. 사업 또는 사업장에 중대산업재해가 발생하거나 발생할 급박한 위험이 있을 경우를 대비하여 다음 각 목의 조치에 관한 매뉴얼을 마련하고, 해당 매뉴얼에 따라 조치하는지를 반기 1회 이상 점검할 것 가. 작업 중지, 근로자 대피, 위험요인 제거 등 대응조치 나. 중대산업재해를 입은 사람에 대한 구호조치

중대재해 처벌 등에 관한 법률 [법률 제17907호, 2021.1.26., 제정]	중대재해 처벌 등에 관한 법률 시행령 [대통령령 제32020호, 2021.10.5., 제정]
	다. 추가 피해방지를 위한 조치 9. 제3자에게 업무의 도급, 용역, 위탁 등을 하는 경우에는 종사자의 안전·보건을 확보하기 위해 다음 각 목의 기준과 절차를 마련하고, 그 기준과 절차에 따라 도급, 용역, 위탁 등이 이루어지는지를 반기 1회 이상 점검할 것 가. 도급, 용역, 위탁 등을 받는 자의 산업재해 예방을 위한 조치 능력과 기술에 관한 평가기준·절차 나. 도급, 용역, 위탁 등을 받는 자의 안전·보건을 위한 관리비용에 관한 기준 다. 건설업 및 조선업의 경우 도급, 용역, 위탁 등을 받는 자의 안전·보건을 위한 공사기간 또는 건조기간에 관한 기준 **제5조(안전·보건 관계 법령에 따른 의무이행에 필요한 관리상의 조치)** ① 법 제4조제1항제4호에서 "안전·보건 관계 법령"이란 해당 사업 또는 사업장에 적용되는 것으로서 종사자의 안전·보건을 확보하는 데 관련되는 법령을 말한다. ② 법 제4조제1항제4호에 따른 조치에 관한 구체적인 사항은 다음 각 호와 같다. 1. 안전·보건 관계 법령에 따른 의무를 이행했는지를 반기 1회 이상 점검(해당 안전·보건 관계 법령에 따라 중앙행정기관의 장이 지정한 기관 등에 위탁하여 점검하는 경우를 포함한다. 이하 이 호에서 같다)하고, 직접 점검하지 않은 경우에는 점검이 끝난 후 지체 없이 점검 결과를 보고받을 것 2. 제1호에 따른 점검 또는 보고 결과 안전·보건 관계 법령에 따른 의무가 이행되지 않은 사실이 확인되는 경우에는 인력을 배치하거나 예산을 추가로 편성·집행하도록 하는 등 해당 의무 이행에 필요한 조치를 할 것 3. 안전·보건 관계 법령에 따라 의무적으로 실시해야 하는 유해·위험한 작업에 관한 안전·보건에 관한 교육이 실시되었는지를 반기 1회 이상 점검

<table>
<tr><th>중대재해 처벌 등에 관한 법률
[법률 제17907호, 2021.1.26., 제정]</th><th>중대재해 처벌 등에 관한 법률 시행령
[대통령령 제32020호, 2021.10.5., 제정]</th></tr>
<tr><td></td><td>하고, 직접 점검하지 않은 경우에는 점검이 끝난 후 지체 없이 점검 결과를 보고받을 것
4. 제3호에 따른 점검 또는 보고 결과 실시되지 않은 교육에 대해서는 지체 없이 그 이행의 지시, 예산의 확보 등 교육 실시에 필요한 조치를 할 것
제12조(중대산업재해 발생사실의 공표) ① 법 제13조 제1항에 따른 공표(이하 이 조에서 “공표”라 한다)는 법 제4조에 따른 의무를 위반하여 발생한 중대산업재해로 법 제12조에 따라 범죄의 형이 확정되어 통보된 사업장을 대상으로 한다.
② 공표 내용은 다음 각 호의 사항으로 한다.
1. “중대산업재해 발생사실의 공표”라는 공표의 제목
2. 해당 사업장의 명칭
3. 중대산업재해가 발생한 일시·장소
4. 중대산업재해를 입은 사람의 수
5. 중대산업재해의 내용과 그 원인(사업주 또는 경영책임자등의 위반사항을 포함한다)
6. 해당 사업장에서 최근 5년 내 중대산업재해의 발생 여부
③ 고용노동부장관은 공표하기 전에 해당 사업장의 사업주 또는 경영책임자등에게 공표하려는 내용을 통지하고 30일 이상의 기간을 정하여 그에 대해 소명자료를 제출하게 하거나 의견을 진술할 수 있는 기회를 주어야 한다.
④ 공표는 관보, 고용노동부나 「한국산업안전보건공단법」에 따른 한국산업안전보건공단의 홈페이지에 게시하는 방법으로 한다.
⑤ 제4항에 따라 홈페이지에 게시하는 방법으로 공표하는 경우 공표기간은 1년으로 한다.</td></tr>
<tr><td>제5조(도급, 용역, 위탁 등 관계에서의 안전 및 보건 확보의무) 사업주 또는 경영책임자등은 사업주나 법인 또는 기관이 제3자에게 도급, 용역, 위탁 등을 행한 경우에는 제3자의 종사자에게 중대산업재해가 발생하지 아니하도록 제4조의 조치를 하여야 한다. 다</td><td></td></tr>
</table>

중대재해 처벌 등에 관한 법률 [법률 제17907호, 2021.1.26., 제정]	중대재해 처벌 등에 관한 법률 시행령 [대통령령 제32020호, 2021.10.5., 제정]
만, 사업주나 법인 또는 기관이 그 시설, 장비, 장소 등에 대하여 실질적으로 지배·운영·관리하는 책임이 있는 경우에 한정한다.	
제6조(중대산업재해 사업주와 경영책임자등의 처벌) ① 제4조 또는 제5조를 위반하여 제2조제2호가목의 중대산업재해에 이르게 한 사업주 또는 경영책임자등은 1년 이상의 징역 또는 10억원 이하의 벌금에 처한다. 이 경우 징역과 벌금을 병과할 수 있다. ② 제4조 또는 제5조를 위반하여 제2조제2호나목 또는 다목의 중대산업재해에 이르게 한 사업주 또는 경영책임자등은 7년 이하의 징역 또는 1억 원 이하의 벌금에 처한다. ③ 제1항 또는 제2항의 죄로 형을 선고받고 그 형이 확정된 후 5년 이내에 다시 제1항 또는 제2항의 죄를 저지른 자는 각 항에서 정한 형의 2분의 1까지 가중한다.	
제7조(중대산업재해의 양벌규정) 법인 또는 기관의 경영책임자등이 그 법인 또는 기관의 업무에 관하여 제6조에 해당하는 위반행위를 하면 그 행위자를 벌하는 외에 그 법인 또는 기관에 다음 각 호의 구분에 따른 벌금형을 과(科)한다. 다만, 법인 또는 기관이 그 위반행위를 방지하기 위하여 해당 업무에 관하여 상당한 주의와 감독을 게을리하지 아니한 경우에는 그러하지 아니하다. 1. 제6조제1항의 경우: 50억 원 이하의 벌금 2. 제6조제2항의 경우: 10억 원 이하의 벌금	
제8조(안전보건교육의 수강) ① 중대산업재해가 발생한 법인 또는 기관의 경영책임자등은 대통령령으로 정하는 바에 따라 안전보건교육을 이수하여야 한다. ② 제1항의 안전보건교육을 정당한 사유 없이 이행하지 아니한 경우에는 5천만 원 이하의 과태료를 부과한다. ③ 제2항에 따른 과태료는 대통령령으로 정하는 바에 따라 고용노동부장관이 부과·징수한다.	**제6조(안전보건교육의 실시 등)** ① 법 제8조제1항에 따른 안전보건교육(이하 "안전보건교육"이라 한다)은 총 20시간의 범위에서 고용노동부장관이 정하는 바에 따라 이수해야 한다. ② 안전보건교육에는 다음 각 호의 사항이 포함되어야 한다. 1. 안전보건관리체계의 구축 등 안전·보건에 관한 경영 방안

중대재해 처벌 등에 관한 법률 [법률 제17907호, 2021.1.26., 제정]	중대재해 처벌 등에 관한 법률 시행령 [대통령령 제32020호, 2021.10.5., 제정]
	2. 중대산업재해의 원인 분석과 재발 방지 방안 ③ 고용노동부장관은 「한국산업안전보건공단법」에 따른 한국산업안전보건공단이나 「산업안전보건법」 제33조에 따라 등록된 안전보건교육기관(이하 "안전보건교육기관등"이라 한다)에 안전보건교육을 의뢰하여 실시할 수 있다. ④ 고용노동부장관은 분기별로 중대산업재해가 발생한 법인 또는 기관을 대상으로 안전보건교육을 이수해야 할 교육대상자를 확정하고 안전보건교육 실시일 30일 전까지 다음 각 호의 사항을 해당 교육대상자에게 통보해야 한다. 1. 안전보건교육을 실시하는 안전보건교육기관등 2. 교육일정 3. 그 밖에 안전보건교육의 실시에 필요한 사항 ⑤ 제4항에 따른 통보를 받은 교육대상자는 해당 교육일정에 참여할 수 없는 정당한 사유가 있는 경우에는 안전보건교육 실시일 7일 전까지 고용노동부장관에게 안전보건교육의 연기를 한 번만 요청할 수 있다. ⑥ 고용노동부장관은 제5항에 따른 연기 요청을 받은 날부터 3일 이내에 연기 가능 여부를 교육대상자에게 통보해야 한다. ⑦ 안전보건교육을 연기하는 경우 교육일정 등의 통보에 관하여는 제4항을 준용한다. ⑧ 안전보건교육에 드는 비용은 안전보건교육기관등에서 수강하는 교육대상자가 부담한다. ⑨ 안전보건교육기관등은 안전보건교육을 실시한 경우에는 지체 없이 안전보건교육 이수자 명단을 고용노동부장관에게 통보해야 한다. ⑩ 안전보건교육을 이수한 교육대상자는 필요한 경우 안전보건교육이수확인서를 발급해 줄 것을 고용노동부장관에게 요청할 수 있다. ⑪ 제10항에 따른 요청을 받은 고용노동부장관은 고용노동부장관이 정하는 바에 따라 안전보건교육이수확인서를 지체 없이 내주어야 한다. **제7조(과태료의 부과기준)** 법 제8조제2항에 따른 과

중대재해 처벌 등에 관한 법률 [법률 제17907호, 2021.1.26., 제정]	중대재해 처벌 등에 관한 법률 시행령 [대통령령 제32020호, 2021.10.5., 제정]
	태료의 부과기준은 별표 4와 같다.
제4장 보칙	
제12조(형 확정 사실의 통보) 법무부장관은 제6조, 제7조, 제10조 또는 제11조에 따른 범죄의 형이 확정되면 그 범죄사실을 관계 행정기관의 장에게 통보하여야 한다.	**제12조(중대산업재해 발생사실의 공표)** ① 법 제13조 제1항에 따른 공표(이하 이 조에서 "공표"라 한다)는 법 제4조에 따른 의무를 위반하여 발생한 중대산업재해로 법 제12조에 따라 범죄의 형이 확정되어 통보된 사업장을 대상으로 한다. ② 공표 내용은 다음 각 호의 사항으로 한다. 1. "중대산업재해 발생사실의 공표"라는 공표의 제목 2. 해당 사업장의 명칭 3. 중대산업재해가 발생한 일시·장소 4. 중대산업재해를 입은 사람의 수 5. 중대산업재해의 내용과 그 원인(사업주 또는 경영책임자등의 위반사항을 포함한다) 6. 해당 사업장에서 최근 5년 내 중대산업재해의 발생 여부 ③ 고용노동부장관은 공표하기 전에 해당 사업장의 사업주 또는 경영책임자등에게 공표하려는 내용을 통지하고 30일 이상의 기간을 정하여 그에 대해 소명자료를 제출하게 하거나 의견을 진술할 수 있는 기회를 주어야 한다. ④ 공표는 관보, 고용노동부나 「한국산업안전보건공단법」에 따른 한국산업안전보건공단의 홈페이지에 게시하는 방법으로 한다. ⑤ 제4항에 따라 홈페이지에 게시하는 방법으로 공표하는 경우 공표기간은 1년으로 한다.
제13조(중대산업재해 발생사실 공표) ① 고용노동부장관은 제4조에 따른 의무를 위반하여 발생한 중대산업재해에 대하여 사업장의 명칭, 발생 일시와 장소, 재해의 내용 및 원인 등 그 발생사실을 공표할 수 있다. ② 제1항에 따른 공표의 방법, 기준 및 절차 등은 대통령령으로 정한다.	**제12조(중대산업재해 발생사실의 공표)** ① 법 제13조 제1항에 따른 공표(이하 이 조에서 "공표"라 한다)는 법 제4조에 따른 의무를 위반하여 발생한 중대산업재해로 법 제12조에 따라 범죄의 형이 확정되어 통보된 사업장을 대상으로 한다. ② 공표 내용은 다음 각 호의 사항으로 한다. 1. "중대산업재해 발생사실의 공표"라는 공표의 제목

중대재해 처벌 등에 관한 법률 [법률 제17907호, 2021.1.26., 제정]	중대재해 처벌 등에 관한 법률 시행령 [대통령령 제32020호, 2021.10.5., 제정]
	2. 해당 사업장의 명칭 3. 중대산업재해가 발생한 일시·장소 4. 중대산업재해를 입은 사람의 수 5. 중대산업재해의 내용과 그 원인(사업주 또는 경영책임자등의 위반사항을 포함한다) 6. 해당 사업장에서 최근 5년 내 중대산업재해의 발생 여부 ③ 고용노동부장관은 공표하기 전에 해당 사업장의 사업주 또는 경영책임자등에게 공표하려는 내용을 통지하고 30일 이상의 기간을 정하여 그에 대해 소명자료를 제출하게 하거나 의견을 진술할 수 있는 기회를 주어야 한다. ④ 공표는 관보, 고용노동부나 「한국산업안전보건공단법」에 따른 한국산업안전보건공단의 홈페이지에 게시하는 방법으로 한다. ⑤ 제4항에 따라 홈페이지에 게시하는 방법으로 공표하는 경우 공표기간은 1년으로 한다.
제14조(심리절차에 관한 특례) ① 이 법 위반 여부에 관한 형사재판에서 법원은 직권으로 「형사소송법」 제294조의2에 따라 피해자 또는 그 법정대리인(피해자가 사망하거나 진술할 수 없는 경우에는 그 배우자·직계친족·형제자매를 포함한다)을 증인으로 신문할 수 있다. ② 이 법 위반 여부에 관한 형사재판에서 법원은 검사, 피고인 또는 변호인의 신청이 있는 경우 특별한 사정이 없으면 해당 분야의 전문가를 전문심리위원으로 지정하여 소송절차에 참여하게 하여야 한다.	
제15조(손해배상의 책임) ① 사업주 또는 경영책임자등이 고의 또는 중대한 과실로 이 법에서 정한 의무를 위반하여 중대재해를 발생하게 한 경우 해당 사업주, 법인 또는 기관이 중대재해로 손해를 입은 사람에 대하여 그 손해액의 5배를 넘지 아니하는 범위에서 배상책임을 진다. 다만, 법인 또는 기관이 해당 업무에 관하여 상당한 주의와 감독을 게을리하지 아	

중대재해 처벌 등에 관한 법률 [법률 제17907호, 2021.1.26., 제정]	중대재해 처벌 등에 관한 법률 시행령 [대통령령 제32020호, 2021.10.5., 제정]
니한 경우에는 그러하지 아니하다. ② 법원은 제1항의 배상액을 정할 때에는 다음 각 호의 사항을 고려하여야 한다. 1. 고의 또는 중대한 과실의 정도 2. 이 법에서 정한 의무위반행위의 종류 및 내용 3. 이 법에서 정한 의무위반행위로 인하여 발생한 피해의 규모 4. 이 법에서 정한 의무위반행위로 인하여 사업주나 법인 또는 기관이 취득한 경제적 이익 5. 이 법에서 정한 의무위반행위의 기간·횟수 등 6. 사업주나 법인 또는 기관의 재산상태 7. 사업주나 법인 또는 기관의 피해구제 및 재발방지 노력의 정도	
제16조(정부의 사업주 등에 대한 지원 및 보고) ① 정부는 중대재해를 예방하여 시민과 종사자의 안전과 건강을 확보하기 위하여 다음 각 호의 사항을 이행하여야 한다. 1. 중대재해의 종합적인 예방대책의 수립·시행과 발생원인 분석 2. 사업주, 법인 및 기관의 안전보건관리체계 구축을 위한 지원 3. 사업주, 법인 및 기관의 중대재해 예방을 위한 기술 지원 및 지도 4. 이 법의 목적 달성을 위한 교육 및 홍보의 시행 ② 정부는 사업주, 법인 및 기관에 대하여 유해·위험시설의 개선과 보호 장비의 구매, 종사자 건강진단 및 관리 등 중대재해 예방사업에 소요되는 비용의 전부 또는 일부를 예산의 범위에서 지원할 수 있다. ③ 정부는 제1항 및 제2항에 따른 중대재해 예방을 위한 조치 이행 등 상황 및 중대재해 예방사업 지원 현황을 반기별로 국회 소관 상임위원회에 보고하여야 한다. [시행일 : 2021. 1. 26.] 제16조	

중대재해 처벌 등에 관한 법률 시행령 [별표 1]

직업성 질병(제2조 관련)

1. 염화비닐·유기주석·메틸브로마이드(bromomethane)·일산화탄소에 노출되어 발생한 중추신경계장해 등의 급성중독
2. 납이나 그 화합물(유기납은 제외한다)에 노출되어 발생한 납 창백(蒼白), 복부 산통(産痛), 관절통 등의 급성중독
3. 수은이나 그 화합물에 노출되어 발생한 급성중독
4. 크롬이나 그 화합물에 노출되어 발생한 세뇨관 기능 손상, 급성 세뇨관 괴사, 급성신부전 등의 급성중독
5. 벤젠에 노출되어 발생한 경련, 급성 기질성 뇌증후군, 혼수상태 등의 급성중독
6. 톨루엔(toluene)·크실렌(xylene)·스티렌(styrene)·시클로헥산(cyclohexane)·노말헥산(n-hexane)·트리클로로에틸렌(trichloroethylene) 등 유기화합물에 노출되어 발생한 의식장해, 경련, 급성 기질성 뇌증후군, 부정맥 등의 급성중독
7. 이산화질소에 노출되어 발생한 메트헤모글로빈혈증(methemoglobinemia), 청색증(靑色症) 등의 급성중독
8. 황화수소에 노출되어 발생한 의식 소실(消失), 무호흡, 폐부종, 후각신경마비 등의 급성중독
9. 시안화수소나 그 화합물에 노출되어 발생한 급성중독
10. 불화수소·불산에 노출되어 발생한 화학적 화상, 청색증, 폐수종, 부정맥 등의 급성중독
11. 인[백린(白燐), 황린(黃燐) 등 금지물질에 해당하는 동소체(同素體)로 한정한다]이나 그 화합물에 노출되어 발생한 급성중독
12. 카드뮴이나 그 화합물에 노출되어 발생한 급성중독
13. 다음 각 목의 화학적 인자에 노출되어 발생한 급성중독
    가. 「산업안전보건법」 제125조제1항에 따른 작업환경측정 대상 유해인자 중 화학적 인자
    나. 「산업안전보건법」 제130조제1항제1호에 따른 특수건강진단 대상 유해인자 중 화학적 인자
14. 디이소시아네이트(diisocyanate), 염소, 염화수소 또는 염산에 노출되어 발생한 반응성

기도과민증후군

15. 트리클로로에틸렌에 노출(해당 물질에 노출되는 업무에 종사하지 않게 된 후 3개월이 지난 경우는 제외한다)되어 발생한 스티븐스존슨 증후군(stevens-johnson syndrome). 다만, 약물, 감염, 후천성면역결핍증, 악성 종양 등 다른 원인으로 발생한 스티븐스존슨 증후군은 제외한다.
16. 트리클로로에틸렌 또는 디메틸포름아미드(dimethylformamide)에 노출(해당 물질에 노출되는 업무에 종사하지 않게 된 후 3개월이 지난 경우는 제외한다)되어 발생한 독성 간염. 다만, 약물, 알코올, 과체중, 당뇨병 등 다른 원인으로 발생하거나 다른 질병이 원인이 되어 발생한 간염은 제외한다.
17. 보건의료 종사자에게 발생한 B형 간염, C형 간염, 매독 또는 후천성면역결핍증의 혈액전파성 질병
18. 근로자에게 건강장해를 일으킬 수 있는 습한 상태에서 하는 작업으로 발생한 렙토스피라증(leptospirosis)
19. 동물이나 그 사체, 짐승의 털·가죽, 그 밖의 동물성 물체를 취급하여 발생한 탄저, 단독(erysipelas) 또는 브루셀라증(brucellosis)
20. 오염된 냉각수로 발생한 레지오넬라증(legionellosis)
21. 고기압 또는 저기압에 노출되거나 중추신경계 산소 독성으로 발생한 건강장해, 감압병(잠수병) 또는 공기색전증(기포가 동맥이나 정맥을 따라 순환하다가 혈관을 막는 것)
22. 공기 중 산소농도가 부족한 장소에서 발생한 산소결핍증
23. 전리방사선(물질을 통과할 때 이온화를 일으키는 방사선)에 노출되어 발생한 급성 방사선증 또는 무형성 빈혈
24. 고열작업 또는 폭염에 노출되는 장소에서 하는 작업으로 발생한 심부체온상승을 동반하는 열사병

중대재해 처벌 등에 관한 법률 시행령 [별표 2]

법 제2조제4호가목의 시설 중 공중이용시설(제3조제1호 관련)

1. 모든 지하역사(출입통로·대합실·승강장 및 환승통로와 이에 딸린 시설을 포함한다)
2. 연면적 2천 제곱미터 이상인 지하도상가(지상건물에 딸린 지하층의 시설을 포함한다. 이하 같다). 이 경우 연속되어 있는 둘 이상의 지하도상가의 연면적 합계가 2천 제곱미터 이상인 경우를 포함한다.
3. 철도역사의 시설 중 연면적 2천 제곱미터 이상인 대합실
4. 「여객자동차 운수사업법」 제2조제5호의 여객자동차터미널 중 연면적 2천 제곱미터 이상인 대합실
5. 「항만법」 제2조제5호의 항만시설 중 연면적 5천 제곱미터 이상인 대합실
6. 「공항시설법」 제2조제7호의 공항시설 중 연면적 1천5백제곱미터 이상인 여객터미널
7. 「도서관법」 제2조제1호의 도서관 중 연면적 3천 제곱미터 이상인 것
8. 「박물관 및 미술관 진흥법」 제2조제1호 및 제2호의 박물관 및 미술관 중 연면적 3천 제곱미터 이상인 것
9. 「의료법」 제3조제2항의 의료기관 중 연면적 2천 제곱미터 이상이거나 병상 수 100개 이상인 것
10. 「노인복지법」 제34조제1항제1호의 노인요양시설 중 연면적 1천 제곱미터 이상인 것
11. 「영유아보육법」 제2조제3호의 어린이집 중 연면적 430제곱미터 이상인 것
12. 「어린이놀이시설 안전관리법」 제2조제2호의 어린이놀이시설 중 연면적 430제곱미터 이상인 실내 어린이놀이시설
13. 「유통산업발전법」 제2조제3호의 대규모점포. 다만, 「전통시장 및 상점가 육성을 위한 특별법」 제2조제1호의 전통시장은 제외한다.
14. 「장사 등에 관한 법률」 제29조에 따른 장례식장 중 지하에 위치한 시설로서 연면적 1천 제곱미터 이상인 것
15. 「전시산업발전법」 제2조제4호의 전시시설 중 옥내시설로서 연면적 2천 제곱미터 이상인 것
16. 「건축법」 제2조제2항제14호의 업무시설 중 연면적 3천 제곱미터 이상인 것. 다만, 「건

축법 시행령」 별표 1 제14호나목2)의 오피스텔은 제외한다.

17. 「건축법」 제2조제2항에 따라 구분된 용도 중 둘 이상의 용도에 사용되는 건축물로서 연면적 2천 제곱미터 이상인 것. 다만, 「건축법 시행령」 별표 1 제2호의 공동주택 또는 같은 표 제14호나목2)의 오피스텔이 포함된 경우는 제외한다.
18. 「공연법」 제2조제4호의 공연장 중 객석 수 1천석 이상인 실내 공연장
19. 「체육시설의 설치·이용에 관한 법률」 제2조제1호의 체육시설 중 관람석 수 1천석 이상인 실내 체육시설

비고 : 둘 이상의 건축물로 이루어진 시설의 연면적은 개별 건축물의 연면적을 모두 합산한 면적으로 한다.

중대재해 처벌 등에 관한 법률 시행령 [별표 4]

과태료의 부과기준(제7조 관련)

1. 일반기준

가. 위반행위의 횟수에 따른 과태료의 가중된 부과기준은 최근 1년간 같은 위반행위로 과태료 부과처분을 받은 경우에 적용한다. 이 경우 기간의 계산은 위반행위에 대해 과태료 부과처분을 받은 날과 그 처분 후 다시 같은 위반행위를 하여 적발된 날을 기준으로 한다.

나. 가목에 따라 가중된 부과처분을 하는 경우 가중처분의 적용 차수는 그 위반행위 전 부과처분 차수(가목에 따른 기간 내에 과태료 부과처분이 둘 이상 있었던 경우에는 높은 차수를 말한다)의 다음 차수로 한다.

다. 부과권자는 다음의 어느 하나에 해당하는 경우에는 제3호의 개별기준에 따른 과태료(제2호에 따라 과태료 감경기준이 적용되는 사업 또는 사업장의 경우에는 같은 호에 따른 감경기준에 따라 산출한 금액을 말한다)의 2분의 1 범위에서 그 금액을 줄여 부과할 수 있다. 다만, 과태료를 체납하고 있는 위반행위자에 대해서는 그렇지 않다.

1) 위반행위자가 자연재해·화재 등으로 재산에 현저한 손실을 입었거나 사업여건의 악화로 사업이 중대한 위기에 처하는 등의 사정이 있는 경우
2) 위반행위가 사소한 부주의나 오류로 인한 것으로 인정되는 경우
3) 위반행위자가 법 위반상태를 시정하거나 해소하기 위해 노력한 것이 인정되는 경우
4) 그 밖에 위반행위의 정도, 위반행위의 동기와 그 결과 등을 고려하여 과태료 금액을 줄일 필요가 있다고 인정되는 경우

2. 사업·사업장의 규모나 공사 규모에 따른 과태료 감경기준

상시근로자 수가 50명 미만인 사업 또는 사업장이거나 공사금액이 50억원 미만인 건설공사의 사업 또는 사업장인 경우에는 제3호의 개별기준에도 불구하고 그 과태료의 2분의 1 범위에서 감경할 수 있다.

3. 개별기준

위반행위	근거 법조문	과태료		
		1차 위반	2차 위반	3차 이상 위반
법 제8조제1항을 위반하여 경영책임자등이 안전보건교육을 정당한 사유 없이 이행하지 않은 경우	법 제8조제2항	1천만 원	3천만 원	5천만 원

중대재해 처벌 등에 관한 법률 시행령 [별표 5]

제8조제3호에 따른 조치 대상 원료 또는 제조물(제8조제3호 관련)

1. 「고압가스 안전관리법」 제28조제2항제13호의 독성가스
2. 「농약관리법」 제2조제1호, 제1호의2, 제3호 및 제3호의2의 농약, 천연식물보호제, 원제(原劑) 및 농약활용기자재
3. 「마약류 관리에 관한 법률」 제2조제1호의 마약류
4. 「비료관리법」 제2조제2호 및 제3호의 보통비료 및 부산물비료
5. 「생활화학제품 및 살생물제의 안전관리에 관한 법률」 제3조제7호 및 제8호의 살생물물질 및 살생물제품
6. 「식품위생법」 제2조제1호, 제2호, 제4호 및 제5호의 식품, 식품첨가물, 기구 및 용기·포장
7. 「약사법」 제2조제4호의 의약품, 같은 조 제7호의 의약외품(醫藥外品) 및 같은 법 제85조제1항의 동물용 의약품·의약외품
8. 「원자력안전법」 제2조제5호의 방사성물질
9. 「의료기기법」 제2조제1항의 의료기기
10. 「총포·도검·화약류 등의 안전관리에 관한 법률」 제2조제3항의 화약류
11. 「화학물질관리법」 제2조제7호의 유해화학물질
12. 그 밖에 제1호부터 제11호까지의 규정에 준하는 것으로서 관계 중앙행정기관의 장이 정하여 고시하는 생명·신체에 해로운 원료 또는 제조물

Ⅳ

경영책임자의 반기 점검 서식

경영책임자 안전보건점검표

1. 현장현황	(연락처 :)		
현장명			
소재지			
공사기간		공사금액	
상 시 근로자 수		착공 후 재해자 수	총 명 (사망 : 명, 부상 : 명)
협력업체 수		발 주 처	
현장소장 (관리책임자, 총괄책임자)	(서명)	공 정 률	
안전관리자	(서명)	보건관리자	(서명)
붙임 (점검결과)	1. 대표이사, 현장소장의 경영방침 및 목표설정, 게시, 달성정도 2. 현장소장의 위험성평가 이행 점검 3. 현장소장의 안전보건예산에 대한 사용실태 등 4. 종사자 의견청취 이행 점검 5. 비상사태(중대산업재해 발생 및 급박한 위험) 이행 여부 점검 6. 현장의 하수급인(제 3자 업무의 도급, 용역, 위탁) 평가 등 점검 7. 재해 재발방지 대책 및 은폐 여부 점검 8. 현장 안전보건교육 실시상태 9. 행정기관 등의 개선 시정명령(행정처분) 이행상태 10. 현장 안전보건관계 법령 이행상태 및 유해·위험요인 확인 11. 현장소장(관리책임자 등), 관리감독자 등 평가 12. 현장 위험성평가 실시 결과보고서 13. 본사 하수급 계약부서장 이행 여부 점검 14. 기타		

2. 결재 및 지시사항

점검일자			
점검자	본사 000 (서명)		
작성	검토	승인	
본사안전보건담당	부서장	경영책임자	경영책임자 지시사항
서명	서명	서명	
서명 날짜	서명 날짜	서명 날짜	개선/보고일 :

1 대표이사, 현장소장의 경영방침 및 목표 설정, 게시, 달성 정도

구분	세부 항목	적절성 평가 (적합, 부적합)	부적합 시 개선대책
안전보건 경영방침 및 목표달성 정도 (대표이사 및 현장소장)	안전보건방침 및 목표가 조직에 부합하는지의 여부		
	안전보건방침 및 목표가 올바르게 설정되었는지의 여부		
	안전보건경영시스템의 원활한 작동 및 달성 여부		
게시	경영방침 및 목표 설정 및 게시상태		

2 현장소장의 위험성평가 이행 점검

점검항목	여부	원인(문제점)	개선방안	비고
위험성평가 절차서에 따라 지속 반복적으로 이행하고 있는지?				
개선대책이 제거·대체, 통제(공학·행정적), 보호구 지급 순서로 마련되고 있는지?				
개선대책이 적절히 실행되는지?				
개선기간이 충분한지?				
개선이 완료되어 안전보건을 담보하고 있는지?				
해당 현장에 재해 발생하였을 경우 유해·위험요인을 사전에 파악하지 못한 이유 및 개선방안				
해당 현장에 재해 발생하였을 경우 유해·위험요인을 파악했음에도 제거, 대체, 통제되지 못했던 원인이 무엇인지?				
기타				

3 현장소장의 안전보건예산(실행)에 대한 사용실태 등

점검항목	여부	원인(문제점)	대책	비고
실행예산의 산출방법이 적정한지?				
누락된 항목이 없는지?				
용도에 맞게 집행하는지?				
집행기록을 보존하고 있는지?				
기타				

4 종사자 의견청취 이행 점검

항목	점검내용	여부	미이행 시 원인	개선방안
절차서	"종사자 의견청취 절차서" 이행상태			
법24조의 안전보건 위원회	위원회 회의 시 안전보건에 관한 종사자 의견청취 논의, 심의 의결 여부			
법64조의 안전보건에 관한 협의체	협의체 회의 시 종사자 위원 참석 및 안전보건에 관한 종사자 의견청취 논의, 심의 의결 여부			
법75조의 안전보건에 관한 노사 협의체	협의체 회의 시 안전보건에 관한 종사자 의견청취 논의, 심의 의결 여부 ※노사협의체를 구성·운영하는 경우는 산업안전보건위원회 및 제64조에 따른 안전 및 보건에 관한 협의체를 각각 구성·운영하는 것으로 인정			
채택된 의견에 대한	개선방안 마련 여부			
	개선방안 이행 여부			
재해 발생하였을 경우	종사자가 해당 위험요인을 사전에 발굴하지 못한 원인 및 개선방안			
	의견을 제시했음에도 개선되지 못한 원인 및 개선방안			
효과성 검증된 의견에 대한	종사자의 의견 내용			
	개선방안			
기타				

5 비상사태(중대산업재해 발생 및 급박한 위험) 이행 여부 점검표

점검 종류	이행 여부	미이행 시 미이행 내용 및 원인	이행에 필요한 개선방안	비고
비상연락 체계의 구성				
대응조직 구성 및 구성원 역할 부여				
시나리오별 모의훈련 실시				
비상사태(중대산업재해 발생 및 급박한 위험) 발생했을 경우 작업중지 및 대피 여부				
비상사태(중대산업재해 발생 및 급박한 위험) 발생했을 경우 위험요인 제거 여부				
재해 발생했을 경우 피재자에 대한 구호 조치				
재해 발생했을 경우 추가 피해방지를 위한 조치 (원인 및 대책수립, 사고조사 등)				
기타 (　　　　　　　　　　)				

6 현장의 하수급인(제 3자에게 업무의 도급, 용역, 위탁 등) 평가 등 점검표

하수급인			공종		
구분	점검항목	이행 여부	미이행 시 원인(이유)	이행에 필요한 개선방안	비고
하수급인 등의 평가기준·절차 준수 및 평가상태	평가기준과 절차에 따른 평가 실시 여부(공사수행업체)				
	평가 시기의 적절성(준공 후)				
안전보건관리비용에 관한 기준 준수 여부	안전보건관리비용 계상기준의 적절성				
	안전보건관리비용 지급 여부				
	안전보건관리비용의 적절한 사용확인 및 보관의 적절성				
공사기간에 관한 기준 준수 여부	충분한 공사기간의 반영 여부				
	비용절감 목적 등으로 공사기간의 일방적 결정 및 단축여부				
	공사기간의 연장 여부(설계변경, 기상악화, 재해발생 급박위험 등 돌발상황 발생 시)				
	하수급인의 정당한 사유 없이 미착공, 공사지연 여부				
의견청취					
기타					

7 재해 재발방지 대책 및 은폐 여부 점검

구분		여부	미이행, 은폐 시 원인(이유)	개선방안
산업재해 발생(아차사고 포함) 하였을 경우	발생의 원인 및 대책 마련 여부			
	은폐 여부 (은폐 건수)			
발생 건수	-. 중대재해 : 건(발생일시 :) -. 3일 이상의 휴업재해 : 건(발생일시 :) -. 아차사고 : 건(발생일시 :)			
비고				

8 현장 안전보건교육 실시

교육의 종류	이행 여부	미이행 시 원인(이유)	실시에 필요한 개선 및 지원방안	비고 (의견청취 등)
근로자 정기교육				
근로자 특별교육				
기초안전보건교육				
특수형태 종사자교육				
물질안전보건교육				
위험성평가 교육				
작업내용 변경 시 교육				
건설기술진흥법 시행령 103조 교육				
관리책임자 신규 및 보수교육				
안전보건관리자 신규 및 보수교육				
관리감독자 교육				
기타교육 (　　　　　)				

9 행정기관 등의 개선 시정명령(행정처분) 이행상태

점검일	행정기관	개선·시정내용	조치내용 및 적절성	행정기관 보고일자	비고

10 현장 안전보건관계 법령 이행상태 및 유해·위험요인 확인

NO	법령 이행의 종류	이행 여부	미이행 내용 및 원인(이유)	이행에 필요한 개선 및 지원방안	비고 (의견청취 등)
1	안전보건관리책임자 선임				
	안전보건총괄책임자 선임				
	관리감독자 선임				
2	안전관리자 선임				
	보건관리자 선임				
3	위험성 평가 실시				
4	산업안전보건관리비 적법사용 및 보관				
5	안전·보건교육 실시				9. 현장 안전보건교육 실시상태 참고
6	보호구 지급				
7	순회 점검 및 도급사업 합동 점검 실시				
8	건설기술진흥법 제62조의 점검 실시				
9	안전보건에 관한 협의체 구성 및 운영				
10	산업안전보건위원회 구성 및 운영				
11	노사협의체 구성 및 운영				
12	건강진단 및 건강관리				
13	작업환경측정				
14	사전조사 및 작업계획서 작성, 작업시작 전 점검 작업				

NO	법령 이행의 종류	이행 여부	미이행 내용 및 원인(이유)	이행에 필요한 개선 및 지원방안	비고 (의견청취 등)
15	안전보건관리규정 작성 120억 원(토목 150억 원) 이상				
16	유해·위험 방지계획서 작성 및 준수				
17	안전관리계획서 작성, 정기점검 등 안전관리(건설기술진흥법)				
18	유해·위험 기계기구 방호조치				
19	물질안전보건자료 게시, 경고표시, 관계자 교육				
20	경보체계 운영과 대피방법 등 훈련				
21	위생시설 등의 설치				
22	휴게시설 설치				
23	산업안전보건법령 게시				
24	안전보건표지 설치 및 부착				
25	작업중지 및 대피				
26	산업재해 발생 보고 의무 이행 (중대재해, 3일 이상 휴업, 부상재해)				
27	산재 발생원인 및 대책 등의 기록보존				
28	하수급인의 작업시기, 내용, 안전보건 조치 등의 확인 및 조정				
29	원도급인의 하수급인에게 안전보건 정보를 작업 시작 전에 제공				
30	공사안전보건대장 작성 및 준수 (50억 원 이상)				
31	기타 산업안전보건법, 시행령, 시행규칙				

NO	법령 이행의 종류	이행 여부	미이행 내용 및 원인(이유)	이행에 필요한 개선 및 지원방안	비고 (의견청취 등)
32	유해·위험작업의 취업제한에 관한 규칙(해당 작업 준수 여부)				
33	하도급 중 전부, 대부분, 재하도급 금지 여부(건설산업기본법 제29조)				
34	안전보건경영 시스템 준수(중대재해처벌법)				
35	기타 안전보건관계 법령				
36	산업안전보건기준에 관한 규칙 및 유해·위험요인 확인				
	법령 이행의 종류	이행 여부	미이행 내용/원인	개선 및 지원방안	비고 (규칙)
	전도 방지조치, 조도 확보, 작업 발판, 출입구				3조~11조
	안전난간 구조 및 안전설치				11조
	낙하물에 의한 위험방지				14조
	출입의 금지				20조
	통로 조명, 설치, 구조, 사다리식 통로 구조 등				21조~ 24조
	보호구 지급 및 관리				31조~34조
	방호장치, 보호구 사용 제한				36조
	악천후 및 강풍 시 작업중지				37조
	사전조사 및 작업계획서 작성				38조
	작업지휘자 지정, 신호				39조~ 40조
	운전위치 이탈금지				41조
	추락방지, 개구부 방호조치, 안전대 부착설비 설치				42조~ 45조
	지반붕괴, 낙하 등에 의한 위험 방지				50조~ 53조

	산업안전보건기준에 관한 규칙 및 유해·위험요인 확인				
	법령 이행의 종류	이행 여부	미이행 내용/원인	개선 및 지원방안	비고 (규칙)
	작업발판 구조 및 설치 등				55조~ 56조
	각종 비계 등의 조립, 해체, 변경 시 준수사항 등				57조~ 70조
	크레인 등 탑승의 제한				86조
	기계 운전시작 전 조치, 운전 위치 이탈 시 조치 등				89조~ 99조
	양중기 등의 각종 안전조치				132조~170조
	차량계 하역운반기계 등의 안전조치				171조~190조
	건설기계 등의 안전조치				196조~221조
	위험물 등의 취급 안전조치				225조~238조
	화기, 화재 등의 안전조치				239조~246조
	폭발 화재 및 위험물 누출에 의한 위험방지 조치				296조~300조
	전기로 인한 위험 방지 조치(감전 등)				301조~327조
	거푸집동바리 및 거푸집 안전조치				328조~337조
	굴착작업 등의 붕괴 등 위험방지 조치				338조~347조
	발파작업의 위험방지 조치				348조~349조
	터널작업의 위험방지 조치				350조~368조
	교량작업의 위험방지 조치				369조
	잠함 내 작업 등의 위험방지 조치				376조~378조
	가설도로 위험방지 조치				379조

	산업안전보건기준에 관한 규칙 및 유해·위험요인 확인				
	법령 이행의 종류	이행 여부	미이행 내용/원인	개선 및 지원방안	비고 (규칙)
	철골작업 및 해체작업 시의 위험방지 조치				380조~384조
	중량물 취급 시의 위험방지 조치				385조~386조
	하역작업 등에 의한 위험방지 조치				387조~404조
	벌목작업에 의한 위험방지 조치				405조~406조
	이상기압에 의한 건강장해의 예방				522조~557조
	밀폐공간 작업으로 인한 건강장해 예방				618조~644조
	특수형태 근로종사자 등에 대한 안전보건 조치				672조~673조
	기타 안전보건조치 및 유해·위험요인 확인 등				

11 현장소장 평가표(평가항목이 없는 경우에는 우수(3점)로 평가)

구분	평가항목	배점 기준			비고
		우수(3)	보통(2)	미흡(1)	(해당무)
안전보건관리 책임자 (산업안전보건법 제15조)	산재예방계획 수립(유해·위험방지계획서, 안전관리계획서, 차량계건설기계, 양중기, 중량물, 공종별 작업계획서 등)의 충실성	3	2	1	
	법정 안전보건교육 실시의 충실성	3	2	1	
	작업환경의 점검 및 개선의 충실성	3	2	1	
	근로자의 건강진단 등 건강관리의 충실성	3	2	1	
	산재 발생 원인조사 및 재발방지대책 수립의 충실성	3	2	1	
	산재에 관한 통계의 기록 및 유지관리의 충실성	3	2	1	
	안전장치 및 보호구 구입 시 적격품 확인의 충실성	3	2	1	
	위험성평가의 실시의 충실성	3	2	1	
	안전보건규칙에서 정한 위험 또는 건강장해 방지의 충실성	3	2	1	
안전보건총괄 책임자 (산업안전보건법 제62조)	산재 발생 급박한 위험 및 중대재해 발생 시 작업의 중지의 충실성	3	2	1	
	협의체 구성 및 운영의 충실성	3	2	1	
	작업장 순회점검(도급사업 합동점검 포함) 의 충실성	3	2	1	
	하수급인에 대한 안전보건교육 장소, 자료제공, 교육실시 확인의 충실성	3	2	1	
	경보체계 운영과 대피방법 훈련의 충실성	3	2	1	
	위생시설 설치의 충실성	3	2	1	
	하수급인의 안전보건조치 내용 확인 및 조정의 충실성	3	2	1	
	하수급인의 산업안전보건관리비 지급 및 사용 감독의 충실성	3	2	1	

<table>
<tr><th rowspan="2">구분</th><th rowspan="2" colspan="3">평가항목</th><th colspan="3">배점 기준</th><th rowspan="2">비고
(해당무)</th></tr>
<tr><th>우수(3)</th><th>보통(2)</th><th>미흡(1)</th></tr>
<tr><td rowspan="5">안전총괄
책임자
(건설기술진
흥법
제64조1항)</td><td colspan="3">안전관리계획서 작성 및 제출, 이행의 충실성</td><td>3</td><td>2</td><td>1</td><td></td></tr>
<tr><td colspan="3">안전관리관계자의 업무분담 및 직무감독의 충실성</td><td>3</td><td>2</td><td>1</td><td></td></tr>
<tr><td colspan="3">안전관리비용의 집행 및 확인의 충실성</td><td>3</td><td>2</td><td>1</td><td></td></tr>
<tr><td colspan="3">안전관리에 필요한 시설 및 장비 등의 지원의 충실성</td><td>3</td><td>2</td><td>1</td><td></td></tr>
<tr><td colspan="3">매일 자체안전점검의 실시 및 조치 확인의 충실성</td><td>3</td><td>2</td><td>1</td><td></td></tr>
<tr><td colspan="4">점수 (취득점수/총점 × 100)
《평가항목이 해당 없는 경우 총점에서 제외》</td><td colspan="4"></td></tr>
<tr><td rowspan="2">재해발생</td><td colspan="3">중대산업재해 발생 여부</td><td colspan="4">1건당 -30점</td></tr>
<tr><td colspan="3">부상(휴업 3일 이상) 재해 발생 여부</td><td colspan="4">1건당 -5점</td></tr>
<tr><td colspan="4">환산점수</td><td colspan="4"></td></tr>
<tr><td rowspan="3">환산점수에
따른 평가등급</td><td>우수</td><td>90점 이상</td><td colspan="5">법령에 따른 성실한 업무수행으로 재해예방에 기여함</td></tr>
<tr><td>보통</td><td>60～89점</td><td colspan="5">법령에 따른 업무를 적정하게 수행함</td></tr>
<tr><td>불량</td><td>59점 이하</td><td colspan="5">법령에 따른 업무를 일부 수행하지 않음</td></tr>
<tr><td colspan="8">불량에 대한 원인 및 개선방안</td></tr>
<tr><td colspan="4">문제점</td><td colspan="4">개선방안</td></tr>
<tr><td colspan="4"></td><td colspan="4"></td></tr>
<tr><td colspan="8"></td></tr>
<tr><td>피평가자
(현장소장)</td><td colspan="2"></td><td>현장명</td><td colspan="4"></td></tr>
<tr><td>평가 일자</td><td colspan="2"></td><td>평가자</td><td colspan="4">(서명)</td></tr>
</table>

12 관리감독자 평가표(평가항목이 없는 경우에는 우수(3점)로 평가)

<table>
<tr><th rowspan="2">구분</th><th rowspan="2">평가항목</th><th colspan="3">배점 기준</th><th rowspan="2">비고
(해당무)</th></tr>
<tr><th>우수(3)</th><th>보통(2)</th><th>미흡(1)</th></tr>
<tr><td rowspan="19">관리감독자
(산업안전
보건법
제16조)</td><td>작업 전 안전미팅(TBM) 실시의 충실성</td><td>3</td><td>2</td><td>1</td><td></td></tr>
<tr><td>기계 기구 설비의 안전보건점검 및 이상 유무 확인의 충실성</td><td>3</td><td>2</td><td>1</td><td></td></tr>
<tr><td>근로자 작업복, 보호구 착용의 충실성</td><td>3</td><td>2</td><td>1</td><td></td></tr>
<tr><td>방호장치의 점검과 안전사용의 충실성</td><td>3</td><td>2</td><td>1</td><td></td></tr>
<tr><td>산업재해에 관한 보고 및 응급조치의 충실성</td><td>3</td><td>2</td><td>1</td><td></td></tr>
<tr><td>정리정돈 및 안전통로 확보의 충실성</td><td>3</td><td>2</td><td>1</td><td></td></tr>
<tr><td>안전보건관리자의 지도 조언에 대한 협조의 충실성</td><td>3</td><td>2</td><td>1</td><td></td></tr>
<tr><td>위험성평가 참여 및 개선조치의 충실성</td><td>3</td><td>2</td><td>1</td><td></td></tr>
<tr><td>둥근톱 방호장치 정상작동 및 안전점검 실시, 조치의 충실성</td><td>3</td><td>2</td><td>1</td><td></td></tr>
<tr><td>차량계건설기계 방호장치 정상작동 및 안전점검 실시, 조치의 충실성</td><td>3</td><td>2</td><td>1</td><td></td></tr>
<tr><td>양중기 방호장치 정상작동 및 안전점검 실시, 조치의 충실성</td><td>3</td><td>2</td><td>1</td><td></td></tr>
<tr><td>지게차 방호장치 정상작동 및 안전점검 실시, 조치의 충실성</td><td>3</td><td>2</td><td>1</td><td></td></tr>
<tr><td>고소작업대(차량형, 시저형) 방호장치 정상작동 및 안전점검 실시, 조치의 충실성</td><td>3</td><td>2</td><td>1</td><td></td></tr>
<tr><td>화물자동차 방호장치 정상작동 및 안전점검 실시, 조치의 충실성</td><td>3</td><td>2</td><td>1</td><td></td></tr>
<tr><td>용접, 용단작업 등 화재위험작업 안전점검, 조치의 충실성</td><td>3</td><td>2</td><td>1</td><td></td></tr>
<tr><td>거푸집동바리 설치 해체작업시 지휘 및 재료기구 결함유무 점검, 조치의 충실성</td><td>3</td><td>2</td><td>1</td><td></td></tr>
<tr><td>굴착, 흙막이 설치 해체작업시 지휘 및 재료기구 결함 유무 점검, 조치의 충실성</td><td>3</td><td>2</td><td>1</td><td></td></tr>
<tr><td>건축물 해체작업 시 지휘 및 재료기구 결함 유무 점검, 조치의 충실성</td><td>3</td><td>2</td><td>1</td><td></td></tr>
<tr><td>비계 설치 및 해체작업 시 지휘 및 재료기구 결함 유무 점검, 조치의 충실성</td><td>3</td><td>2</td><td>1</td><td></td></tr>
<tr><td></td><td>발파작업 시 지휘 및 재료기구 결함 유무</td><td>3</td><td>2</td><td>1</td><td></td></tr>
</table>

<table>
<tr><th rowspan="2">구분</th><th rowspan="2">평가항목</th><th colspan="3">배점 기준</th><th rowspan="2">비고
(해당무)</th></tr>
<tr><th>우수(3)</th><th>보통(2)</th><th>미흡(1)</th></tr>
<tr><td rowspan="3"></td><td>점검, 조치의 충실성</td><td></td><td></td><td></td><td></td></tr>
<tr><td>화물취급 작업 시 지휘 및 재료기구 결함 유무 점검, 조치의 충실성</td><td>3</td><td>2</td><td>1</td><td></td></tr>
<tr><td>밀폐공간 작업 시 지휘 및 산소농도 측정, 환기, 호흡용 보호구 착용의 충실성</td><td>3</td><td>2</td><td>1</td><td></td></tr>
<tr><td rowspan="5">분야별
안전관리
책임자(건설
기술진흥법
제64조1항)</td><td>공사 공종별 안전관리 확보 및 이행의 충실성</td><td>3</td><td>2</td><td>1</td><td></td></tr>
<tr><td>각종 자재의 적격품 사용확인의 충실성</td><td>3</td><td>2</td><td>1</td><td></td></tr>
<tr><td>자체 안전점검 실시 및 결과 조치의 충실성</td><td>3</td><td>2</td><td>1</td><td></td></tr>
<tr><td>하수급업체의 안전교육 실시 확인의 충실성</td><td>3</td><td>2</td><td>1</td><td></td></tr>
<tr><td>작업신행 싱횡의 관찰 및 지도의 충실성</td><td>3</td><td>2</td><td>1</td><td></td></tr>
<tr><td colspan="2">점수 (취득점수/총점 × 100)
《평가항목이 해당 없는 경우 총점에서 제외》</td><td colspan="4"></td></tr>
<tr><td rowspan="2">재해발생</td><td>중대산업재해 발생 여부</td><td colspan="4">1건당 -30점</td></tr>
<tr><td>부상(휴업 3일 이상) 재해 발생 여부</td><td colspan="4">1건당 -5점</td></tr>
<tr><td colspan="2">환산점수</td><td colspan="4"></td></tr>
</table>

<table>
<tr><td rowspan="3">환산점수에
따른
평가등급</td><td>우수</td><td>90점 이상</td><td>법령에 따른 성실한 업무수행으로 재해예방에 기여함</td></tr>
<tr><td>보통</td><td>60～89점</td><td>법령에 따른 업무를 적정하게 수행함</td></tr>
<tr><td>불량</td><td>59점 이하</td><td>법령에 따른 업무를 일부 수행하지 않음</td></tr>
</table>

<table>
<tr><th colspan="2">불량에 대한 원인 및 개선방안</th></tr>
<tr><th>문제점</th><th>개선방안</th></tr>
<tr><td></td><td></td></tr>
</table>

<table>
<tr><td>피평가자
(관리감독자)</td><td></td><td>현장명</td><td></td></tr>
<tr><td>평가 일자</td><td></td><td>평가자</td><td>(서명)</td></tr>
</table>

13 본사 하수급 계약부서장 이행 여부 점검표

구분	점검항목	이행 여부	미이행 시 원인(이유)	이행에 필요한 개선방안	비고
하수급인 등의 평가기준·절차 준수 및 평가상태	평가기준과 절차에 따른 평가 실시 여부(신규 등록업체)				
	평가 시기의 적절성(신규 등록업체)				
	평가 결과의 입찰 반영 여부 (신규 및 기존 등록업체)				
안전보건 관리비용에 관한 기준 준수 여부	안전보건관리비용 계상기준의 적절성				
	안전보건관리비용 지급 여부				
공사기간에 관한 기준 준수 여부	충분한 공사기간의 반영 여부				
	비용절감 목적 등으로 공사기간의 일방적 결정 및 단축 여부				
	공사기간의 연장 여부(설계변경, 기상악화, 재해발생 급박위험 등 돌발상황 발생 시)				
의견청취					
기타					

14 상(하)반기 위험성평가 실시 결과보고서

평가의 종류	대상공종	실시 일자	실시방법	유해·위험요인 파악 여부	감소대책 수립 여부	비고

위험성평가 실시 결과를 위와 같이 보고합니다.

202 . . .

○○ 현장소장 ○○○ (서명)

붙임 : 위험성평가 결과서

대표이사 귀하

| 저자 소개 |

조성곤
· 순천제일대학교 산업안전보건과 교수

박준호 (010-5616-3117)
· 공학박사
· 건설안전기술사
· 산업안전지도사(건설 분야)
· 순천제일대학교 산업안전보건과 겸임교수
· 새한안전관리원(주) 원장

중대재해처벌법 대응을 위한

안전보건경영시스템 구축 사례

중소 건설사업자 중심

1판 1쇄 발행 2024년 3월 15일

저자 조성곤 · 박준호
발행인 서철종
발행처 도서출판 지우북스
주소 경기도 파주시 문발로 115 세종출판벤처타운 209호
전화 031-915-6670(代)
팩스 031-915-6671
이메일 jwbooks@nate.com
홈페이지 www.jwbooks.co.kr
출판등록 제406-251002017-000032호
ISBN 979-11-92639-21-5 93530

정가 32,000원